工学结合·基于工作过程导向的项目化创新系列教材
国家示范性高等职业教育土建类"十二五"规划教材

建设
工程招标与投标

U0249302

JIANSHE

GONGCHENG ZHAOBIAO YU TOUBIAO

主　编　钟汉华　于立宝
　　　　张　萍　曾学礼
副主编　万　力　余燕君
　　　　罗　中　张少坤
　　　　邓　洋　施艳平
　　　　陈锋云
主　审　张亚庆　鲁立中

华中科技大学出版社
http://www.hustp.com
中国·武汉

内 容 简 介

本书按照高等职业教育工程造价专业对建设工程招标与投标的要求,以国家现行建筑法规、合同法、招投标管理规定等为依据,根据编者多年工作经验和教学实践,在自编教材基础上修改、补充编撰而成。

本书对建设工程招投标的理论、方法、要求等做了详细的阐述,坚持以就业为导向,突出实用性、实践性。全书共七个单元,包括建筑市场,建设工程招标投标法律法规,建设工程施工招标实务,建设施工招标资格审查,建设工程施工投标,建设工程施工开标、评标与定标,其他主要类型招投标工作实务等。

本书内容精练,文字通俗易懂;侧重建筑工程施工招标文件的编制,投标文件的编制,开标、评标与定标工作流程及其工作报告的编制等内容;注重建设工程招投标的理论和实际的结合,旨在提高建筑施工管理人员的实际操作能力;注重教材的科学性和政策性,与造价员职业标准结合,与现行法律、法规结合。

本书可作为高等职业院校、高等专科院校、成人高校、民办高校及本科院校举办的二级职业技术学院工程造价等相关专业的教学用书,并可作为社会从业人士的业务参考书及培训用书。

图书在版编目(CIP)数据

建设工程招标与投标/钟汉华 于立宝 张 萍 曾学礼 主编.—武汉:华中科技大学出版社,2013.7
ISBN 978-7-5609-8420-9

Ⅰ.建… Ⅱ.①钟… ②于… ③张… ④曾… Ⅲ.①建筑工程-招标-高等职业教育-教材
②建筑工程-投标-高等职业教育-教材 Ⅳ.TU723

中国版本图书馆 CIP 数据核字(2012)第 236797 号

建设工程招标与投标   钟汉华 于立宝 张 萍 曾学礼 主编

策划编辑:张 毅 康 序
责任编辑:张 琼
封面设计:李 嫚
责任校对:张 琳
责任监印:张正林
出版发行:华中科技大学出版社(中国·武汉)
          武昌喻家山   邮编:430074   电话:(027)81321915
录 排:武汉市洪山区佳年华文印部
印 刷:湖北通山金地印务有限公司
开 本:787mm×1092mm 1/16
印 张:15
字 数:387 千字
版 次:2013 年 7 月第 1 版第 1 次印刷
定 价:32.00 元

前言

●　●　●

本书根据高等职业教育工程造价专业人才培养目标,以造价员职业岗位能力的培养为导向,同时遵循高等职业院校学生的认知规律,以专业知识和职业技能、自主学习能力及综合素质培养为课程目标,紧密结合职业资格证书中相关考核要求,确定本书的内容。本书按照建筑市场,建设工程招标投标法律法规,建设工程施工招标实务,建设施工招标资格审查,建设工程施工投标,建设工程施工开标、评标与定标,其他主要类型招投标工作实务等进行内容安排。本书根据编者多年工作经验和教学实践,在自编教材基础上修改、补充编撰而成。本书可作为高等职业教育工程造价、建筑工程项目管理等专业的教学用书,也可作为土建类其他层次职业教育相关专业的培训教材和土建工程技术人员的参考书。

建设工程招投标是一门实践性很强的课程。为此,本书始终坚持"素质为本、能力为主、需要为准、够用为度"的原则进行编写。本书对建筑工程施工招标文件的编制,施工投标文件的编制,开标、评标与定标工作流程及其工作报告的编制等做了详细阐述。本书结合我国目前招投标的实际,精选内容,力求理论联系实际,注重实践能力的培养,突出针对性和实用性,以满足学生学习的需要。

本书由钟汉华、于立宝、张萍、曾学礼担任主编,万力、余燕君、罗中、张少坤、邓洋、施艳平、陈锋云担任副主编。具体写作分工如下:于立宝编写单元1,张萍编写单元2,曾学礼编写单元3,钟汉华、罗中编写单元4,余燕君、张少坤编写单元5,万力编写单元6,邓洋、施艳平、陈锋云编写单元7。本书由张亚庆、鲁立中主审。

本书在编写过程中,湖北水利水电职业技术学院的薛艳、段炼、邵元纯、欧阳钦、金芳、李翠华、刘宏敏、曲炳良、刘海韵等教师做了一些辅助性工作,在此对他们的辛勤工作表示感谢。

本书大量引用了有关专业文献和资料,未在书中一一注明出处,在此对有关文献的作者表示感谢。由于编者水平有限,加之时间仓促,书中难免存在错误和不足之处,诚恳地希望读者与同行批评指正。

编　者
2013 年 5 月

目录

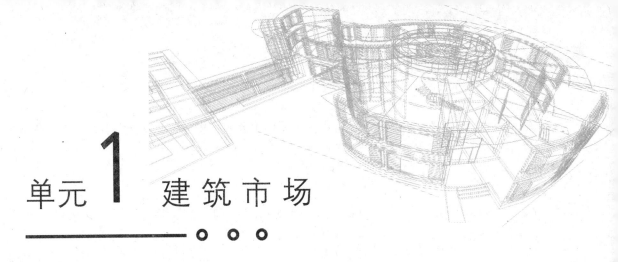

单元 1 建筑市场

知识目标：

- 掌握市场与建筑市场的概念；
- 理解建筑市场的主体和客体；
- 掌握建设市场交易中心的性质、基本功能和运行原则。

能力目标：

- 了解建设市场的相关知识；
- 掌握建设市场交易中心运行的一般程序，并能结合实际问题进行分析。

项目 1　认知建筑市场

建筑市场是指建筑商品交换的场所，并体现建筑商品交换关系的总和。建筑市场是整个市场系统中的一个相对独立的子系统。

一般而言，建筑市场是指以建设工程承发包交易活动为主要内容的市场。狭义上建筑市场一般指有形建筑市场，有固定的交易场所。广义上建筑市场包括有形建筑市场和无形建筑市场，其中，无形建筑市场是指与工程建设有关的技术、租赁、劳务等各种要素市场，以及为工程建设提供专业服务的中介组织机构或经纪人等通过媒介宣传进行买卖或通过招标投标等多种方式成交的各种交易活动。

其分类方式有如下几种。

（1）按交易对象分为建筑商品市场、资金市场、劳动力市场、建筑材料市场、租赁市场、技术市场和服务市场等类别。

（2）按市场覆盖范围分为国际市场和国内市场两类。

（3）按有无固定交易场所分为有形市场和无形市场两类。

（4）按固定资产投资主体分为国家投资形成的建设工程市场、企事业单位自有资金投资形成的建设工程市场、私人住房投资形成的市场和外商投资形成的建设工程市场等类别。

（5）按建筑商品的性质分为工业建设工程市场、民用建设工程市场、公用建设工程市场、市政工程市场、道路桥梁市场、装饰装修市场、设备安装市场等类别。

项目 2　认知建筑市场的主体

建筑市场的主体指参与建筑市场交易活动的主要各方，即业主、承包商和工程咨询服务机构、物资供应机构和银行等。建筑市场的客体则为建筑市场的交易对象,即建筑产品,包括有形的建筑工程和无形的建筑产品,例如设计、咨询、监理等智力型服务。

一、业主

业主是指物业的所有权人。业主可以是自然人、法人和其他组织,可以是本国公民或组织,也可以是外国公民或组织。

业主是工程建设项目的投资人或投资人专门为工程建设项目设立的独立法人。业主可能就是项目最初的发起人,也可能是发起人与其他投资人合资成立的项目法人公司;而在项目的保修阶段,业主还可能被业主委员会(由获得了项目产权的买家或小买家群体组成,在国外也被称为业主法人团)取代。在中国传统的基本建设投资与建设行政管理体系中,业主也被称为"建设单位"。

业主,一般又称为"建筑单位",也常被俗称为"甲方",在建筑工程施工合同中被定义为"发包人",是指拥有相应的建设资金,办妥项目建设的各种准建手续,以建成该项目达到其经营使用目的的政府部门、事业单位、企业单位和个人。在我国社会主义市场经济体制下,业主大多属于政府公共部门,因而推行项目法人责任制,以期建立项目投资责任制约机制,并规范项目法人行为。项目法人责任制又称业主负责制,即由业主对其项目建设过程负责。业主在项目建设过程中的主要职责包括建设项目的立项决策、资金筹措与管理、招标与合同管理、施工与质量管理、竣工验收与试运行,以及建设项目的统计和文档管理。

目前国内工程项目的业主可归纳为以下几种类型。

(1)企业、机关或事业单位,如投资新建、扩建或改建工程,此等企业、机关或事业单位即为此等项目的业主。

(2)对于由不同投资或参股的工程项目,业主是共同投资方组成的董事会或工程管理委员会。

(3)对于开发公司自行融资、由投资方组建工程管理公司和委托开发公司建造的工程项目,开发公司和此等工程管理公司即为此等项目的业主。

(4)除上述业主以外的业主。

二、承包商

承包商,一般又称为"承建单位",也常被俗称为"乙方",在建筑工程施工合同中被定义为"承包人",是指与业主订有施工合同并按照合同为业主修建合同所界定的工程直至竣工并修补好其中任何缺陷的施工企业。上述各类业主,只有在其从事工程项目的建设全过程中才成为建筑的主体,但承包商在其整个经营期间都是建筑市场的主体。因此,国内外一般只对承包商进行从业资格管理。

具备下述条件的承包商才能在政府许可的工程范围内承包工程:① 拥有符合国家规定的注册资本;② 拥有与其资质等级相适应且具有注册职业资格的专业技术和管理人员;③ 拥有从事相应建筑活动所应有的技术装备;④ 经有关政府部门的资质审查,已取得资质证书和营业执照。

建筑业企业资质分为施工总承包、专业承包和劳务分包三个序列。建筑业企业可以申请一项或多项建筑业企业资质;申请多项建筑业企业资质的,应当选择等级最高的一项资质为企业主项资质。

（一）施工总承包企业

取得施工总承包资质的企业（以下简称施工总承包企业），可以承接施工总承包工程。施工总承包企业可以对所承接的施工总承包工程内各专业工程全部自行施工，也可以将专业工程或劳务作业依法分包给具有相应资质的专业承包企业或劳务分包企业。

施工总承包企业分特级资质、一级资质、二级资质、三级资质四个等级。

1. 特级资质

1）企业资信能力

企业注册资本金 3 亿元以上、企业净资产 3.6 亿元以上、企业近 3 年上缴建筑业营业税均在 5 000 万元以上、企业银行授信额度近 3 年均在 5 亿元以上。

2）企业主要管理人员和专业技术人员要求

企业经理具有 10 年以上从事工程管理工作经历。技术负责人具有 15 年以上从事工程技术管理工作经历，且具有工程序列高级职称及一级注册建造师或注册工程师执业资格；主持完成过两项及以上施工总承包一级资质要求的代表工程的技术工作或甲级设计资质要求的代表工程或合同额 2 亿元以上的工程总承包项目。财务负责人具有高级会计师职称及注册会计师资格。企业具有注册一级建造师 50 人以上。企业具有本类别相关的行业工程设计甲级资质标准要求的专业技术人员。

3）科技进步水平

企业具有省部级（或相当于省部级水平）及以上的企业技术中心、企业近 3 年科技活动经费支出平均达到营业额的 0.5% 以上、企业具有国家级工法 3 项以上；近 5 年具有与工程建设相关的、能够推动企业技术进步的专利 3 项以上，累计有效专利 8 项以上，其中至少有一项发明专利；企业近 10 年获得过国家级科技进步奖项或主编过工程建设国家或行业标准；企业已建立内部局域网或管理信息平台，实现了内部办公、信息发布、数据交换的网络化，已建立并开通了企业外部网站；使用了综合项目管理信息系统和人事管理系统、工程设计相关软件，实现了档案管理和设计文档管理。

4）代表工程业绩

近 5 年承担过下列 5 项工程总承包或施工总承包项目中的 3 项，工程质量合格。① 高度 100 m 以上的建筑物。② 28 层以上的房屋建筑工程。③ 单体建筑面积 50 000 m² 以上房屋建筑工程。④ 钢筋混凝土结构单跨 30 m 以上的建筑工程或钢结构单跨 36 m 以上房屋建筑工程。⑤ 单项建筑安装合同额 2 亿元以上的房屋建筑工程。

5）承包工程范围

承包工程范围如下：① 取得施工总承包特级资质的企业可承担本类别各等级工程施工总承包、设计及项目管理业务；② 取得房屋建筑、公路、铁路、市政公用、港口与航道、水利电力等专业中任意 1 项施工总承包特级资质和其中 2 项施工总承包一级资质，即可承接上述各专业工程的施工总承包、工程总承包和项目管理业务，以及开展相应设计主导专业人员齐备的施工图设计业务；③ 取得房屋建筑、矿山、冶炼、石油化工、电力等专业中任意 1 项施工总承包特级资质和其中 2 项施工总承包一级资质,即可承接上述各专业工程的施工总承包、工程总承包和项目管理业务,以及开展相应设计主导专业人员齐备的施工图设计业务;④ 特级资质的企业,限承担施工单项合同额 3 000 万元以上的房屋建筑工程。

2. 一级资质企业

1) 一级资质企业标准

企业近 5 年承担过下列 6 项中的 4 项以上工程的施工总承包或主体工程承包,工程质量合格:① 25 层以上的房屋建筑工程;② 高度 100 m 以上的构筑物或建筑物;③ 单体建筑面积 30 000 m² 以上的房屋建筑工程;④ 单跨跨度 30 m 以上的房屋建筑工程;⑤ 建筑面积 100 000 m² 以上的住宅小区或建筑群体;⑥ 单项建安合同额 1 亿元以上的房屋建筑工程。

2) 企业主要管理人员和专业技术人员要求

企业经理具有 10 年以上从事工程管理工作经历或具有高级职称;总工程师具有 10 年以上从事建筑施工技术管理工作经历并具有本专业高级职称;总会计师具有高级会计职称;总经济师具有高级职称。

企业有职称的工程技术和经济管理人员不少于 300 人,其中工程技术人员不少于 200 人;工程技术人员中,具有高级职称的人员不少于 10 人,具有中级职称的人员不少于 60 人。企业具有的一级建造师不少于 12 人。

3) 企业资信能力

企业注册资本金 5 000 万元以上,企业净资产 6 000 万元以上。企业近 3 年最高年工程结算收入 2 亿元以上。

4) 承包工程范围

可承担单项建安合同额不超过企业注册资本金 5 倍的下列房屋建筑工程的施工:① 40 层及以下、各类跨度的房屋建筑工程;② 高度 240 m 及以下的构筑物;③ 建筑面积 200 000m² 及以下的住宅小区或建筑群体。

3. 二级资质企业

1) 二级资质企业标准

企业近 5 年承担过下列 6 项中的 4 项以上工程的施工总承包或主体工程承包,工程质量合格:① 12 层以上的房屋建筑工程;② 高度 50 m 以上的构筑物或建筑物;③ 单体建筑面积 10 000 m² 以上的房屋建筑工程;④ 单跨跨度 21 m 以上的房屋建筑工程;⑤ 建筑面积 50 000 m² 以上的住宅小区或建筑群体;⑥ 单项建安合同额 3 000 万元以上的房屋建筑工程。

2) 企业主要管理人员和专业技术人员要求

企业经理具有 8 年以上从事工程管理工作经历或具有中级以上职称;技术负责人具有 8 年以上从事建筑施工技术管理工作经历并具有本专业高级职称;财务负责人具有中级以上会计职称。企业有职称的工程技术和经济管理人员不少于 150 人,其中工程技术人员不少于 100 人;工程技术人员中,具有高级职称的人员不少于 2 人,具有中级职称的人员不少于 20 人。企业具有的二级建造师不少于 12 人。

3）企业资信能力

企业注册资本金 2 000 万元以上，企业净资产 2 500 万元以上。企业近 3 年最高年工程结算收入 8 000 万元以上。

4）承包工程范围

可承担单项建安合同额不超过企业注册资本金 5 倍的下列房屋建筑工程的施工：① 28 层及以下、单跨跨度 36 m 及以下的房屋建筑工程；② 高度 120 m 及以下的构筑物；③ 建筑面积 120 000 m² 及以下的住宅小区或建筑群体。

4．三级资质企业

1）三级资质企业标准

企业近 5 年承担过下列 5 项中的 3 项以上工程的施工总承包或主体工程承包，工程质量合格：① 6 层以上的房屋建筑工程；② 高度 25 m 以上的构筑物或建筑物；③ 单体建筑面积 5 000 m² 以上的房屋建筑工程；④ 单跨跨度 15 m 以上的房屋建筑工程；⑤ 单项建安合同额 500 万元以上的房屋建筑工程。

2）对企业主要管理人员和专业技术人员的要求

企业经理具有 5 年以上从事工程管理工作经历；技术负责人具有 5 年以上从事建筑施工技术管理工作经历并具有本专业中级以上职称；财务负责人具有初级以上会计职称。企业有职称的工程技术和经济管理人员不少于 50 人，其中工程技术人员不少于 30 人；工程技术人员中，具有中级以上职称的人员不少于 10 人；企业具有的二级建造师不少于 10 人。

3）企业资信能力

企业注册资本金 600 万元以上，企业净资产 700 万元以上。企业近 3 年最高年工程结算收入 2 400 万元以上。

4）承包工程范围

可承担单项建安合同额不超过企业注册资本金 5 倍的下列房屋建筑工程的施工：① 14 层及以下、单跨跨度 24 m 及以下的房屋建筑工程；② 高度 70 m 及以下的构筑物；③ 建筑面积 60 000 m² 及以下的住宅小区或建筑群体。

(二)专业承包企业

取得专业承包资质的企业（以下简称专业承包企业），可以承接施工总承包企业分包的专业工程和建设单位依法发包的专业工程。专业承包企业可以对所承接的专业工程全部自行施工，也可以将劳务作业依法分包给具有相应资质的劳务分包企业。

专业承包企业资质有地基与基础工程、土石方工程、建筑装修装饰工程、建筑幕墙工程、预拌商品混凝土、混凝土预制构件、园林古建筑、钢结构工程专业承包、高耸构筑物工程、电梯安装工程、消防设施工程、建筑防水工程、防腐保温工程、附着升降脚手架、金属门窗工程、预应力工程、起重设备安装工程、机电设备安装工程、爆破与拆除工程、建筑智能化工程、环保工程、电信工程、电子工程、桥梁工程等 60 类。

（三）劳务分包企业

取得劳务分包资质的企业（以下简称劳务分包企业），可以承接施工总承包企业或专业承包企业分包的劳务作业。

劳务分包企业资质有木工、砌筑、抹灰、石制作、油漆、钢筋、混凝土、脚手架、模板、焊接、水电安装、钣金、架线作业分包等。

三、勘察、设计单位

工程勘察资质分为工程勘察综合资质、工程勘察专业资质、工程勘察劳务资质三类。工程勘察综合资质只设甲级；工程勘察专业资质设甲级、乙级，根据工程性质和技术特点，部分专业可以设丙级；工程勘察劳务资质不分等级。取得工程勘察综合资质的企业，可以承接各专业（海洋工程勘察除外）各等级工程勘察业务；取得工程勘察专业资质的企业，可以承接相应等级相应专业的工程勘察业务；取得工程勘察劳务资质的企业，可以承接岩土工程治理、工程钻探、凿井等工程勘察劳务业务。

工程设计资质分为工程设计综合资质、工程设计行业资质、工程设计专业资质和工程设计专项资质四类。工程设计综合资质只设甲级；工程设计行业资质、工程设计专业资质、工程设计专项资质设甲级和乙级。根据工程性质和技术特点，个别行业、专业、专项资质可以设丙级，建筑工程专业资质可以设丁级。取得工程设计综合资质的企业，可以承接各行业、各等级的建设工程设计业务；取得工程设计行业资质的企业，可以承接相应行业相应等级的工程设计业务及本行业范围内同级别的相应专业、专项（设计施工一体化资质除外）工程设计业务；取得工程设计专业资质的企业，可以承接本专业相应等级的专业工程设计业务及同级别的相应专项工程设计业务（设计施工一体化资质除外）；取得工程设计专项资质的企业，可以承接本专项相应等级的专项工程设计业务。

（一）工程设计综合资质标准

1. 资历和信誉

（1）具有独立企业法人资格。

（2）注册资本不少于 6 000 万元人民币。

（3）近 3 年年平均工程勘察设计营业收入不少于 1 亿元人民币，且近 5 年内两次工程勘察设计营业收入在全国勘察设计企业排名列前 50 名以内；或近 5 年内两次企业营业税金及附加在全国勘察设计企业排名列前 50 名以内。

（4）具有两个工程设计行业甲级资质，且近 10 年内独立承担大型建设项目工程设计每行业不少于 3 项，并已建成投产。

或同时具有某 1 个工程设计行业甲级资质和其他 3 个不同行业甲级工程设计的专业资质，且近 10 年内独立承担大型建设项目工程设计不少于 4 项。其中，工程设计行业甲级相应业绩不少于 1 项，工程设计专业甲级相应业绩各不少于 1 项，并已建成投产。

2．技术条件

（1）技术力量雄厚，专业配备合理。

企业具有初级以上专业技术职称且从事工程勘察设计的人员不少于500人，其中具备注册执业资格或高级专业技术职称的不少于200人，且注册专业不少于五个，五个专业的注册人员总数不低于40人。

企业从事工程项目管理且具备建造师或监理工程师注册执业资格的人员不少于4人。

（2）企业主要技术负责人或总工程师应当具有大学本科以上学历、15年以上设计经历，主持过大型项目工程设计不少于2项，具备注册执业资格或高级专业技术职称。

（3）拥有与工程设计有关的专利、专有技术、工艺包（软件包）不少于3项。

（4）近10年获得过全国优秀工程设计奖、全国优秀工程勘察设计奖、国家级科技进步奖的奖项不少于5项，或省部级（行业）优秀工程设计一等奖（金奖）、省部级（行业）科技进步一等奖的奖项不少于5项。

（5）近10年主编2项或参编过5项以上国家、行业工程建设的标准、规范、定额。

3．技术装备及管理水平

（1）有完善的技术装备及固定工作场所，且主要固定工作场所建筑面积不少于10 000 m^2。

（2）有完善的企业技术、质量、安全和档案管理，通过ISO 9000族标准质量体系认证。

（3）具有与承担建设项目工程总承包或工程项目管理相适应的组织机构或管理体系。

（二）工程设计行业资质

1．甲级

（1）资历和信誉：① 具有独立企业法人资格；② 社会信誉良好，注册资本不少于600万元人民币；③ 企业完成的工程设计项目应满足所申请行业主要专业技术人员配备表中对工程设计类型业绩考核的要求，且要求考核业绩的每个设计类型的大型项目工程设计不少于1项或中型项目工程设计不少于2项，并已建成投产。

（2）技术条件：① 专业配备齐全、合理，主要专业技术人员数量不少于所申请行业资质标准中主要专业技术人员配备表规定的人数；② 企业的主要技术负责人或总工程师应当具有大学本科以上学历、10年以上设计经历，主持过所申请行业大型项目工程设计不少于2项，具备注册执业资格或高级专业技术职称；③ 在主要专业技术人员配备表规定的人员中，主导专业的非注册人员应当作为专业技术负责人主持过所申请行业中型以上项目不少于3项，其中大型项目不少于1项。

（3）技术装备及管理水平：① 有必要的技术装备及固定的工作场所；② 企业管理组织结构、标准体系、质量体系、档案管理体系健全。

2．乙级

（1）资历和信誉：① 具有独立企业法人资格；② 社会信誉良好，注册资本不少于300万元人民币。

(2) 技术条件：① 专业配备齐全、合理，主要专业技术人员数量不少于所申请行业资质标准中主要专业技术人员配备表规定的人数；② 企业的主要技术负责人或总工程师应当具有大学本科以上学历、10 年以上设计经历，主持过所申请行业大型项目工程设计不少于 1 项，或中型项目工程设计不少于 3 项，具备注册执业资格或高级专业技术职称；③ 在主要专业技术人员配备表规定的人员中，主导专业的非注册人员应当作为专业技术负责人主持过所申请行业中型以上项目不少于 2 项，或大型项目不少于 1 项。

(3) 技术装备及管理水平：① 有必要的技术装备及固定的工作场所；② 有完善的质量体系和技术、经营、人事、财务、档案等管理制度。

3. 丙级

(1) 资历和信誉：① 具有独立企业法人资格；② 社会信誉良好，注册资本不少于 100 万元人民币。

(2) 技术条件：① 专业配备齐全、合理，主要专业技术人员数量不少于所申请行业资质标准中主要专业技术人员配备表规定的人数；② 企业的主要技术负责人或总工程师应当具有大专以上学历、10 年以上设计经历，且主持过所申请行业项目工程设计不少于 2 项，具有中级以上专业技术职称；③ 在主要专业技术人员配备表规定的人员中，非注册人员应当作为专业技术负责人主持过所申请行业项目工程设计不少于 2 项。

(3) 技术装备及管理水平：① 有必要的技术装备及固定的工作场所；② 有较完善的质量体系和技术、经营、人事、财务、档案等管理制度。

(三) 工程设计专业资质

1. 甲级

(1) 资历和信誉：① 具有独立企业法人资格；② 社会信誉良好，注册资本不少于 300 万元人民币；③ 企业完成过所申请行业相应专业设计类型大型项目工程设计不少于 1 项，或中型项目工程设计不少于 2 项，并已建成投产。

(2) 技术条件：① 专业配备齐全、合理，主要专业技术人员数量不少于所申请专业资质标准中主要专业技术人员配备表规定的人数；② 企业的主要技术负责人或总工程师应当具有大学本科以上学历、10 年以上设计经历，且主持过所申请行业相应专业设计类型的大型项目工程设计不少于 2 项，具备注册执业资格或高级专业技术职称；③ 在主要专业技术人员配备表规定的人员中，主导专业的非注册人员应当作为专业技术负责人主持过所申请行业相应专业设计类型的中型以上项目工程设计不少于 3 项。其中，大型项目不少于 1 项。

(3) 技术装备及管理水平：① 有必要的技术装备及固定的工程场所；② 企业管理组织结构，以及标准、质量、档案等管理体系健全。

2. 乙级

(1) 资历和信誉：① 具有独立企业法人资格；② 社会信誉良好，注册资本不少于 100 万元人民币。

（2）技术条件：① 专业配备齐全、合理，主要专业技术人员数量不少于所申请专业资质标准中主要专业技术人员配备表规定的人数；② 企业的主要技术负责人或总工程师应当具有大学本科以上学历、10 年以上设计经历，且主持过所申请行业相应专业设计类型的中型项目工程设计不少于 3 项，或大型项目工程设计不少于 1 项，具备注册执业资格或高级专业技术职称；③ 在主要专业技术人员配备表规定的人员中，主导专业的非注册人员应当作为专业技术负责人主持过所申请行业相应专业设计类型的中型项目工程设计不少于 2 项，或大型项目工程设计不少于 1 项。

（3）技术装备及管理水平：① 有必要的技术装备及固定的工作场所；② 有较完善的质量体系，以及技术、经营、人事、财务、档案等管理制度。

3．丙级

（1）资历和信誉：① 具有独立企业法人资格；② 社会信誉良好，注册资本不少于 50 万元人民币。

（2）技术条件：① 专业配备齐全、合理，主要专业技术人员数量不少于所申请专业资质标准中主要专业技术人员配备表规定的人数；② 企业的主要技术负责人或总工程师应当具有大专以上学历、10 年以上设计经历，且主持过所申请行业相应专业设计类型的工程设计不少于 2 项，具有中级及以上专业技术职称；③ 在主要专业技术人员配备表规定的人员中，主导专业的非注册人员应当作为专业技术负责人主持过所申请行业相应专业设计类型的项目工程设计不少于 2 项。

（3）技术装备及管理水平：① 有必要的技术装备及固定的工作场所；② 有较完善的质量体系，以及技术、经营、人事、财务、档案等管理制度。

4．丁级（限建筑工程设计）

（1）资历和信誉：① 具有独立企业法人资格；② 社会信誉良好，注册资本不少于 5 万元人民币。

（2）技术条件：企业专业技术人员总数不少于 5 人。其中，二级以上注册建筑师或注册结构工程师不少于 1 人；具有建筑工程类专业学历、2 年以上设计经历的专业技术人员不少于 2 人；具有 3 年以上设计经历，参与过至少 2 项工程设计的专业技术人员不少于 2 人。

（3）技术装备及管理水平：有必要的技术装备及固定的工作场所；有较完善的技术、财务、档案等管理制度。

（四）工程设计专项资质

1．资历和信誉

（1）具有独立企业法人资格。
（2）社会信誉良好，注册资本符合相应工程设计专项资质标准的规定。

2．技术条件

专业配备齐全、合理，企业的主要技术负责人或总工程师、主要专业技术人员配备符合相应

工程设计专项资质标准的规定。

3. 技术装备及管理水平

(1) 有必要的技术装备及固定的工作场所。

(2) 企业管理的组织结构、标准体系、质量管理体系运行有效。

(五) 承担业务范围

承担资质证书许可范围内的工程设计业务,承担与资质证书许可范围相应的建设工程总承包、工程项目管理和相关的技术、咨询与管理服务业务。承担设计业务的地区不受限制。

1. 工程设计综合甲级资质

承担各行业建设工程项目的设计业务,其规模不受限制;但承接工程项目设计时,须满足本标准中与该工程项目对应的设计类型对专业及人员配置的要求。

承担其取得的施工总承包(施工专业承包)甲级资质证书许可范围内的工程施工总承包(施工专业承包)业务。

2. 工程设计行业资质

(1) 甲级:承担本行业建设工程项目主体工程及其配套工程的设计业务,其规模不受限制。

(2) 乙级:承担本行业中、小型建设工程项目的主体工程及其配套工程的设计业务。

(3) 丙级:承担本行业小型建设项目的工程设计业务。

3. 工程设计专业资质

(1) 甲级:承担本专业建设工程项目主体工程及其配套工程的设计业务,其规模不受限制。

(2) 乙级:承担本专业中、小型建设工程项目的主体工程及其配套工程的设计业务。

(3) 丙级:承担本专业小型建设项目的设计业务。

(4) 丁级(限建筑工程设计):① 承担一般公共建筑工程(单体建筑面积 2 000 m^2 及以下,建筑高度 12 m 及以下)的设计业务;② 承担一般住宅工程(单体建筑面积 2 000 m^2 及以下,建筑层数 4 层及以下的砖混结构)的设计业务;③ 承担厂房和仓库(跨度不超过 12 m,单梁式吊车吨位不超过 5 吨的单层厂房和仓库,跨度不超过 7.5 m,楼盖无动荷载的两层厂房和仓库)的设计业务;④ 承担构筑物(套用标准通用图高度不超过 20 m 的烟囱,容量小于 50 m^3 的水塔,容量小于 300 m^3 的水池,直径小于 6 m 的料仓)的设计业务。

4. 工程设计专项资质

承担规定的专项工程的设计业务,具体规定见有关专项资质标准。

四、工程咨询

工程咨询服务单位是指具有一定注册资金,具有一定数量的工程技术、经济、管理人员,取得建设咨询证书和营业执照,能为工程建设提供估算计量、管理咨询、建设监理等智力型服务并获取相应费用的企业。国际上,工程咨询服务单位一般称为咨询公司,在国内则包括勘察公司、设计院、工程监理公司、工程造价咨询公司、招标代理机构和工程管理公司等。他们主要向建设项目业主提供工程咨询和管理等智力型服务,以弥补业主对工程建设业务不了解或不熟悉的缺陷。咨询单位并不是工程承发包的当事人,但受业主聘用,与业主订有协议书和合同,从事工程咨询、设计或监理等工作,因而在项目的实施中承担重要的责任。咨询任务可以贯穿于从项目立项到竣工验收乃至使用阶段的整个项目建设过程,也可以只限于其中某个阶段,例如可行性研究咨询、施工图设计、施工监理等。

五、工程监理

从事建设工程监理活动的企业,应当按照有关规定取得工程监理企业资质,并在工程监理企业资质证书(以下简称资质证书)许可的范围内从事工程监理活动。

(一)工程监理企业资质

工程监理企业资质分为综合资质、专业资质和事务所资质三类。其中,专业资质按照工程性质和技术特点划分为若干工程类别。综合资质、事务所资质不分级别。专业资质一般设立有甲级、乙级(其中,房屋建筑、水利水电、公路和市政公用专业资质可设立丙级)。

工程监理企业的资质等级标准如下。

1. 综合资质标准

(1)具有独立法人资格且注册资本不少于 600 万元。

(2)企业技术负责人应为注册监理工程师,并具有 15 年以上从事工程建设工作的经历或者具有工程类高级职称。

(3)具有 5 个以上工程类别的专业甲级工程监理资质。

(4)注册监理工程师不少于 60 人,注册造价工程师不少于 5 人,一级注册建造师、一级注册建筑师、一级注册结构工程师或者其他勘察设计注册工程师合计不少于 15 人次。

(5)企业具有完善的组织结构和质量管理体系,有健全的技术、档案等管理制度。

(6)企业具有必要的工程试验检测设备。

(7)申请工程监理资质之日前一年内没有《工程建设监理规范》第十六条禁止的行为。

(8)申请工程监理资质之日前一年内没有因本企业监理责任造成重大质量事故。

(9)申请工程监理资质之日前一年内没有因本企业监理责任发生三级以上工程建设重大安全事故或者发生两起以上四级工程建设安全事故。

2. 专业资质标准

1)甲级

(1)具有独立法人资格且注册资本不少于 300 万元。

(2)企业技术负责人应为注册监理工程师,并具有 15 年以上从事工程建设工作的经历或者具有工程类高级职称。

(3)注册监理工程师、注册造价工程师、一级注册建造师、一级注册建筑师、一级注册结构工程师或者其他勘察设计注册工程师合计不少于 25 人次；其中，相应专业注册监理工程师不少于专业资质注册监理工程师人数配备表(表 1-1)中要求配备的人数，注册造价工程师不少于 2 人。

表 1-1　专业资质注册监理工程师人数配备表　(单位：人)

序　号	工程类别	甲级	乙级	丙级
1	房屋建筑工程	15	10	5
2	冶炼工程	15	10	
3	矿山工程	20	12	
4	化工石油工程	15	10	
5	水利水电工程	20	12	5
6	电力工程	15	10	
7	农林工程	15	10	
8	铁路工程	23	14	
9	公路工程	20	12	5
10	港口与航道工程	20	12	
11	航天航空工程	20	12	
12	通信工程	20	12	
13	市政公用工程	15	10	5
14	机电安装工程	15	10	

注：表中各专业资质注册监理工程师人数配备是指企业取得本专业工程类别注册的注册监理工程师人数

(4) 企业近 2 年内独立监理过 3 个以上相应专业的二级工程项目，但是，具有甲级设计资质或一级及以上施工总承包资质的企业申请本专业工程类别甲级资质的除外。

(5) 企业具有完善的组织结构和质量管理体系，有健全的技术、档案等管理制度。

(6) 企业具有必要的工程试验检测设备。

(7) 申请工程监理资质之日前一年内没有《工程建设监理规范》第十六条禁止的行为。

(8) 申请工程监理资质之日前一年内没有因本企业监理责任造成重大质量事故。

(9) 申请工程监理资质之日前一年内没有因本企业监理责任发生三级以上工程建设重大安全事故或者发生两起以上四级工程建设安全事故。

2) 乙级

(1) 具有独立法人资格且注册资本不少于 100 万元。

(2) 企业技术负责人应为注册监理工程师，并具有 10 年以上从事工程建设工作的经历。

(3) 注册监理工程师、注册造价工程师、一级注册建造师、一级注册建筑师、一级注册结构工程师或者其他勘察设计注册工程师合计不少于 15 人次。其中，相应专业注册监理工程师不少于专业资质注册监理工程师人数配备表(表 1-1)中要求配备的人数，注册造价工程师不少于 1 人。

(4) 有较完善的组织结构和质量管理体系，有技术、档案等管理制度。

(5) 有必要的工程试验检测设备。

（6）申请工程监理资质之日前一年内没有《工程建设监理规范》第十六条禁止的行为。

（7）申请工程监理资质之日前一年内没有因本企业监理责任造成重大质量事故。

（8）申请工程监理资质之日前一年内没有因本企业监理责任发生三级以上工程建设重大安全事故或者发生两起以上四级工程建设安全事故。

3）丙级

（1）具有独立法人资格且注册资本不少于50万元。

（2）企业技术负责人应为注册监理工程师，并具有8年以上从事工程建设工作的经历。

（3）相应专业的注册监理工程师不少于专业资质注册监理工程师人数配备表（表1-1）中要求配备的人数。

（4）有必要的质量管理体系和规章制度。

（5）有必要的工程试验检测设备。

3. 事务所资质标准

（1）取得合伙企业营业执照，具有书面合作协议书。

（2）合伙人中有3名以上注册监理工程师，合伙人均有5年以上从事建设工程监理的工作经历。

（3）有固定的工作场所。

（4）有必要的质量管理体系和规章制度。

（5）有必要的工程试验检测设备。

（二）工程监理企业资质相应许可的业务范围

1. 综合资质

可以承担所有专业工程类别建设工程项目的工程监理业务。

2. 专业资质

1）专业甲级资质

可承担相应专业工程类别建设工程项目的工程监理业务（见表1-2）。

2）专业乙级资质

可承担相应专业工程类别二级以下（含二级）建设工程项目的工程监理业务（见表1-2）。

3）专业丙级资质

可承担相应专业工程类别三级建设工程项目的工程监理业务（见表1-2）。

3. 事务所资质

可承担三级建设工程项目的工程监理业务（见表1-2），但是，国家规定必须实行强制监理的工程除外。

工程监理企业可以开展相应类别建设工程的项目管理、技术咨询等业务。

表 1-2 专业工程类别和等级表(节选)

序号	工程类别		一级	二级	三级
一	房屋建筑工程	一般公共建筑	28 层以上；36 m 跨度以上(轻钢结构除外)；单项工程建筑面积 30 000 m² 以上	14～28 层；24～36 m 跨度(轻钢结构除外)；单项工程建筑面积 10 000～30 000 m²	14 层以下；24 m 跨度以下(轻钢结构除外)；单项工程建筑面积 10 000 m² 以下
		高耸构筑工程	高度 120 m 以上	高度 70～120 m	高度 70 m 以下
		住宅工程	小区建筑面积 120 000 m² 以上；单项工程 28 层以上	建筑面积 60 000～120 000 m²；单项工程 14～28 层	建筑面积 60 000 m² 以下；单项工程 14 层以下
十三	市政公用工程	城市道路工程	城市快速路、主干路，城市互通式立交桥及单孔跨径 100 m 以上桥梁；长度 1 000 m 以上的隧道工程	城市次干路工程，城市分离式立交桥及单孔跨径 100 m 以下的桥梁；长度 1 000 m 以下的隧道工程	城市支路工程、过街天桥及地下通道工程
		给水排水工程	10 万吨/日以上的给水厂；5 万吨/日以上污水处理工程；3 m³/s 以上的给水、污水泵站；15 m³/s 以上的雨泵站；直径 2.5 m 以上的给排水管道	20 000～100 000 吨/日的给水厂；10 000～50 000 吨/日污水处理工程；1～3 m³/s 的给水、污水泵站；5～15 m³/s 的雨泵站；直径 1～2.5 m 的给水管道；直径 1.5～2.5 m 的排水管道	20 000 吨/日以下的给水厂；10 000 吨/日以下污水处理工程；1 m³/s 以下的给水、污水泵站；5 m³/s 以下的雨泵站；直径 1 m 以下的给水管道；直径 1.5 m 以下的排水管道
		燃气热力工程	总储存容积 1 000 m³ 以上液化气贮罐场(站)；供气规模 150 000 m³/日以上的燃气工程；中压以上的燃气管道、调压站；供热面积 1 500 000 m² 以上的热力工程	总储存容积 1 000 m³ 以下的液化气贮罐场(站)；供气规模 1 500 000 m³/日以下的燃气工程；中压以下的燃气管道、调压站；供热面积 500 000～1 500 000 m² 的热力工程	供热面积 500 000 m² 以下的热力工程
		垃圾处理工程	1 200 吨/日以上的垃圾焚烧和填埋工程	500～1200 吨/日的垃圾焚烧及填埋工程	500 吨/日以下的垃圾焚烧及填埋工程
		地铁轻轨工程	各类地铁轻轨工程		
		风景园林工程	总投资 3 000 万元以上	总投资 1 000 万～3 000 万元	总投资 1 000 万元以下

说明：(1)表中的"以上"含本数，"以下"不含本数；

　　　 (2)未列入本表中的其他专业工程，由国务院有关部门按照有关规定在相应的工程类别中划分等级；

　　　 (3)房屋建筑工程包括结合城市建设与民用建筑修建的附建人防工程

六、材料、设备供货商

工程建设项目招标人对项目实行总承包招标时，未包括在总承包范围内的货物达到国家规定规模标准的,应当由工程建设项目招标人依法组织招标。

工程建设项目招标人对项目实行总承包招标时,以暂估价形式包括在总承包范围内的货物达到国家规定规模标准的,应当由总承包中标人和工程建设项目招标人共同依法组织招标。双方当事人的风险和责任承担由合同约定。

七、工程质量检测机构

建设工程质量检测是依据国家有关法律、法规、工程建设强制性标准和设计文件,对建设工程的材料、构配件、设备,以及工程实体质量、使用功能等进行测试,确定其质量特性的活动。

建设工程质量检测机构根据综合技术资源、检测能力和工作业绩,分为建筑工程综合类和专业类两类检测机构。其中,综合类检测机构设甲、乙两个等级,专业类检测机构设甲、乙、丙三个等级。

建设工程质量检测业务主要包括工程材料、建筑结构(含钢结构)、地基基础、建筑幕墙门窗、建筑节能、室内空气环境、通风与空调、建筑智能、建筑工程特种设备和市政道桥共 10 个专业。

综合甲级资质的检测机构:可跨地区承担各类建设工程(建筑工程和市政工程,以下同)的质量检测业务,范围不受限制。综合乙级资质的检测机构:可在本省内承担中型及以下建筑工程和中型及以下市政工程的质量检测业务。

专业甲级资质的检测机构:可跨地区承担对应专业各类建设工程(建筑工程和市政工程)的质量检测业务。专业乙级资质的检测机构:可在本省内承担对应专业的中型及以下建筑工程和中型及以下市政工程的质量检测业务。专业丙级资质的检测机构:可在本省内承担对应专业的小型建筑工程(不含学校、医院及人员密集的公共建筑)和小型市政工程的质量检测业务。

八、工程招标代理机构

工程招标代理是指对工程的勘察、设计、施工、监理及与工程建设有关的重要设备(进口机电设备除外)材料采购招标的代理。工程招标代理机构是自主经营、自负盈亏、依法取得工程招标代理资质证书、在资质证书许可的范围内从事工程招标代理业务,享有民事权利、承担民事责任的社会中介组织。

从事工程招标代理业务的机构,必须依法取得国务院建设行政主管部门或者省、自治区、直辖市人民政府建设行政主管部门认定的工程招标代理机构资格。即从事工程招标代理业务的机构必须符合法律规定的条件,并且须经过一定程序的审批,取得代理资格后,方可从事代理业务。

招标代理机构应当在招标人委托的范围内办理招标事宜,并遵守关于招标人的规定。

《工程建设项目招标代理机构资格认定办法》(中华人民共和国建设部令第 154 号)规定:工程招标代理机构资格有甲级、乙级和暂定级。其申报标准和可承揽业务如表 1-3 所示。

《中央投资项目招标代理资格管理办法》(中华人民共和国国家发展和改革委员会令第 13 号)规定:中央投资项目招标代理资格有甲级、乙级和预备级。甲级招标代理机构可以从事所有中央投资项目的招标代理业务。乙级招标代理机构可以从事总投资 5 亿元人民币及以下中央投资项目的招标代理业务。预备级招标代理机构可以从事总投资 2 亿元人民币及以下中央投资项目的招标代理业务。

表 1-3　工程招标代理资质等级申报标准（建设部 154 号令）

等级\内容	甲级	乙级	暂定级
通用条件	（一）是依法设立的中介组织，具有独立法人资格； （二）与行政机关和其他国家机关没有行政隶属关系或者其他利益关系； （三）有固定的营业场所和开展工程招标代理业务所需设施及办公条件； （四）有健全的组织机构和内部管理的规章制度； （五）具备编制招标文件和组织评标的相应专业力量； （六）具有可以作为评标委员会成员人选的技术、经济等方面的专家库； （七）法律、行政法规规定的其他条件		
资格条件	（一）取得乙级工程招标代理资格满 3 年； （二）注册资本金不少于 200 万元	（一）取得暂定级工程招标代理资格满 1 年； （二）注册资本金不少于 100 万元	注册资本金不少于 100 万元
业绩条件	近 3 年内累计工程招标代理中标金额在 16 亿元人民币以上（以中标通知书为依据）	近 3 年内累计工程招标代理中标金额在 8 亿元人民币以上	
人员条件	（一）具有中级以上职称的工程招标代理机构专职人员不少于 20 人，其中具有工程建设类注册执业资格人员不少于 10 人（其中注册造价工程师不少于 5 人），从事工程招标代理业务 3 年以上的人员不少于 10 人； （二）技术经济负责人为本机构专职人员，具有 10 年以上从事工程管理的经验，具有高级技术经济职称和工程建设类注册执业资格	（一）具有中级以上职称的工程招标代理机构专职人员不少于 12 人，其中具有工程建设类注册执业资格人员不少于 6 人（其中注册造价工程师不少于 3 人），从事工程招标代理业务 3 年以上的人员不少于 6 人； （二）技术经济负责人为本机构专职人员，具有 8 年以上从事工程管理的经历，具有高级技术经济职称和工程建设类注册执业资格	（一）具有中级以上职称的工程招标代理机构专职人员不少于 12 人，其中具有工程建设类注册执业资格人员不少于 6 人（其中注册造价工程师不少于 3 人），从事工程招标代理业务 3 年以上的人员不少于 6 人； （二）技术经济负责人为本机构专职人员，具有 8 年以上从事工程管理的经历，具有高级技术经济职称和工程建设类注册执业资格
可承揽业务	可以承担各类工程的招标代理业务	只能承担工程总投资 1 亿元人民币以下的工程招标代理业务	只能承担工程总投资 6 000 万元人民币以下的工程招标代理业务

　　中央投资项目招标代理机构应具备下列基本条件：① 是依法设立的社会中介组织，具有独立企业法人资格；② 与行政机关和其他国家机关没有隶属关系或者其他利益关系；③ 有固定的营业场所，具备开展中央投资项目招标代理业务所需的办公条件；④ 有健全的组织机构和良好的内部管理制度；⑤ 具备编制招标文件和组织评标的专业力量；⑥ 有一定规模的评标专家库；⑦ 近 3 年内机构没有因违反《中华人民共和国招标投标法》《中华人民共和国政府采购法》及有关管理规定，受到相关管理部门暂停资格、降级或撤销资格的处罚；⑧ 近 3 年内机构主要负责人没有受到刑事处罚；⑨ 国家发展改革委员会规定的其他条件。

　　甲级中央投资项目招标代理机构除具备上述规定基本条件外，还应具备以下条件：① 注册资本金不少于 1 000 万元人民币;② 招标从业人员不少于 60 人。其中,具有中级及以上职称的不少于 50%,已登记在册的招标师不少于 30%;③ 评标专家库的专家人数在 800 人以上;④ 开展招标代理业务 5 年以上;⑤ 近 3 年内从事过的中标金额在 5 000 万元以上的招标代理项目个数在 60 个以上,或累计中标金额在 60 亿元人民币以上。

乙级中央投资项目招标代理机构除具备基本条件外,还应具备以下条件:① 注册资本金不少于 500 万元人民币;② 招标从业人员不少于 30 人。其中,具有中级及以上职称的不少于 50%,已登记在册的招标师不少于 30%;③ 评标专家库的专家人数在 500 人以上;④ 开展招标代理业务 3 年以上;⑤ 近 3 年内从事过的中标金额在 3 000 万元以上的招标代理项目个数在 30 个以上,或累计中标金额在 30 亿元人民币以上。

预备级中央投资项目招标代理机构除具备基本条件外,还应具备以下条件:① 注册资本金不少于 300 万元人民币;② 招标从业人员不少于 15 人,其中,具有中级及以上职称的不少于 50%,已登记在册的招标师不少于 30%;③ 评标专家库的专家人数在 300 人以上。

九、招投标监督管理

《中华人民共和国招标投标法》第七条规定:"招标投标活动及其当事人应当接受依法实施的监督。"

招投标监督管理监督方式和职能分工如下。

1. 行政监督

行政监督是国家行政机关依照法定的权限、程序和方式对公民、法人或者组织及有关事项就其是否严格执行和遵守国家政策、法律、法规、规章、行政机关的决定和命令,所实行的作为行政管理必经步骤,并具有法律效力的监督行为。

2. 行政监察

行政监察是人民政府监察机关依照《中华人民共和国行政监察法》对国家行政机关、国家公务员和国家行政机关任命的其他人员实施监察。

3. 纪律检查

纪律检查是中国共产党各级纪律检查委员会依照《中国共产党纪律处分条例》对党员违法违纪行为进行检查和处分。

4. 审计监督

国家审计机关依照《中华人民共和国审计法》对国务院各部门和地方各级人民政府及其各部门的财政收支,国有的金融机构和企业事业组织的财务收支,以及其他依照《中华人民共和国审计法》规定应当接受审计的财政收支、财务收支进行审计监督。

如图 1-1 所示,招投标管理机构负责各级政府招投标市场的综合监督管理,会同各级政府有关部门组织招投标执法专项检查,查处招投标过程中违纪违法行为;负责各级政府招投标业务的综合分析和统计,对招投标工作中重大问题进行调研,向各级政府招标投标工作管理委员会报告工作情况并提出政策性建议;负责规划、指导并推动各级政府建立统一的招投标操作平台,制定综合招投标中心的运行规范和管理制度并监督实施;负责对进入各级政府综合招投标中心运作的招投标活动实施全过程监督,并对招投标活动是否进入各级政府综合招投标中心规范运作出具书面证明;负责建立和管理各级政府综合性评标专家总库,指导各级政府、各行业建立专家子库。

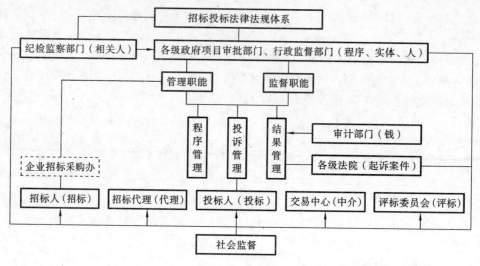

图 1-1　招投标监督管理体系

十、工程质量安全监督管理机构

工程质量安全监督管理机构负责建筑安全生产监督工作,实施建设工程质量监督管理和工程竣工验收备案管理工作。

(1)贯彻执行国家、省、市有关建设工程质量监督和备案管理的法律、法规、规章和工程建设强制性标准。

(2)制定工程质量监督管理的有关规定和措施并组织实施;编制建设工程质量监督管理规划及年度计划。

(3)制定工程竣工验收备案管理的有关规定和措施并组织实施;编制工程竣工验收备案管理规划及年度计划。

(4)依据法律、法规、规章和工程建设强制性标准,对建设工程质量实施日常监督和专项检查。

(5)对建设单位组织的建设工程竣工验收实施监督。

(6)对建设工程竣工验收备案工作实施监督管理,并实施委托范围内竣工验收备案工作。

(7)对工程监理企业实施监督管理。

(8)对工程质量检测机构(包括企业内部试验室)实施监督管理。

(9)参与工程质量检查员的培训、考核、注册、年审等工作。

(10)参与建设工程的新设备、新技术、新材料、新工艺的推广应用工作。

(11)在工程保修期内对保修工作进行监督。

(12)对工程质量监督系统的工程质量投诉工作进行指导,受理对工程质量问题的投诉、举报,并对其进行调查、协调和处理。

（13）参与工程质量事故的调查、仲裁和处理。

十一、建筑市场管理机构

建筑市场管理，是指各级人民政府建设行政主管部门、工商行政管理机关等有关部门，按照各自的职权，对从事各种房屋建筑、土木工程、设备安装、管线敷设等勘察设计、施工、建设监理，以及建筑构配件、非标准设备加工生产等发包和承包活动的监督、管理。各级人民政府建设行政主管部门、工商行政管理机关等，依法对建筑市场进行管理，保护合法交易和平等竞争。

各级人民政府建设行政主管部门负责建筑市场的管理，履行下列主要职责：① 贯彻国家有关工程建设的法规和方针、政策，会同有关部门草拟或制定建筑市场管理法规；② 总结交流建筑市场管理经验，指导建筑市场的管理工作；③ 根据工程建设任务与设计、施工力量，建立平等竞争的市场环境；④ 审核工程发包条件与承包方的资质等级，监督检查建筑市场管理法规和工程建设标准（规范、规程，下同）的执行情况；⑤ 依法查处违法行为，维护建筑市场秩序。

各级人民政府工商行政管理机关负责建筑市场的监督管理，履行下列主要职责：① 会同建设行政主管部门草拟或制定建筑市场管理法规，宣传并监督执行有关建筑市场管理的工商行政管理法规；② 依据建设行政主管部门颁发的资质证书，依法核发勘察设计单位和施工企业的营业执照；③ 根据《中华人民共和国合同法》的有关规定，确认和处理无效工程合同，负责合同纠纷的调解、仲裁，并根据当事人双方申请或地方人民政府的规定，对工程合同进行鉴证；④ 依法审查建筑经营活动当事人的经营资格，确认经营行为的合法性；⑤ 依法查处违法行为，维护建筑市场秩序。

项目3 建筑市场的管理

一、建设工程交易中心的设立

在社会主义市场经济体制下，国家投资的建设项目占主导地位。由于国有资产管理体制尚不完善，作为业主的国有企业内部管理又较薄弱，往往导致建设项目招标投标中的腐败和不正之风时有发生。此外，工程项目的招标投标主要由建设单位所隶属的专业部门管理，因而容易产生行业垄断、交易透明度差，而且难以监督的弊病。针对以上情况，近年来在国内出现了"建设工程交易中心"这种我国所特有的建设市场管理方式。根据我国有关规定，所有建设项目的报建、招标信息发布、施工许可证的申领、招标投标和合同签订等活动均应在建设工程交易中心内进行，并接受政府有关部门的监督。

二、建设工程交易中心的性质与作用

建设工程交易中心是服务性机构，不是政府管理部门，也不是政府授权的监督机构，本身并不具备管理职能。但建设工程交易中心又不是一般意义上的服务机构，其设立须得到政府或政府授权主管部门的批准，并非任何单位和个人可随意成立。它不以营利为目的，旨在为建立公开、公正、平等竞争的招投标制度服务，只可经批准收取一定的服务费。

按照我国有规定，所有建设项目都要在建设工程交易中心内报建、发布招标信息、授予信

息、授予合同、申领施工许可证。工程交易行为不能在场外发生，招标投标活动都需在场内进行，并接受政府有关部门的监督。应该说建设工程交易中心的设立，对建立国有投资的监督制约机制，规范建设工程承发包行为，以及将建筑市场纳入法制管理轨道，都有重要作用，是符合我国特点的一种好形式。

三、建设工程交易中心的基本功能

建设工程交易中心应具有以下三大功能。

1. 集中办公功能

即建设行政主管部门的有关职能部门进驻中心，按照各自的制度和程序，集中办理有关审批手续和进行管理。受理申报的内容一般包括工程报建、招标登记、承包商资质审查、合同登记、质量报监、施工许可证发放等。进驻建设工程交易中心的相关管理部门集中办公，要公布各自的办事制度和程序，既能按照各自的职责依法对建设工程交易活动实施有力监督，也方便当事人办事，有利于提高办事效率。集中办公方式决定了建设工程交易中心只能集中设立，而不能像其他商品市场那样随意设立。

2. 信息服务功能

信息服务功能包括收集、存储和发布各类工程信息、法律法规、造价信息、建材价格、承包商信息、咨询单位和专业人士信息等。在设施上配置有大型电子墙、计算机网络工作站，为承发包交易提供广泛的信息服务。工程建设交易中心一般要定期公布工程造价指数和建筑材料价格、人工费、机械租赁费、工程咨询费及各类工程指导价等。指导业主、承包商、咨询单位进行投资控制和投标报价。还应配备计算机网络工作站，为承发包交易提供应有的信息服务。

3. 场所服务功能

建设部建设工程交易中心相关管理规定，中心要为政府有关部门提供办理有关手续和依法监督招标投标活动的场所，还应设有信息发布厅、开标室、洽谈室、会议室和有关设施，以满足业主、承包商、分包商、设备材料供应商等交易的需要。建设工程交易中心须为工程承发包交易双方，包括建设工程的招标、评标、定标、合同谈判等，提供设施和场所服务。建设工程交易中心应提供相关设施满足业主和承包商、分包商、设备材料供应商之间的交易需要。同时，要为政府有关部门进驻集中办公、办理有关手续和依法监督招标投标活动提供场所服务。

我国有关法规规定，建设工程交易中心必须经政府建设行政主管部门认可后才能设立，而且每个城市一般只能设立一个中心，特大城市可增设若干个分中心，但三项基本功能必须健全。

四、建设工程交易中心的运行原则

为了保证建设工程交易中心能有良好的运行秩序，充分发挥其市场功能，必须坚持市场运行的以下基本原则。

1. 信息公开原则

有形建筑市场必须充分掌握政策法规、工程发包、承包商和咨询单位的资源、造价指数、招标规则、评标标准、专家评委库等各项信息,并保证市场各主体都能及时获得所需要的信息资料。

2. 依法管理原则

建设工程交易中心应严格按照法律、法规开展工作。任何单位和个人,不得非法干预交易活动的正常进行。监察机关应当进驻建设工程交易中心实施监督。

3. 公平竞争原则

建立公平竞争的市场秩序是建设工程交易中心的一项重要原则。进驻的有关行政监督管理部门应严格监督招标、投标单位的行为,防止行业、部门垄断和不正当竞争,不得侵犯交易活动各方的合法权益。

4. 属地进入原则

按照我国有形建筑市场的管理规定,建设工程交易实行属地进入。每个城市原则上只能建立一个建设工程交易中心,特大城市可以根据需要,设立区域性分中心,在业务上受中心领导。对于跨省、自治区、直辖市的铁路、公路、水利等工程,可在政府有关部门的监督下,通过公告由项目法人组织招标、投标。

5. 办事公正原则

建设工程交易中心是政府建设行政主管部门批准建立的服务性机构。建设工程交易中心须配合进场各行政管理部门做好相应的工程交易活动管理和服务工作。并且建立监督制约机制,制定完善的规章制度和工作人员守则,发现建设工程交易活动中的违法违规行为,应当向政府有关部门报告,并协助进行处理。

五、建设工程交易中心的运作程序

按照有关规定,建设项目进入建设工程交易中心后,一般按下列程序进行运作。

(1) 拟建工程得到计划管理部门立项(或计划)批准后,到中心办理报建备案手续。工程建设项目的报建内容主要包括工程名称、建设地点、投资规模、资金来源、当年投资额、工程规模、工程筹建情况、计划开工和竣工日期等。

(2) 报建工程由招标监督部门依据《中华人民共和国招标投标法》和有关规定确认招标方式。

(3) 招标人依据《中华人民共和国招标投标法》和有关规定,履行建设项目(包括项目的勘察、设计、施工、管理、监理及与工程建设有关的重要设备、材料等)的招标投标程序。

(4) 自中标之日起 30 日内,发包单位与中标单位签订合同。

(5) 按规定进行质量、安全监督登记。

(6) 统一交纳有关工程前期费用。

(7) 领取建设工程施工许可证。申请领取施工许可证,应当按建设部第 71 号令规定,具备以下条件:已经办理该建筑工程用地批准手续;在城市规划区的建筑工程,已经取得规划许可证;施工场地已经基本具备施工条件,需要拆迁的,其拆迁进度符合施工要求;已经确定建筑施工企业;有满足施工需要的施工图纸及技术资料;施工图设计文件已按规定进行了审查;有保证工程质量的相应质量、技术、安全措施及符合法律行政法规规定的其他条件。

1. 政府对建筑市场如何进行管理？
2. 建筑市场的主体有哪些？
3. 施工企业（承包商）的资质等级有哪些？各可承包哪些方面的业务？
4. 建设工程交易中心的基本功能有哪些？
5. 建设工程交易中心的运作程序有哪些？

单元 2 建设工程招标投标法律法规

知识目标：
- 了解建设工程招标投标法律体系；
- 理解《中华人民共和国招标投标法实施条例》相关条款。

能力目标：
- 了解工程招标投标相关法律、有关行政法规、相关部门规章；
- 掌握《中华人民共和国招标投标法实施条例》相关条款，并能结合实际问题进行分析。

项目 1 认知建设工程招标投标法律体系

一、相关法律

(1)《中华人民共和国招标投标法》(中华人民共和国主席令第 21 号)

(2)《中华人民共和国合同法》(中华人民共和国主席令第 15 号)

(3)《中华人民共和国建筑法》(中华人民共和国主席令第 91 号)

(4)《中华人民共和国公证法》(中华人民共和国主席令第 39 号)

二、有关行政法规

(1)《中华人民共和国招标投标法实施条例》(中华人民共和国国务院令第 613 号)

(2)《建设工程安全生产管理条例》(国务院令第 393 号)

(3)《建设工程质量管理条例》(国务院令第 279 号)

(4)《建筑工程勘察设计管理条例》(国务院令第 293 号)

(5)《建设项目环境保护管理条例》(国务院令第 253 号)

三、相关部门规章

(1)《工程建设项目招标范围和规模标准规定》(国家计委令第 3 号)

(2)《招标公告发布暂行办法》(国家计委令第 4 号)

(3)《工程建设项目自行招标试行办法》(国家计委令第 5 号)

(4)《国家重大建设项目招标投标监督暂行办法》(国家计委令第 18 号)

(5)《工程建设项目招标投标活动投诉处理办法》(国家发改委等令第 11 号)

(6)《关于禁止串通招标投标行为的暂行规定》(国家工商行政管理局令第 82 号)

(7)《工程建设项目招标代理机构资格认定办法》(建设部令第 79 号,2000 年 6 月 26 日)

(8)《房屋建筑工程质量保修办法》(建设部令第 80 号,2000 年 6 月 30 日)

(9)《建筑工程设计招标投标管理办法》(建设部令第 82 号,2000 年 10 月 8 日)

(10)《建设工程监理范围和规模标准规定》(建设部令第 86 号,2001 年 1 月 17 日)

(11)《评标委员会和评标方法暂行规定》(七部委联合发布第 12 号令,2001 年 7 月 5 日)

(12)《建筑工程施工发包与承包计价管理办法》(建设部令第 107 号,2001 年 12 月 1 日)

(13)《国务院办公厅转发建设部国家计委监察部关于健全和规范有形建筑市场若干意见的通知》(国办发〔2002〕21 号,2002 年 3 月 8 日)

(14)建设部办公厅关于转发《最高人民法院关于建设工程价款优先受偿权问题的批复》的通知(建办市〔2002〕51 号,2002 年 6 月 11 日)

(15)《住房和城乡建设部关于发布国家标准〈建设工程工程量清单计价规范〉的公告》(住房和城乡建设部公告第 1567 号,2012 年 12 月 25 日)

(16)《工程建设项目施工招标投标办法》(七部委联合发布第 30 号令,2003 年 3 月 8 日)

(17)《工程建设项目勘察设计招标投标办法》(八部委联合发布第 2 号令,2003 年 6 月 12 日)

(18)《房屋建筑和市政基础设施工程施工分包管理办法》(建设部第 124 号,2004 年 2 月 3 日)

(19)《房屋建筑和市政基础设施工程施工图设计文件审查管理办法》(建设部令第 134 号,2004 年 6 月 29 日)

(20)《国务院办公厅关于进一步规范招投标活动的若干意见》(国办发〔2004〕56 号,2004 年 7 月 12 日)

(21)《工程建设项目招标投标活动投诉处理办法》((七部委 11 号令,2004 年 8 月 1 日)

(22)关于印发《关于在房地产开发项目中推行工程建设合同担保的若干规定(试行)》的通知(建市〔2004〕137 号,2004 年 8 月 6 日)

(23)《最高人民法院关于审理建设工程施工合同纠纷案件适用法律问题的解释法释》(法释〔2004〕14 号,2004 年 10 月 25 日)

(24)《财政部建设部关于印发〈建设工程价款结算暂行办法〉的通知》(财政部办公厅财建〔2004〕369 号,2004 年 12 月 1 日)

(25)《关于印发〈工程担保合同示范文本〉(试行)的通知》(建市〔2005〕74 号,2005 年 5 月 11 日)

(26)《关于建立和完善劳务分包制度发展建筑劳务企业的意见》(建市〔2005〕131 号,2005 年 8 月 5 日)

(27)《关于工程勘察、设计、施工、监理企业及招标代理机构资质申请及年检有关问题的通知》(建办市函〔2005〕456 号,2005 年 8 月 9 日)

(28)《关于加强房屋建筑和市政基础设施工程项目施工招标投标行政监督工作的若干意见》(建市〔2005〕208 号,2005 年 10 月 10 日)

(29)《建设工程质量检测管理办法》(建设部令 第 141 号,2005 年 11 月 1 日)

(30)《建设部关于加快推进建筑市场信用体系建设工作的意见》(建市〔2005〕138 号)

(31)《关于严禁政府投资项目使用带资承包方式进行建设的通知》(建市〔2006〕6 号,2006 年 1 月 4 日)

项目 2　招标投标法案例

案例 1　随意废标案例分析[摘自杭州建设工程招标网 http://www.hzzbw.gov.cn（2009-7-23）]

[简介]　2008 年 10 月，杭州市某建设工程在杭州市建设工程交易中心公开开评标。洪某、范某、吴某、周某等四位专家，在对投标文件商务标的评审过程中，未按招标文件的要求进行评审，以"投标文件中工程量清单封面没有盖投标单位及法人代表章"为由，随意将两家投标单位的投标定为废标，导致评标结果出现重大偏差，该项目因而不得不重新评审，严重影响了招标人正常招标流程和整个项目的进度。

[处理]　为严肃评标纪律，端正评标态度，维护杭州市招投标评审工作的科学性与公正性，杭州市建设委员会根据《工程建设项目施工招标投标办法》（七部委第 30 号令）第七十八条规定，作出了"给予洪某、范某、吴某、周某等四位专家警告，并进行通报批评"的行政处理决定。

[评析]　上述案例中，有一个重要的事实是"两家投标单位的投标函和标书封面均已盖投标单位及法人代表章、相关造价专业人员也已签字盖章"。而根据《建设工程工程量清单计价规范》和杭州市招投标的相关规定，"投标函和标书封面已盖投标单位及法人代表章、相关造价专业人员也已签字盖章"的投标文件，实质上已经响应了招标文件的第 19.3 条款"投标文件封面、投标函均应加盖投标人印章并经法定代表人或其委托代理人签字或盖章"的要求，属于有效标书。评审过程中商务专家未仔细领会招标文件的相关规定，在明知"投标文件商务报价书和投标函均已盖投标单位及法人代表章、相关造价专业人员也已签字盖章"的前提下，仍随意将两家投标单位的投标定为废标，这种行为是草率和不负责任的。由此导致项目重评，既影响了项目的正常开工，给招标单位带来了损失，也引发了多家投标单位的质疑和投诉，在社会上产生了一些负面影响。

《中华人民共和国招标投标法》第四十四条第一款规定："评标委员会成员应当客观、公正地履行职务，遵守职业道德，对所提出的评审意见承担个人责任。"作为评标专家这一特殊的群体，洪某等四人的行为已违反了《中华人民共和国招标投标法》第四十四条第一款的相关规定，应该为自己的行为承担责任，为自己的过失"买单"。

案例 2　招标过程违规

[简介]　某建设项目实行公开招标，招标过程出现了下列事件，指出不正确的处理方法。

（1）招标方于 5 月 8 日起发出招标文件，文件中特别强调由于时间较紧要求各投标人不迟于 5 月 23 日之前提交投标文件（即确定 5 月 23 日为投标截止时间），并于 5 月 10 日停止出售招标文件。6 家单位领取了招标文件。

（2）招标文件中规定：如果投标人的报价高于标底 15% 以上一律确定为无效标。招标方请咨询机构代为编制标底，并考虑投标人存在着为招标方有无垫资施工的情况编制了两个不同的标底，以适应投标人情况。

（3）5月15日招标方通知各投标人，原招标工程中的土方量增加20％，项目范围也进行了调整，各投标人据此对投标报价进行计算。

（4）招标文件中规定，投标人可以用抵押方式进行投标担保，并规定投标保证金额为投标价格的5％，不得少于100万元，投标保证金有效时期同投标有效期。

（5）按照5月23日的投标截止时间要求，外地的一个投标人于5月21日从邮局寄出了投标文件，由于天气原因5月25日招标人收到投标文件。本地A公司于5月22日将投标文件密封加盖了本企业公章并由准备承担此项目的项目经理本人签字按时送达招标方。本地B公司于5月20日送达投标文件后，5月22日又递送了降低报价的补充文件，补充文件未对5月20日送达文件的有效期进行说明。本地C公司于5月19日送达投标文件后，考虑自身竞争实力于5月22日通知招标方退出竞标。

（6）开标会议由本市常务副市长主持。开标会议上对退出竞标的C公司未宣布其单位名称，本次参加投标的仅有5家单位。开标后宣布各单位报价与标底时发现5个投标报价均高于标底20％以上，投标人对标底的合理性当场提出异议。与此同时招标代理方代表宣布5家投标报价均不符合招标文件要求，此次招标作废，请投标人等待通知。（若某投标人退出竞标其保证金在确定中标人后退还）。3天后招标方决定6月1日重新招标。招标方调整标底，原投标文件有效。7月15日经评标委员会评定本地区无中标单位。由于外地某公司报价最低故确定其为中标人。

（7）7月16日发出中标通知书。通知书中规定，中标人自收到中标书之日起30天内按照招标文件和中标人的投标文件签订书面合同。与此同时招标方通知中标人与未中标人。投标保证金在开工前30天内退还。中标人提出投标保证金不需归还，当做履约担保使用。

（8）中标单位签订合同后，将中标工程项目中的三分之二工程量分包给某未中标人E，未中标人E又将其转包给外地的农民施工单位。

[评析]

（1）事件（1）中：招标文件发出之日起至投标文件截止时间不得少于20天，招标文件发售之日至停售之日最短不得少于5个工作日。

（2）事件（2）中：编制两个标底不符合规定。

（3）事件（3）中：改变招标工程范围应在投标截止之日15个工作日前通知投标人。

（4）事件（4）中：投标保证金数额一般不超过投标报价的2％，一般不得超过80万元人民币。投标保证金有效期应当超出投标有效期30天。

（5）事件（5）中：5月25日招标人收到的投标文件为无效文件。A公司投标文件无法人代表签字为无效文件。B公司报送的降价补充文件未对前后两个文件的有效性加以说明为无效文件。

（6）事件（6）中：招标开标会应由招标方主持，开标会上应宣读退出竞标的C单位名称而不宣布其报价。宣布招标作废是允许的。退出投标的投标保证金应归还。重新招标评标过程一般应在15天内确定中标人。

（7）事件（7）中：应从7月16日发出中标通知书之日起30天内签订合同，签订合同后5天内退还全部投标保证金。中标人提出将投标保证金当做履约保证金使用的提法错误。

（8）事件（8）中：中标人的分包做法，及后续的转包行为是错误的。

案例3　武汉地铁广告招标门（各类招标投标具有相通之处，故设此案例供参考）

2012年1月12日发生的武汉地铁广告招标"低价中标"事件，引起社会的广泛关注。2月19日武汉市纪检监察部门宣布此次招标结果无效。此次招标投标暴露的问题和新华视点记者追踪揭露的真相表明，投标并顺利"中标"者及招标代理方居然都是招标人的利益关联方，属《中华人民共和国招标投标法》所明令禁止的回避范畴。有关部门应当严肃查处，并公开事实真相，而非仅仅止步于宣布无效。

1. 招标

2011年11月18日，武汉地铁运营有限公司（以下简称武汉地铁）发布了"武汉市轨道交通2号线一期工程站内平面广告媒体代理经营"的项目招标公告，委托湖北省成套招标有限公司（以下简称湖北成套）代理向社会公开招标。

2012年1月12日，该项目在武汉公开开标，当日参加竞标的单位，包括深圳报业在内共有3家公司。

资料显示，全长近28千米的武汉轨道交通2号线一期工程，沿线串起解放大道、中南、街道口和鲁巷光谷等四大商圈，途经汉口火车站、武汉汽车客运总站、王家墩中央商务区等主要客流集散点，建成后将成为武汉市客运交通的"黄金走廊"。此次招标，包括21个车站内的常规灯箱、数码灯箱、梯牌、墙贴、屏蔽门贴等平面广告媒体的代理经营许可权。

深圳报业集团地铁传媒有限公司获悉招标信息后，其母公司深圳报业出面进行了申报、撰写并在规定时间内提交了投标文件。

2. 公示

2012年1月18日，武汉地铁在其官网公示的中标结果称："各有关当事人对中标结果有异议的，可以在公示发布之日起7日内以书面形式向武汉地铁运营有限公司提出质疑，逾期将不再受理。""武汉市轨道交通2号线一期工程站内平面广告资源经营许可权项目"招标结果已经公示，中标单位为参与竞标的另一家广告公司，中标金额为人民币70 503.372 6万元/10年。

深圳报业报价高出竞争对手3个多亿，却在项目建议书环节被大比分反超，由于在项目经营建议书环节大比分落后，深圳报业最终以2.51分之差落标。得知自己的公司在武汉地铁2号线站内平面广告媒体代理竞标中"出局"，深圳报业集团地铁传媒有限公司董事长关云平的第一个感觉是，不可能！

3. 质疑

2012年1月21日，赶在春节放假前一天，深圳报业通过电话、传真、快递和电子邮件等多种方式向招标方提出质疑：除分值为60分的报价部分外，此次招标商务部分和项目经营建议书部分的评分原则、依据和具体分数均未公布，未能体现公开、公平及公正原则，甚至存在暗箱操作的嫌疑，要求公开此次报价单位的全部分数和各项目成绩，并公布此次招标的评委名单，请第三方重新评分。

关云平说："最让我们不理解的是，对正在建设中的武汉地铁而言，本可以通过招标广告代理经营权的方式最大限度收回投资，为何会放弃10多亿的合作方不要，却选择了3家竞标单位中报价最低的一家？"

4. 回应

2012年2月1日，武汉地铁集团给予的书面回复称，收到深圳报业的质疑函后，公司纪委对招标代理公司、招投标程序及评审过程进行了认真调查、核实，结果表明，此次招标程序符合法律及相关规定，评标过程公平、公正。

武汉地铁集团纪委书记何少文接受记者采访时表示，作为经营实体，武汉地铁集团确实需要资金，同样要追求利益最大化，但也需要中标企业更可靠、可实施、可实现。通过招投标的方式请专家来评审的目的就是要把有实力，能够支付且支付方案中一些支付条件充分的企业选进来。何少文强调，整个评标过程均由专家独立完成，分数也是由专家依据评分标准给出，无论是招标方还是代理公司均不能干预专家。

2012年2月7日，武汉地铁集团运营公司和湖北省成套招标有限公司向竞标单位正式发出了中标通知书和未中标通知书。

由于在武汉地铁集团方面无法获得更有说服力的答复，深圳报业也向湖北省招投标管理局、武汉市纪委等提出书面投诉。2012年2月8日，武汉地铁集团已收到武汉市纪委转来的深圳报业的投诉材料，并组织成立了工作专班对整个招标过程进行调查，调查结果将向上级纪委报告。

2012年2月15日晚，针对媒体质疑，武汉地铁集团运营公司、湖北省成套招标有限公司召开新闻发布会回应称"没有黑幕，评标公平公正"。

武汉地铁集团表示，此次选取的是公开招标模式，招标方式是最适合者得，而最高价者得是公开竞价、拍卖等招商方式。此次招标采用综合评价法，即根据价格、商务、项目经营建议书等三部分的综合得分确定中标单位。深圳报业报价最高，即报价得分最高，但价格分只占总分的60%，深圳报业集团综合得分并不是第一名。对地铁广告代理权而言，并不是价格越高越好，3亿元不算什么。

5. 追问

尽管"此次招标项目采用的是综合评价法"，并非"价高者得"，但这起事件仍然有许多问题需要招标方做进一步解释。

问题一：专家评审究竟有无猫腻？评审专家在一个多小时内，要看完3家公司的1 800页标书，很可能只是浮光掠影。《中华人民共和国招标投标法》规定，"评标委员会成员的名单在中标结果确定前应当保密"，既然中标结果已经确定，公布评委名单应无不妥。

问题二：公示是否有意避开竞标者？招标方当以何种方式告知竞标者才算有效，也是需要厘清的问题。

问题三：在参与竞标方向湖北省招投标管理局、武汉市纪委等提出书面投诉后的调查期内，武汉地铁集团运营公司和湖北省成套招标有限公司向竞标单位正式发出了中标通知书和未中标通知书是否合适？

6. 无效

2012年2月19日，武汉市纪委、市监察局向媒体通报说，这一招标活动违反《武汉市户外广告设置管理办法》的有关规定,未履行相关法定报批程序,武汉地铁集团已据此认定此次招标结果无效。目前,武汉市纪委、市监察局正在对这项目中涉及的其他有关问题进行深入调查。

通报说,武汉市纪委收到深圳报业集团对武汉地铁集团的投诉件,称在轨道交通2号线一期工程站内平面广告媒体代理经营项目招投标中存在问题。武汉市纪委、市监察局迅速组织有关部门进行了调查。

通报说,武汉地铁集团下属的武汉地铁集团运营公司制发的《武汉市轨道交通2号线一期工程站内平面广告媒体代理经营招标文件》中,涉及户外广告设置位使用权的处置,但处置方案不是由市城管局、市国资委等部门制订,更未报经市人民政府批准。该公司此次户外广告设置位使用权的处置未履行法定程序。武汉地铁集团总经理办公会研究,认定武汉地铁集团运营公司此次招标结果无效,并表示,下一步将严格按照有关法律法规和规定,全面做好轨道交通2号线一期工程站内平面广告的经营和管理工作。

《武汉市户外广告设置管理办法》第二十三条规定:"利用本市政府投资或者以本市政府投资为主建设的城市道路、公路、广场等公用设施设置户外广告的,其户外广告设置位使用权应当通过拍卖方式取得。拍卖方案由市城市管理行政部门会同市国有资产、财政、交通等部门制订,报市人民政府批准后实施。"

7. 关联

据反映,此次低价中标的广东省广告股份有限公司与招标方武汉地铁广告公司有利益关联,参与投标违背了《中华人民共和国招标投标法》有关规定。广东省广告股份有限公司运营总监钟山也向记者承认,武汉地铁广告项目"是由我们公司设计部设计的"。

记者调查发现,此次招投标的监管部门是湖北省招投标监管局,但作为武汉地铁广告招标项目的代理方,湖北省成套招标有限公司曾经挂靠湖北省招投标监管局。

8. 问责

2012年3月2日晚,武汉市纪委、市监察局向"新华视点"记者通报说,武汉地铁广告招标事件的调查工作取得进展,武汉地铁运营公司已有1人被纪委立案调查,5人受到处理。

武汉市委市政府已对武汉地铁广告招标活动中暴露的问题给予高度重视。武汉市人民政府成立专班,对武汉地铁集团工程建设项目进行全面清理排查,对群众反映的突出问题进行重点检查,对发现的问题迅速督促整改,确保武汉地铁建设高效安全。武汉市纪委、市监察局成立执法监察组,对武汉地铁集团招投标情况进行专项检查,督促有关部门加强监督管理,对发现的问题,将严肃追究有关人员的责任。

武汉市纪委、市监察局通报说,武汉地铁集团运营公司资源部经理邓宏武在此次招标文件编制中利用职务便利,设置有利于个别投标企业的条款,向相关投标单位泄露了应当保密的招投标信息,并涉嫌受贿。目前,武汉市纪委已对邓宏武采取措施,进行立案调查;对负有主要领导责任的武汉地铁集团运营公司常务副总经理于晓罡,给予记大过、免职处理;对负有主要领导责任的武汉地铁集团运营公司党委书记陈川,给予党内严重警告处分,调离现工作岗位;对负有重要领导责任的武汉地铁集团运营公司总经理于晓风,给予警告处分;对负有监管不力责任的武汉地铁集团运营公司党委副书记、纪委书记王涛,给予党内严重警告处分;对分管武汉地铁运营公司的武汉地铁集团有限公司党委副书记、纪委书记何少文进行诫勉谈话,责令其写出深刻的书面检查。责成武汉地铁集团有限公司向武汉市委、市政府写出深刻检查。

据介绍,武汉地铁集团下属武汉地铁运营公司在组织轨道交通2号线一期工程站内平面广告媒体代理经营项目的招标活动引发争议后,武汉市纪委、监察局迅速组成调查专班,进行了深入调查。

经调查发现,这一招投标活动,未按照《武汉市户外广告设置管理办法》规定要求,依法履行报批程序。此外,武汉地铁运营公司在参照《中华人民共和国招标投标法》组织实施本次招投标活动时,未严格参照有关规定执行,组建评标专家库时,将部分不符合评标专家条件的人员纳入专家库;在抽取的专家评委人员中,专家评委没有超过评委总人数的三分之二;招投标活动未按规定进入专门的交易场所组织实施。

通报说,针对此次招投标活动中暴露出来的问题,武汉市委、市政府高度重视,责成武汉地铁集团有限公司举一反三,认真查找地铁工程项目管理和招投标活动中的漏洞,健全制度,加强管理。武汉市委、市政府要求全市各级党委、政府引以为戒,切实加强政府投资项目和重点工程项目的管理,完善相关的制度,强化监督,确保武汉市工程建设项目顺利实施。

据武汉市人民检察院初步查明,邓宏武身为受政府委托管理地铁衍生资源策划、招商、经营管理的负责人,在负责地铁2号线广告招标过程中,故意违反国家招投标相关法律规定,滥用职权,采取为投标人"量身定做"招标文件,要求投标人推荐评标专家名单,擅自组建专家库,以及影响评委评分等方式,帮助广东省广告公司以低于深圳报业近3亿元的报价中标。在此过程中,邓宏武收受广东省广告公司相关人员贿赂30万元。

复习思考题

1. 工程招标投标相关法律、有关行政法规、相关部门规章有哪些?

2. 邀请招标项目是如何规定的?

3. 可以不进行招标项目是如何规定的?

4. 资格预审文件或者招标文件的发售期是如何规定的?

5. 招标人对已发出的资格预审文件或者招标文件进行必要的澄清或者修改有何规定?

6. 潜在投标人或者其他利害关系人对资格预审文件有异议的,是如何规定的?

7. 投标保证金金额、投标保证金有效期是如何规定的?

8. 招标人终止招标是如何规定的?

9. 以不合理条件限制、排斥潜在投标人或者投标人是如何规定的?

10. 属于投标人相互串通投标该如何处理?

11. 简述评标委员会应当否决投标人投标的规定。

12. 依法必须进行招标的项目,招标人应如何公示?

13. 某办公楼的招标人于2011年10月11日向具备承担该项目能力的A、B、C、D、E等5家承包商发出投标邀请书,其中说明,10月17日和10月18日9时至16时在该招标人总工程师室领取招标文件,11月8日14时为投标截止时间。该5家承包商均接受邀请,并按规定时间提交了投标文件。但承包商 A 在送出投标文件后发现报价估算有较严重的失误,遂赶在投标截止时间前 10 分钟递交了一份书面声明,撤回已提交的投标文件。

开标时,由招标人委托的市公证处人员检查投标文件的密封情况,确认无误后,由工作人员当众拆封。由于承包商 A 已撤回投标文件,故招标人宣布有 B、C、D、E 等 4 家承包商投标,并宣读该 4 家承包商的投标价格、工期和其他主要内容。

评标委员会委员由招标人直接确定,共由 7 人组成,其中招标人代表 2 人,本系统技术专家 2 人、经济专家 1 人,外系统技术专家 1 人、经济专家 1 人。

在评标过程中,评标委员会要求 B、D 两个投标人分别对其施工方案作详细说明,并对若干技术要点和难点提出问题,要求其提出具体、可靠的实施措施。作为评标委员的招标人代表希望承包商 B 再适当考虑一下降低报价的可能性。

按照招标文件中确定的综合评标标准,四个投标人综合得分从高到低的依次顺序为 B、D、C、E,故评标委员会确定承包商 B 为中标人。由于承包商 B 为外地企业,招标人于 11 月 10 日将中标通知书以挂号信寄出,承包商 B 于 11 月 14 日收到中标通知书。

由于从报价情况来看,4 个投标人的报价从低到高的依次顺序为 D、C、B、E,因此,从 11 月 16 日至 12 月 11 日招标人又与承包商 B 就合同价格进行了多次谈判,结果承包商 B 将价格降到略低于承包商 C 的报价水平,最终双方于 12 月 12 日签订了书面合同。

从所介绍的背景资料来看,在该项目的招投标程序中在哪些方面不符合《中华人民共和国招标投标法》的有关规定?请逐一说明。

单元 3 建设工程施工招标实务

知识目标：

● 了解建设工程招标的范围、形式、类别，了解《标准施工招标文件》（2007 年版）的实施原则、特点、适用范围，了解标底的概念和作用；

● 熟悉招标代理的性质、资质和招标代理机构的条件，熟悉建设工程施工招标应具备的条件和招标的程序，熟悉标底的编制原则和步骤；

● 掌握《标准施工招标文件》（2007 年版）的内容，掌握招标前、招标与投标阶段、决标成交阶段的主要工作，掌握建设工程招标标底的编制方法和步骤。

能力目标：

● 能应用所学知识初步判断建设工程招标的范围、程序是否符合《中华人民共和国招标投标法》等有关法律的规定，分析判断招标代理机构是否具备代理招标的资质；

● 通过所学知识结合实际能编制或填写投标须知、招标公告等文件资料；

● 结合工程计量与计价等课程的学习具有一定的编制标底的能力，能按照所学内容处理招标过程中存在的一些违法违规行为。

项目 1 建设工程招标范围、形式、类别

一、建设工程招标范围

建设工程采用招标投标这种承发包方式，在提高工程经济效益、保证建设质量、保证社会及公众利益方面具有明显的优越性，世界各国和主要国际组织都规定，对某些工程建设项目必须实行招标投标。我国也对建设工程招标范围进行了界定，即国家必须招标的建设工程项目范围，而在此范围之外的项目是否招标，业主可以自愿选择。

（一）建设工程招标范围的确定依据

哪些建设工程项目必须招标，哪些工程项目可以不进行招标，即如何界定必须招标的建设工程项目范围，是一个比较复杂的问题。一般来说，确定建设工程招标范围，可以从以下几个方面进行考虑。

1. 建设工程资产的性质和归属

我国的建设工程项目，主要是国家所有和集体所有的公有制资产项目。为了保证公有资产的

有效使用,提高投资回报率,使公有资产保值增值,防止公有资产流失和浪费,我国在确定招标范围时将国家机关、国有企事业单位和集体所有制企业,以及它们控股的股份公司投资、融资兴建的工程建设项目和使用国际组织或者外国政府贷款、援助资金的工程建设项目纳入招标的范围。

2. 建设工程规模对社会的影响

现阶段我国投资主体多元化,有些工程项目是个人或私营企业投资兴建的,个人有处置权。但是考虑到,建设工程不是一般的资产,它的建设、使用直接关系到社会公共利益、公众安全、资产配置等,因此,我国将达到一定规模,关系到社会公共利益、公众安全的工程建设项目,不论资产性质如何,都纳入招标的范围。

3. 建设工程实施过程的特殊性要求

一般的工程项目实施过程都应遵循一定的建设工作程序,即建设工作中应符合工程建设客观规律要求的先后次序。而某些紧急情况下的特殊工程,如抢险、救灾、赈灾、保密等,需要用特殊的方法和程序进行处理。所以在工作程序上有特殊需要的工程项目不宜列入建设工程招标的范围。

4. 招标投标过程的经济性和可操作性

实行建设工程招投标的目的是节约投资、保证质量、提高效益。对那些投资额较小的工程,如果强制实行招标,会大大增加工程成本,以及在客观上潜在的投标人过少,无法展开公平竞争的工程,这些都不宜列入强制招标的范围。

(二)我国目前对工程建设项目招标范围的界定

对工程建设项目招标的范围,我国 2000 年 1 月 1 日起施行的《中华人民共和国招标投标法》中规定:"在中华人民共和国境内进行下列工程建设项目包括项目的勘察、设计、施工、监理以及与工程建设有关的重要设备、材料等的采购,必须进行招标:(一)大型基础设施、公用事业等关系社会公共利益、公众安全的项目;(二)全部或者部分使用国有资金投资或者国家融资的项目;(三)使用国际组织或者外国政府贷款、援助资金的项目。"

《中华人民共和国招标投标法》中所规定的招标范围,是一个原则性的规定,原国家发展计划委员会据此颁布了《工程建设项目招标范围和规模标准规定》,确定了必须进行招标的工程项目的具体范围和规模标准(见表 3-1)。

表 3-1 工程建设项目招标范围和规模标准规定

项目类别	具体范围
关系社会公共利益、公众安全的基础设施项目	(1) 煤炭、石油、天然气、电力、新能源等能源项目; (2) 铁路、公路、管道、水运、航空以及其他交通运输业等交通运输项目; (3) 邮政、电信枢纽、通信、信息网络等邮电通信项目; (4) 防洪、灌溉、排涝、引(供)水、滩涂治理、水土保持、水利枢纽等水利项目; (5) 道路、桥梁、地铁和轻轨交通、污水排放及处理、垃圾处理、地下管道、公共停车场等城市设施项目; (6) 生态环境保护项目; (7) 其他基础设施项目

续表

项目类别	具体范围
关系社会公共利益、公众安全的公用事业项目	(1) 供水、供电、供气、供热等市政工程项目; (2) 科技、教育、文化等项目; (3) 体育、旅游等项目; (4) 卫生、社会福利等项目; (5) 商品住宅,包括经济适用住房; (6) 其他公用事业项目
使用国有资金投资项目	(1) 使用各级财政预算资金的项目; (2) 使用纳入财政管理的各种政府性专项建设基金的项目; (3) 使用国有企业事业单位自有资金,并且国有资产投资者实际拥有控制权的项目
国家融资项目	(1) 使用国家发行债券所筹资金的项目; (2) 使用国家对外借款或者担保所筹资金的项目; (3) 使用国家政策性贷款的项目; (4) 国家授权投资主体融资的项目; (5) 国家特许的融资项目
使用国际组织或者外国政府资金的项目	(1) 使用世界银行、亚洲开发银行等国际组织贷款资金的项目; (2) 使用外国政府及其机构贷款资金的项目; (3) 使用国际组织或者外国政府援助资金的项目

上述规定范围内的各类工程建设项目,包括项目的勘察、设计、施工、监理,以及与工程建设有关的重要设备、材料等的采购,达到下列标准之一的,必须进行招标:① 施工单项合同估算价在 200 万元人民币以上的;② 重要设备、材料等货物的采购,单项合同估算价在 100 万元人民币以上的;③ 勘察、设计、监理等服务的采购,单项合同估算价在 50 万元人民币以上的;④ 单项合同估算价低于第①、②、③项规定的标准,但项目总投资额在 3 000 万元人民币以上的。

考虑到实际情况可以不参加招标的建设项目范围如下。① 涉及国家安全、国家秘密、抢险救灾或者属于扶贫资金实行以工代赈,需要使用农民工等特殊情况,不适宜进行招标的项目,按照国家有关规定可以不进行招标。② 使用国际组织或者外国政府贷款援助资金的项目进行招标,贷款人、资金提供人对招标投标的具体条件和程序有不同规定,可以适用其规定,但违背中华人民共和国的社会公共利益的除外。③ 建设项目的勘察、设计,采用特定专利或者专有技术的,或者其建筑艺术造型有特殊要求的,经项目主管部门批准,可以不进行招标。④ 施工企业自建自用的工程,且该施工企业资质等级符合工程要求的;在建工程追加的附属小型工程或主体加层工程,原中标人仍具备承包能力的。⑤ 停建或者缓建后恢复建设的单位工程,且承包方未发生变更的。

对于依法必须进行招标的项目,全部使用国有资金投资或者国有资金控股或者占主导地位的,应当公开招标。招标投标活动不受地区、部门的限制,不得对潜在投标人实行歧视待遇。

省、自治区、直辖市人民政府根据实际情况,可以规定本地区必须进行招标的具体范围和规模标准,但不得缩小本规定确定的必须进行招标的范围。

二、建设工程招标形式

建设工程根据其招标范围不同通常有以下几种形式。

1. 建设工程全过程招标

即通常所称的"交钥匙"工程承包方式。建设工程全过程招标就是指从项目建议书开始,包括可行性研究、勘察设计、设备和材料询价及采购、工程施工直至竣工验收和交付使用等实行全面招标。

在我国,一些大型工程项目进行全过程招标时,一般是先由建设单位或项目主管部门通过招标方式确定总包单位,再由总包单位组织建设,按其工作内容或分阶段或分专业再进行分包。即进行第二次招标。当然,有些总包单位也可以独立完成该项目。

2. 建设工程勘察设计招标

这就是把工程建设的勘察设计阶段单独进行招标的活动的总称。

3. 建设工程材料和设备供应招标

这是指建筑材料和设备供应的招标活动的全过程。实际工作中,材料和设备往往分别进行招标。

在工程施工招标过程中,工程所需要的建筑材料一般可以分为由施工单位全部包料、部分包料和由建设单位全部包料三种情况。在上述任何一种情况下,建设单位或施工单位都可能作为招标单位进行材料招标。与材料招标相同,设备招标要根据工程合同的规定,或是由建设单位负责招标,或是由施工单位负责招标。

建设工程材料和设备供应招标,是指招标人就拟购买的材料设备发布公告或者邀请,以法定方式吸引建设工程材料设备供应商参加竞争,从中选择条件优越者购买其材料设备的行为。

4. 建设工程施工招标

这是指工程施工阶段的招标活动全过程,它是目前国际国内工程项目建设经常采用的一种发包形式,也是建筑市场的基本竞争方式。建设工程施工招标特点是招标范围灵活化、多样化,有利于施工的专业化。

5. 建设工程监理招标

这是指招标人为了委托监理任务的完成,以法定方式吸引监理单位参加竞争,从中选择条件优越的工程监理企业的行为。

三、建设工程招标类别

根据《中华人民共和国招标投标法》规定,招标分为公开招标和邀请招标两类。

1. 公开招标

公开招标,又叫做竞争性招标,即由招标人在报刊、电子网络或其他媒体上刊登招标公告,吸引众多企业单位参加投标竞争,招标人从中择优选择中标单位的招标方式。按照竞争程度,公开招标可分为国际竞争性招标和国内竞争性招标两类。

采用公开招标具有如下优势。

(1)有利于招标人获得最合理的投标报价,取得最佳投资效益。由于公开招标是无限竞争性招标,竞争相当激烈,使招标人能切实做到"货比多家",有充分的选择余地,招标人利用投标人之间的竞争,一般都易选择出质量好、工期短、价格合理的投标人承建工程,使自己获得较好的投资效益。

（2）有利于学习国外先进的工程技术及管理经验。公开招标竞争范围广,往往打破国界。例如,我国鲁布革水电站引水项目系统工程,采用国际竞争性公开招标方式,日本大成公司中标,不但中标价格大大低于标底,而且在工程实施过程中还学到了外国工程公司先进的施工组织方法和管理经验,引进了国外工程建设项目施工的"工程师"制度,由工程师代表业主监督工程施工,并作为第三方调解业主与承包人之间发生的一些问题和纠纷。公开招标对提高我国建筑企业的施工技术水平和管理水平无疑具有较大的推动作用。

（3）有利于为潜在的投标人提供均等的机会。采用公开招标能够保证所有合格的投标人都有机会参加投标,都以统一的客观标准衡量自身的生产条件,体现出竞争的公平性。

（4）公开招标是根据预先制定并众所周知的程序和标准公开而客观地进行的,因此能有效防止招标投标过程中腐败情况的发生。

2. 邀请招标

邀请招标,也称有限竞争性招标或选择性招标,即由招标单位选择一定数目的企业,向其发出投标邀请书,邀请其参加招标竞争。一般都选择 3～10 个投标人参加竞争较为适宜,当然要视具体的招标项目的规模大小而定。由于被邀请参加的投标竞争者有限,不仅可以节约招标费用,而且提高了每个投标者的中标机会。

依据《中华人民共和国招标投标法》第十一条、2000 年国家计委 3 号令第九条、2003 年七部委 30 号令第十一条,2003 年八部委 20 号令第十一条,邀请招标具体情形为:

（1）项目不使用国有资金,或者国有资金不控股、不占主导地位的;

（2）项目技术复杂或有特殊要求,专业性较强,只有少量几家潜在投标人可供选择的;

（3）受自然地域环境限制,或建设条件受自然因素限制,如果采用公开招标,将影响项目实施时机;

（4）拟公开招标的费用与项目的价值相比,不值得的;

（5）涉及国家安全、国家秘密或者抢险救灾,适宜招标但不宜公开招标的;

（6）其他法律、法规规定不宜公开招标的。

由于邀请招标限制了竞争,因此,招标投标法规一般都规定,招标人应尽量采用公开招标。

议标是我国工程实践中曾经采用过的一种招标方式,议标也称谈判招标或限制性招标,即通过谈判来确定中标者。这种方法不具有公开性和竞争性,从严格意义上讲不能称之为一种招标方式。但是对于一些小型工程而言,采用议标方式,目标明确,省时省力,比较灵活;对于服务招标而言,由于服务价格难以公开确定,服务质量也需要通过谈判解决,采用议标方式较为恰当。但议标存在着程序随意性大、没有竞争性、缺乏透明度、容易形成暗箱操作等缺点,所以《中华人民共和国招标投标法》未把议标作为一种法定的招标方式。

项目 2　建设工程招标组织

招标组织形式分为委托招标和自行招标两种。依法必须招标的项目经批准后,招标人根据项目实际情况需要和自身条件,可以自主选择招标代理机构进行委托招标;如果具备自行招标的能力,按规定向主管部门备案同意后,也可进行自行招标。

一、自行招标

自行招标,是指招标人自身具有编制招标文件和组织评标能力,依法自行办理和完成招标项目的招标任务。

1. 招标人概念

建设工程招标人是依法提出招标项目、进行招标的法人或者其他组织。它是建设工程项目的投资人(即业主或建设单位)。业主或建设单位包括各类企业单位、事业单位、机关、团体、合资企业、独资企业和国外企业及企业分支机构。

2. 招标人资质

(1)招标人应当有进行招标项目的相应资金或者资金来源已经落实,并应当在招标文件中如实载明。

(2)招标人具有编制招标文件和组织评标能力的,必须设立专门的招标组织办理招标事宜。但对于强制性招标项目,自行办理招标事宜的,应当向有关行政监督部门备案。

(3)招标人有权自行选择招标代理机构,委托其办理招标事宜。招标代理机构是依法设立、从事招标代理业务并提供相关服务的社会中介组织。

3. 施工招标的招标人应当具备的条件

根据原国家计委关于《工程建设项目自行招标试行办法》(2000年7月)规定:招标人自行办理招标事宜,应当具有编制招标文件和组织评标的能力,具体包括:

(1)具有项目法人资格;

(2)具有与招标项目规模和复杂程度相适应的工程技术,以及概预算、财务和工程管理方面的专业技术力量;

(3)具有从事同类工程建设项目招标的经验;

(4)设有专门的招标机构或者拥有3名以上专职招标业务人员;

(5)熟悉和掌握《中华人民共和国招标投标法》及有关法律法规。

4. 招标人的权益和职责

招标人的权益有:① 自行组织招标或委托招标代理机构进行招标;② 自由选择招标代理机构并核验其资质证明;③ 要求投标人提供有关资质情况的资料;④ 确定评标委员会,并根据评标委员会推荐的候选人确定中标人。

招标人的职责有:① 不得侵犯投标人、中标人、评标委员会等的合法权益;② 委托招标代理机构进行招标时,应向其提供招标所需的有关资料和支付委托费;③ 接受招标投标行政监督部门的监督管理;④ 与中标人订立与履行合同。

自行招标条件的核准与管理一般采取事前监督和事后监督管理方式。

事前监督主要有两项规定:一是招标人应向项目主管部门上报具有自行招标条件的书面材

料;二是由主管部门对自行招标书面材料进行核准。

事后监督管理是对招标人自行招标的事后监管,主要体现在要求招标人提交招标投标情况的书面报告。

二、委托招标

《中华人民共和国招标投标法》第十二条第一款规定:"招标人有权自行选择招标代理机构,委托其办理招标事宜。"当招标单位缺乏与招标工程相适应的经济、技术管理人员,没有编制招标文件和组织评标的能力时,依据《中华人民共和国招标投标法》的规定,应认真挑选,慎重委托具有相应资质的中介服务机构代理招标。

1. 建设工程招标代理行为的特点

建设工程招标代理行为有以下几个特点。

(1)建设工程招标代理人必须以被代理人的名义办理招标事务。

(2)建设工程招标代理人,具有独立进行意思表示的职能。这样才能使建设工程招标活动得以顺利进行。

(3)建设工程招标代理行为应在委托授权的范围内实施。这是因为建设工程招标代理在性质上是一种委托代理,即基于被代理人的委托授权而发生的代理。建设工程中介服务机构未经建设工程招标人的委托授权,就不能进行招标代理,否则就是无权代理。建设工程中介服务机构已经建设工程招标人委托授权的,不能超出委托授权的范围进行招标代理,否则也为无权代理。

(4)建设工程招标代理行为的法律效果归属于被代理人。被代理人对超出授权范围的代理行为有拒绝权和追索权。

2. 招标代理机构业务范畴

招标代理机构应在资格等级范围内代理下列全部或部分业务:

(1)代拟招标公告或投标邀请函;

(2)代拟和出售招标文件、资格审查文件;

(3)协助招标人对潜在投标人进行资格预审;

(4)编制工程量清单或标底;

(5)组织召开图纸会审、答疑、踏勘现场、编制答疑纪要;

(6)协助招标人或受其委托依法组建评标委员会;

(7)协助招标人或受其委托接受投标、组织开标、评标、定标;

(8)代拟评标报告和招标投标情况书面报告;

(9)办理中标公告和其他备案手续;

(10)代拟合同;

(11)同招标人约定的其他事项。

3. 招标代理机构的责任和义务

1) 招标代理机构的责任

招标代理机构在代理活动中负有以下责任:

(1) 对其盖章或签字的招标代理文件的合法性、准确性负责；

(2) 对受委托范围内的招标结果负责；

(3) 对招标代理过程中的违法违规行为和失误负责；

(4) 对设立的分支机构从事的招标代理行为负责；

(5) 对超越招标人委托范围的行为负责；

(6) 对招标人提出的违法违规要求予以响应所造成的后果负责。

2) 招标代理机构的义务

招标代理机构在代理活动中应尽以下义务：

(1) 遵守法律法规关于招标人的规定；

(2) 依据委托合同维护招标人的合法权益，对代理活动中涉及的商业秘密，不得泄漏；

(3) 接受招标投标监管部门的监督管理；

(4) 向县以上建设行政主管部门反映和举报招标投标活动中的违法违规行为；

(5) 配合有关行政监督部门依法进行的检查、调查；

(6) 依法应承担的其他义务。

4. 招标代理机构遴选

使用国有资金投资的项目、国家融资的项目、使用国际组织或者外国政府资金的项目，鼓励招标人采用公开竞争的方式选择招标代理机构。招标人遴选招标代理机构，应进入综合招投标中心按程序规范运作，由招标人负责组织。

1) 代理机构遴选活动程序

代理机构遴选活动一般按照下列程序进行：

(1) 编制遴选文件；

(2) 发布遴选公告；

(3) 申请人编制遴选申请书；

(4) 接受遴选申请人提交的遴选申请书；

(5) 组建评审委员会；

(6) 现场公布遴选申请书的主要内容，并对遴选申请书进行评审，评审结束提交评审报告；

(7) 确定遴选结果并公示；

(8) 签订代理合同；

(9) 相关资料交综合招投标中心存档。

2) 招标人遴选代理机构公告

招标人遴选代理机构应当在综合招投标中心网上发布遴选公告。遴选公告应包括下列内容：① 招标人名称、地址和联系方式，② 项目名称、建设地点、数量、简要技术要求、招标项目的性质等，③ 招标代理机构资格要求，④ 获取遴选文件的时间、地点、方式，⑤ 遴选申请书递交截止时间及地点。遴选文件发出之日起至遴选申请书递交截止时间，最短不少于 5 个工作日。

3) 遴选的评审

遴选的评审一般采用综合评分法。评审指标可参照以下标准设定：

（1）企业基本状况及类似项目业绩，参考权重为 30%；

（2）代理方案，参考权重为 50%；

（3）招标代理费报价，参考权重为 20%。招标代理费报价须按照原国家计委"计价格〔2002〕1980 号"文件执行，在规定的范围内，应体现低价优先的原则。

评审委员会的组成和专家的抽取参照公开招标方式执行。评审委员会应当根据遴选文件载明的评审标准和办法进行评审。遴选文件未载明的评审办法不得采用，也不得更改评审标准和办法。

评审委员会评审完毕后，应提出书面评审报告，并按得分高低顺序推荐相应数量的代理机构作为候选人。

招标人应按评审委员会推荐的候选人依序确定中标人，也可授权评审委员会直接确定中标人。中标人确定后，除因法定情形外，招标人不得将其淘汰。

5．招标代理工作流程及制度

招标代理工作流程及制度如下。

（1）严格执行《中华人民共和国招标投标法》《中华人民共和国招标投标法实施条例》，以及七部委第 12 号令、七部委局 30 号令、建设部第 89 号令及地方招标投标法规，在充分了解业主招标条件及意图的基础上，实现招标过程规范化及合法化。

（2）严格按招投标规定的程序进行，始终遵循公开、公平、公正、诚实信用的招投标原则；严格遵循"遵纪守法、科学管理、严格把关、质量第一、热情服务、顾客满意"的服务宗旨，将服务全过程每个环节的具体工作落到实处，做到精益求精，确保业主满意。

（3）严格按质量体系程序文件运行，做好公告发布，报名，资格审查，工程量清单及标底编制，招标文件起草，审定及发放，开标，评标等过程控制，实现"五个确保"：

① 确保优秀单位入围投标；

② 确保所有编制的文件合法、有效，反映业主的招标意图，无流标情况发生；

③ 确保工程量清单及标底编制的准确性、时效性；

④ 确保优秀单位中标；

⑤ 确保工程投资的节约。

（4）在整个招标过程中与业主指定的主办人员保持紧密联系，严格按拟定的人员和既定的日程完成招投标代理工作，保证工程开、竣工日期的实现。

（5）在招投标代理活动过程中，及时向业主提供阶段性招标资料，在招投标代理工作结束后一周内，向业主提供一套完整的招投标代理汇总资料。

（6）主要输出文件在发出前必须得到业主的书面确认。

（7）实行项目负责人总负责制，项目负责人是招标活动中最高的策划者、组织者，项目组成员必须服从项目负责人的统一指挥和领导。

（8）及时有效地协调好与招标主管部门的关系，做到招标工作不"卡壳"，保证招标工作一次成功。

6．招标代理工作时间安排

招标工作时间安排如表 3-2 所示。

表 3-2　招标工作时间安排

工作内容、事项及时间		实际工作交叉后需用天数
1. 签订代理合同及收集相关工程资料 1 天	6. 获取设计图纸及编制工程量清单 8 天（同时进行）	
2. 项目报建发包方案报批,编制招标公告及资格预审文件 1 天	7. 招标公告及资格预审文件送业主审定 1 天	
3. 招标公告及资格文件备案及发布 5 个工作日	8. 招标文件起草并送业主审核 4 天	
4. 报名及发布资格预审文件 5 个工作日,与发公告同时进行	9. 招标文件返回业主会签 2 天	交叉时间 8 天
5. 资格预审及投标入围单位确定 2 天（可以先期会同业主磋商）	10. 招标文件修改定稿及招标文件备案 1 天	
	11. 招标文件发放 0.5 天,招标文件发放到开标时间 20 天	
	12. 答疑文件收集整理 3 天	5
	13. 答疑文件解答、备案、发放 2 天	
	14. 答疑文件发出到开标 15 天	15
	15. 开标评标及书面报告 1 天	
	16. 中标公示（规定）2 天	2
	17. 领取发放中标通知书 0.5 天	0.5
合　　计		30.5

7. 招标代理工作内容及步骤

招标代理工作内容及步骤如表 3-3 所示。

表 3-3　招标代理工作内容及步骤

工作流程	主要工作内容及步骤	应填写的各项记录	备注
一、签订代理合同	1. 接受业主的委托 2. 收集所有立项建设相关批文 3. 合同审查 4. 签订代理合同及授权委托书 5. 确定项目负责人	合同审批表	
二、编制和发布招标公告和资格预审文件	1. 与业主商定发包方案及招标公告的内容 2. 拟定招标公告及资格预审文件并经业主确认 3. 拟定投标人的资格预审必要合格条件供业主选择及确认 4. 招标公告和资格预审文件在招标办备案 5. 办理各项必需手续 6. 发布招标公告及资格预审文件	1. 招标公告和资格预审文件确认报告 2. 输出文件审批表 3. 文件资料签收表	

续表

工 作 流 程	主要工作内容及步骤	应填写的各项记录	备注
三、接受报名和发放资格预审文件	1. 接受潜在投标人报名 2. 报名单经招标办确认 3. 报名单交业主审核	潜在投标人报名单	
四、资格预审确定潜在投标人	1. 核实潜在投标人的资格预审材料 2. 列出合格与不合格潜在投标人名单 3. 将潜在投标人名单送业主审核、确认 4. 配合业主可能进行的考察工作 5. 发放资格预审合格通知书、结果通知书	1. 确认有效的资格预审相关资料,签字 2. 投标申请人合格与不合格名单 3. 资格预审报告(业主确认) 4. 资格预审合格通知书 5. 资格预审结果通知书 6. 文件资料签收表	
五、编制招标文件及工程量清单	1. 仔细阅读设计图纸及规范性文件 2. 与业主共同拟定评标方法、报价方式、担保方式、付款方式等编制招标文件的要求 3. 编制招标文件并经业主确认 4. 编制的工程量清单及工程预算送业主审核及确认 5. 将招标文件送招标办备案	1. 招标文件校审记录 2. 招标文件评审报告 3. 招标文件确认报告 4. 招标文件输出审批表 5. 招标文件备案表 6. 工程量清单及预算审核表	
六、发放招标文件	1. 向投标潜在人发放招标文件及图纸 2. 收取资料成本费及图纸押金 3. 提醒潜在投标人投标时应注意的问题以防止出现不必要的"流标"	文件资料签收表	
七、招标答疑(书面)	1. 接受投标人对招标文件提出的疑问 2. 采纳招标办对招标文件提出的修改意见 3. 与业主商定回答疑问的内容 4. 拟定书面答疑资料 5. 答疑文件送招标办备案 6. 在规定的时间内将答疑文件发送至投标人	1. 投标人的疑问记录 2. 招标办的意见记录 3. 答疑文件(经业主确认) 4. 文件资料签收单 5. 答疑文件备案表 6. 业主确认报告 7. 文件输出审批表	
八、开标、评标	1. 开标前一天抽取专家组成评委会 2. 做好开标前书面资料准备 3. 接标书 4. 主持开标会 5. 开标,收取投标保证金 6. 参与评标全过程,向评委介绍工程项目的基本情况 7. 完成评标报告	1. 招标人评委备案表 2. 投标文件签收单 3. 开标记录 4. 评标报告	
九、招标情况书面报告	1. 收集有关资料 2. 完成招标情况书面报告并送交招标人确认盖章 3. 将书面报告送招标办备案 4. 征求业主对招标代理过程的意见	1. 书面报告校审记录 2. 输出文件审批表 3. 书面报告备案表 4. 评价意见表	

续表

工作流程	主要工作内容及步骤	应填写的各项记录	备注
十、签发中标通知书	1. 跟踪了解中标公示的结果 2. 缴纳规定的交易费 3. 办理发放中标通知书的手续	1. 公示中标结果情况记录 2. 文件资料签收表	
十一、合同备案	1. 协助业主与中标人签订施工合同 2. 向未中标人退回投标保证金和图纸押金、投标文件 3. 收取代理服务费 4. 将合同送招标办备案	合同备案表	
十二、整理资料	1. 收集、整理、装订、移交招标代理过程中各种存档材料 2. 完善各种质量记录	1. 归档文件 2. 相关质量记录	
十三、跟踪了解业主对招标过程的意见	1. 针对招标代理过程中出现的问题,认真分析、总结,写出书面总结报告 2. 出现流标情况时,开专题分析会,查找原因 3. 了解业主对中标人履约情况的意见 4. 送全套资料供业主存档	1. 招标情况报告 2. 业主意见记录资料移交清单	

项目 3 建设工程招标文件编制

建设工程招标文件是建设工程招投标活动中最重要的法律文件,招标文件的编制是工程施工招标投标工作的核心。它不仅规定了完整的招标程序,而且还提出了各项技术标准和交易条件,列出了合同的主要条款。招标文件是评标委员会评审的依据,也是签订合同的基础,同时也是招标人编制标底的依据和投标人编制投标文件的重要依据。从一定意义上说,招标文件编制质量的优劣是招标工作成败的关键;招标人理解与掌握招标文件的程度是决定投标能否中标并取得赢利的关键。

为了规范施工招标投标工作,并指导建设工程其他方面的招标投标工作,建设部在 2003 年实施的《房屋建筑和市政基础设施工程施工招标文件范本》基础上,根据实际执行过程中出现的问题及时进行修订,形成《标准施工招标文件》(2007 年版)。

一、《标准施工招标文件》(2007 年版)实施原则和特点

《标准施工招标文件》定位于通用性,着力解决施工招标文件编制中带有普遍性和共性的问题。实施过程中始终坚持以下原则。一是严格遵守上位法的规定。严格遵守《中华人民共和国招标投标法》《中华人民共和国合同法》《中华人民共和国保险法》《中华人民共和国环境保护法》《中华人民共和国建筑法》《建设工程质量管理条例》《建设工程安全生产管理条例》等与工程建设有关的现行法律法规,不作任何突破或超越。二是妥善处理好与行业标准施工招标文件的关系。《标准施工招标文件》重点规范具有共性的问题,对于行业要求差别较大的事项,由各行业

标准施工招标文件规定。三是切实解决当前存在的突出问题。《标准施工招标文件》(2007 年版)针对招标文件编制活动中存在的突出问题,如有些领域和活动缺乏相应的规范标准和文件,没有严格贯彻执行公开、公平、公正原则,程序不规范,方法不统一等,作出了相应规定。

与以前的行业标准施工招标文件相比,《标准施工招标文件》(2007 年版)在指导思想、体例结构、主要内容及使用要求等方面都有较大的创新和变化,体现出一些新的特点:《标准施工招标文件》(2007 年版)不再分行业而是按施工合同的性质和特点编制招标文件,首次专门对资格预审作出详细规定,结合我国实际情况对通用合同条款作了较为系统的规定,除增设合同争议专家评审制度外,在加强环境保护、制止商业贿赂、保证按时支付农民工工资等方面,也提出了新的更高要求。

二、《标准施工招标文件》(2007 年版)适用范围

《标准施工招标文件》(2007 年版)适用于一定规模以上,且设计和施工不是由同一承包商承担的工程施工招标。

《标准施工招标文件》(2007 年版)在政府投资项目中试行。为保证试行效果,各部门选择试点的项目应当具有一定规模。对于小型项目,打算编制简明合同条款。在合同类型上,《标准施工招标文件》(2007 年版)适用于由招标人提供设计的施工合同。考虑到各部门、各地区情况不同,省级以上人民政府有关部门可以按规定对试点项目范围、试点项目招标人使用《标准施工招标文件》(2007 年版)及行业标准施工招标文件提出进一步要求。条件成熟的,可以全面推行。

试点项目适用《标准施工招标文件》(2007 年版)时应注意以下问题:为了能够切实起到规范招标文件编制活动的作用,《标准施工招标文件》(2007 年版)在总结我国施工招标经验并借鉴世界银行做法的基础上,规定一些章节应当不加修改地使用。为了避免不加修改地使用有关章节可能造成的以偏概全或者不能充分体现项目具体特点等问题,《标准施工招标文件》(2007 年版)在相关章节中设置了"前附表"或"专用合同条款"。对于不可能事先确定下来,以及需要招标人根据招标项目具体特点和实际需要补充细化的内容,由招标人在前附表或者专用合同条款中再行补充。

三、《标准施工招标文件》(2007 年版)内容

根据《标准施工招标文件》(2007 年版)的规定,对于公开招标的招标文件共分为四卷八章。其具体内容如下:招标公告(或投标邀请书)、投标人须知、评标办法、合同条款及格式、工程量清单、图纸、技术标准和要求、投标文件格式。另外投标人须知前附表规定的其他材料,有关条款对招标文件所做的澄清、修改也构成招标文件的组成部分。

(一)招标公告

建设工程施工采用公开招标方式的,招标人应当发布招标公告,邀请不特定的法人或者其他组织投标。依法必须进行施工招标项目的招标公告,应当在国家规定的报刊、信息网络和其他媒介上发布。采用邀请招标方式的,招标人应当向 3 家以上具备承担施工招标项目的能力、资信良好的特定法人或者其他组织发出投标邀请书。

招标公告或者投标邀请书应当至少载明下列内容:招标人的名称和地址,招标项目的内容、

规模、资金来源,招标项目的实施地点和工期,获取招标文件或者资格预审文件的地点和时间,对招标文件或者资格预审文件收取的费用,对招标人资质等级的要求。

招标人应当按照招标公告或者投标邀请书规定的时间、地点出售招标文件或资格预审文件。自招标文件或者资格预审文件出售之日起至停止出售之日止,最短不少于 5 个工作日。

招标公告(或投标邀请书)的格式如下。

投标邀请书(适用于邀请招标)

_____(项目名称)_____标段施工投标邀请书

_____(被邀请单位名称):

1 招标条件

　　本招标项目_____(项目名称)已由_____(项目审批、核准或备案机关名称)以_____(批文名称及编号)批准建设,项目业主为_____,建设资金来自_____(资金来源),出资比例为_____,招标人为_____。项目已具备招标条件,现邀请你单位参加_____(项目名称)_____标段施工投标。

2 项目概况与招标范围

　　_____(说明本次招标项目的建设地点、规模、计划工期、招标范围、标段划分等)。

3 投标人资格要求

3.1 本次招标要求投标人具备_____资质,_____业绩,并在人员、设备、资金等方面具有承担本标段施工的能力。

3.2 你单位_____(可以或不可以)组成联合体投标。联合体投标的,应满足下列要求:_____。

4 招标文件的获取

4.1 请于____年____月____日至____年____月____日(法定公休日、法定节假日除外),每日上午____时至____时,下午____时至____时(北京时间,下同),在_____(详细地址)持本投标邀请书购买招标文件。

4.2 招标文件每套售价____元,售后不退。图纸押金____元,在退还图纸时退还(不计利息)。

4.3 邮购招标文件的,需另加手续费(含邮费)____元。招标人在收到邮购款(含手续费)后____日内寄送。

5 投标文件的递交

5.1 投标文件递交的截止时间(投标截止时间,下同)为____年____月____日____时____分,地点为_____。

5.2 逾期送达的或者未送达指定地点的投标文件,招标人不予受理。

6 确认

　　你单位收到本投标邀请书后,请于____(具体时间)前以传真或快递方式予以确认。

7 联系方式

招标人:_____	招标代理机构:_____
地　　址:_____	地　　址:_____
邮　　编:_____	邮　　编:_____
联 系 人:_____	联 系 人:_____
电　　话:_____	电　　话:_____
传　　真:_____	传　　真:_____
电子邮件:_____	电子邮件:_____
网　　址:_____	网　　址:_____
开户银行:_____	开户银行:_____
账　　号:_____	账　　号:_____

____年____月____日

（二）投标人须知

投标人须知是投标人的投标指南，投标人须知一般包括两部分：一部分为投标人须知前附表，另一部分为投标须知正文。

投标人须知前附表是指把投标活动中的重要内容以列表的方式表示出来，其内容与格式如表 3-4 所示。

表 3-4　投标人须知前附表

序号	条款号	内容（规定、要求）
1		工程综合说明 　工程名称： 　建设地点： 　结构类型及层数： 　建设规模： 　承包方式： 　要求质量标准： 　要求工期：　年　月　日开工，　年　月　日竣工，工期　天（日历日） 　招标范围
2		资金来源：
3		投标文件：正本　　份，副本　　份
4		投标人资质等级：
5		投标有效期为　　天（日历日）
6		投标保证金数额：　　％　或　　元
7		投标预备会　时间：　　地点：
8		工程报价方式：
9		资格审查方式：
10		投标文件递交至　单位：　地址：
11		投标截止日期　时间：
12		开标　　时间：　　地点：
13		履约保证金：中标价的　　％，发出中标通知书的　　天内交纳
14		评标办法及标准：

投标须知正文内容很多，主要包括以下几部分。

1. 总则

（1）工程说明　主要说明工程的名称、位置、合同名称等情况，通常见前附表所述。

（2）资金来源　主要说明招标项目的资金来源和使用支付的限制条件。

（3）资质要求与合格条件　这是指对招标人参加投标并进而被授予合同的资格要求，投标人参加投标进而被授予合同必须具备前附表中所要求的资质等级。组成联合体投标的，按照资质等级较低的单位确定资质等级。

（4）投标费用　投标人应承担其编制、递交投标文件所涉及的一切费用。无论投标结果如何，招标人对投标人在投标过程中发生的一切费用，都不负任何责任。

2．招标文件

这是投标须知中对招标文件的组成、格式、解释、修改等问题所做的说明。投标人应认真审阅招标文件中所有的内容，如果投标人的投标文件实质上不符合招标文件的要求，其投标将被拒绝。

3．投标报价说明

投标报价说明是对投标报价的构成、采用的方式和投标货币等问题的说明。除非合同中另有规定，具有标价的工程量清单中所报的单价和合价，以及报价汇总表中的价格，应包括施工设备、劳务、管理、材料、安装、维护、保险、利润、税金，以及政策性文件规定及合同包含的所有风险、责任等各项应有的费用。投标人应按招标人提供的工程量计算工程项目的单价和合价，工程量清单中的每一项均需填写单价和合价，投标人没有填写单价和合价的项目将不予支付，并认为此项费用已包括在工程量清单的其他单价和合价中。投标报价可采用固定价和可调价两种方式。

4．投标文件

投标须知中对投标文件的各项具体要求包括以下方面。

（1）投标文件的语言　除专用术语外，与招标投标有关的语言均使用中文。必要时专用术语应附有中文注释。

（2）投标文件的组成　投标人的投标文件应由下列内容组成：

- 投标函及投标函附录；
- 法定代表人身份证明或附有法定代表人身份证明的授权委托书；
- 联合体协议书；
- 投标保证金；
- 已标价工程量清单；
- 施工组织设计；
- 项目管理机构；
- 拟分包项目情况表；
- 资格审查资料；
- 投标人须知前附表规定的其他材料。

投标人须知前附表规定不接受联合体投标的，或投标人没有组成联合体的，投标文件不包括联合体协议书。

（3）投标有效期　投标有效期是指投标文件在投标须知规定的截止日期之后的前附表中所规定的投标有效期的日历日前有效。

(4) 投标保证金　投标人在递交投标文件的同时,应按投标人须知前附表规定的金额、担保形式和"投标文件格式"规定的投标保证金格式递交投标保证金,并作为其投标文件的组成部分。联合体投标的,其投标保证金由牵头人递交,并应符合投标人须知前附表的规定。

投标人不按要求提交投标保证金的,其投标文件作废标处理。招标人与中标人签订合同后5个工作日内,向未中标的投标人和中标人退还投标保证金。

有下列情形之一的,投标保证金将不予退还:

· 投标人在规定的投标有效期内撤销或修改其投标文件;

· 中标人在收到中标通知书后,无正当理由拒签合同协议书或未按招标文件规定提交履约担保。

(5) 踏勘现场　投标人须知前附表规定组织踏勘现场的,招标人按投标人须知前附表规定的时间、地点组织投标人踏勘项目现场。投标人踏勘现场发生的费用自理。除招标人的原因外,投标人自行负责在踏勘现场中所发生的人员伤亡和财产损失。招标人在踏勘现场中介绍的工程场地和相关的周边环境情况,供投标人在编制投标文件时参考,招标人不对投标人据此作出的判断和决策负责。

(6) 投标预备会　投标人须知前附表规定召开投标预备会的,招标人按投标人须知前附表规定的时间和地点召开投标预备会,澄清投标人提出的问题。投标人应在投标人须知前附表规定的时间前,以书面形式将提出的问题送达招标人,以便招标人在会议期间澄清。投标预备会后,招标人在投标人须知前附表规定的时间内,将对投标人所提问题的澄清内容,以书面方式通知所有购买招标文件的投标人。该澄清内容为招标文件的组成部分。

(7) 投标文件的份数和签署　投标文件正本一份,副本份数见投标人须知前附表要求。正本和副本的封面上应清楚地标记"正本"或"副本"的字样。当副本和正本不一致时,以正本为准。

投标文件应用不褪色的材料书写或打印,并由投标人的法定代表人或其委托代理人签字或盖单位章。委托代理人签字的,投标文件应附法定代表人签署的授权委托书。投标文件应尽量避免涂改、行间插字或删除。如果出现上述情况,改动之处应加盖单位章或由投标人的法定代表人或其授权的代理人签字确认。签字或盖章的具体要求见投标人须知前附表。

投标文件的正本与副本应分别装订成册,并编制目录,具体装订要求见投标人须知前附表规定。

5. 投标文件的提交

(1) 投标文件的密封与标志　投标人应将投标文件的正本与副本分开包装,加贴封条,并在封套的封口处加盖投标人单位章。投标文件的封套上应清楚地标记"正本"或"副本"字样,封套上应写明的其他内容见投标人须知前附表。未按要求密封和加写标记的投标文件,招标人不予受理。

(2) 投标截止期　投标截止期是指招标人在招标文件中规定的最晚提交投标文件的时间和日期。招标人在投标截止期以后收到的投标文件,将原封退给投标人。

(3) 投标文件的修改与撤回　投标人在递交投标文件以后,在规定的投标截止时间前可以修改或撤回已递交的投标文件,但应以书面形式通知招标人。投标人修改或撤回已递交投标文件的书面通知应按照要求签字或盖章。招标人收到书面通知后,向投标人出具签收凭证。修改的投标文件应按照规定进行编制、密封、标记和递交,并标明"修改"字样。修改的内容为投标文件的组成部分。

6. 开标与评标

招标人在规定的投标截止时间(开标时间)和投标人须知前附表规定的地点公开开标,并邀请所有投标人的法定代表人或其委托代理人准时参加。评标由招标人依法组建的评标委员会负责。评标委员会由招标人或其委托的招标代理机构熟悉相关业务的代表,以及有关技术、经济等方面的专家组成。评标委员会成员人数及技术、经济等方面专家的确定方式见投标人须知前附表。

评标委员会成员有下列情形之一的,应当回避:① 招标人或投标人的主要负责人的近亲属;② 项目主管部门或者行政监督部门的人员;③ 与投标人有经济利益关系,可能影响对投标公正评审的;④ 曾因在招标、评标及其他与招标投标有关活动中从事违法行为而受过行政处罚或刑事处罚的。

7. 合同授予

(1)定标方式 除投标人须知前附表规定评标委员会直接确定中标人外,招标人依据评标委员会推荐的中标候选人确定中标人,评标委员会推荐中标候选人的人数见投标人须知前附表。

(2)中标通知 在规定的投标有效期内,招标人以书面形式向中标人发出中标通知书,同时将中标结果通知未中标的投标人。

(3)履约担保 在签订合同前,中标人应按投标人须知前附表规定的金额、担保形式和招标文件"合同条款及格式"规定的履约担保格式向招标人提交履约担保。联合体中标的,其履约担保由牵头人递交,并应符合投标人须知前附表规定的金额、担保形式和招标文件中"合同条款及格式"规定的履约担保格式要求。中标人不能按要求提交履约担保的,视为放弃中标,其投标保证金不予退还,给招标人造成的损失超过投标保证金数额的,中标人还应当对超过部分予以赔偿。

(4)签订合同 招标人和中标人应当自中标通知书发出之日起 30 天内,根据招标文件和中标人的投标文件订立书面合同。中标人无正当理由拒签合同的,招标人取消其中标资格,其投标保证金不予退还;给招标人造成的损失超过投标保证金数额的,中标人还应当对超过部分予以赔偿。发出中标通知书后,招标人无正当理由拒签合同的,招标人向中标人退还投标保证金;给中标人造成损失的,还应当赔偿损失。

(三)评标办法

我国目前常用的评标方法有经评审的最低投标价法和综合评估法等。具体见单元 6 中的项目 2 建设工程施工评标的内容。

(四)合同条款及格式

招标文件中的合同条件,是招标人与中标人签订合同的基础,是双方权利义务的约定,合同条件是否完善、公平,将影响合同内容的正常履行。为了方便招标人和中标人签订合同,目前国际上和国内都制定有相关的合同条件标准模式,例如,国际工程承发包中广泛使用的FIDIC合同条件、国内建设部和国家工商行政管理局1999年12月24日联合下发的适合国内工程承发包使用的《建设工程施工合同(示范文本)》(GF—1999—0201)中的合同条款等。我国的合同条款分为三部分:第一部分是协议书;第二部分是通用条款,是运用于各类建设工程项目的具有普遍适应性的标准化条件,其中凡双方未明确提出或者声明修改、补充或取消的条款,就是双方都要履行的;第三部分是专用条款,是针对某一特定工程项目,对通用条件的修改、补充或取消。

合同的格式是指招标人在招标文件中拟定好的合同具体格式,在定标后由招标人与中标人达成一致协议后签署。招标文件中的合同格式,主要有合同协议书格式、银行履约保函格式、履约担保书格式、预付款银行保函格式等。

（五）工程量清单

招标文件中的工程量清单是按国家颁布的统一工程项目划分,统一计量单位和统一的工程量计算规则,根据施工图纸计算工程量,给出工程量清单,作为投标人投标报价的基础。工程量清单中工程量项目应是施工的全部项目,并且要按一定的格式编写。

1．工程量清单说明

(1) 工程量清单是按分部分项工程提供的。
(2) 工程量清单是依据有关工程量计算规则编制的。
(3) 工程量清单中的工程量是招标人的估算值。
(4) 工程量清单中,投标人标价并中标后,该工程量清单则作为合同文件的重要组成部分。

2．工程量清单报价表

工程量清单报价表是招标人在招标文件中提供给投标人,投标人按表中的项目填报每项的价格,按逐项的价格汇总成整个工程的投标报价。

【相关链接】 工程量清单表如表3-5所示,投标报价汇总表如表3-6所示。

表3-5 工程量清单表

_____(项目名称) _____标段

序号	编码	子目名称	内 容 描 述	单位	数量	单价	合价
			本页报价合计:_____				

表 3-6　投标报价汇总表

_____（项目名称）　_____标段

汇总内容	金额	备注
…… ……		
清单小计　A		
包含在清单小计中的材料、工程设备暂估价　B		
专业工程暂估价　C		
暂列金额　E		
包含在暂列金额中的计日工　D		
暂估价　$F＝B＋C$		
规费　G		
税金　H		
投标报价　$P＝A＋C＋E＋G＋H$		

（六）图纸

图纸是招标文件的重要组成部分，是投标人拟订施工方案、确定施工方法、计算或校核工程量、计算投标报价不可缺少的资料。招标人应对其所提供的图纸资料的正确性负责。

（七）技术标准和要求

招标文件中工程项目所采用的技术标准和要求，适用国际标准、国家标准、部颁标准。

（八）投标文件格式、投标人须知前附表规定的其他材料

招标文件规定投标文件格式，招标文件中"投标人须知前附表"规定其他材料的文件格式等。

项目 4　建设工程施工招标程序

建设工程施工招标程序主要是指招标工作在时间和空间上应遵循的先后顺序，建设工程公开招标的程序如图 3-1 所示，邀请招标程序可参照公开招标程序安排。招标工作大体上可以分为三个阶段，即招标准备阶段、招标阶段和决标成交阶段。在每一个阶段都要充分贯彻公开竞争的原则，确保公平交易。招标的具体程序各地区和各行业也有相应的具体规定，这里只是介绍一般性的共同规定。

一、建设工程招标应具备的条件

在建设工程进行招标之前，招标人要完成必要的准备工作，具备招标所需的条件。招标项目按照规定应具备两个条件：一是项目已履行审批手续；二是项目资金来源已落实。招标项目

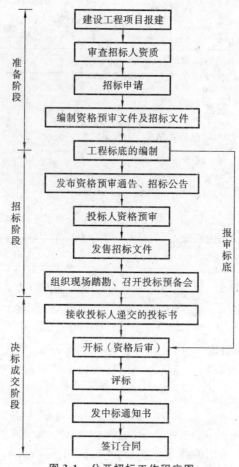

图 3-1 公开招标工作程序图

按照国家规定需要履行项目审批手续的,应当先履行审批手续。项目建设所需资金必须落实,因为建设资金是最终完成工程项目的物质保证。

对于建设项目不同阶段的招标,又有其更为具体的条件,如工程施工招标应该具备以下条件:

(1)按照国家有关规定需要履行项目审批手续的,已经履行审批手续,建设工程项目的概算已经批准;

(2)工程项目已正式列入国家、部门或地方的年度固定资产投资计划;

(3)建设用地的征用工作已经完成;

(4)有满足施工招标需要的设计文件及其他技术资料;

(5)建设资金及主要建筑材料、设备的来源已经落实;

(6)已经得到建设项目所在地规划部门批准,施工现场的"三通一平"已经完成并列入施工招标范围。

二、招标前的准备工作

1. 建设工程项目报建

(1)建设工程项目的立项批准文件或年度投资计划下达后,按照《工程建设项目报建管理办法》规定,具备条件的,须向建设行政主管部门报建备案。

(2)建设工程项目的报建范围为各类房屋建设(包括新建、改建、扩建、翻建、大修等)、土木工程(包括道路、桥梁、房屋基础打桩)、设备安装、管道线路敷设、装饰装修等建设工程。

(3)建设工程项目报建内容主要包括工程名称、建设地点、投资规模、资金来源、当年投资额、工程规模、结构类型、发包方式、计划竣工日期、工程筹建情况等。

(4)办理工程报建时应交验的文件资料包括立项批准文件或年度投资计划、固定资产投资许可证、建设工程规划许可证、资金证明。

(5)工程报建程序为建设单位填写统一格式的工程建设项目报建登记表,有上级主管部门的须经其批准同意后,连同应交验的文件资料一并报建设行政主管部门。

2. 审查招标人招标资质

建筑工程招标人进行招标一般需抽调人员组建专门的招标工作机构。招标工作机构的人员,一般应包括工程技术人员、工程管理人员、工程法律人员、工程预结算编制人员与工程财务人员等。组织招标有两种情况,即招标人自行办理招标或委托招标代理机构代理招标。对于招标人自行办理招标事宜的,必须满足一定的条件,并向其行政监督机关备案,行政监督机关对招标人是否具备自行招标的条件进行监督。对委托招标代理机构代理招标的,也应检查代理机构相应的代理资质。

3. 招标申请

招标单位填写建设工程施工招标申请表,凡招标单位有上级主管部门的,须经该主管部门批准同意后,连同工程建设项目报建登记表报招标管理机构审批。工程建设项目报建登记表中主要包括工程名称、建设地点、招标建设规模、结构类型、招标范围、招标方式、要求施工企业等级、施工前期准备情况(土地征用、拆迁情况、勘察设计情况、施工现场条件等)、招标机构组织情况等。

4. 编制资格预审文件及招标文件

公开招标采用资格预审的,只有资格预审合格的施工单位才可以参加投标;不采用资格预审的公开招标,应进行资格后审,即在开标后进行资格审查。采用资格预审的招标单位需参照标准范本编写资格预审文件和招标文件,而不进行资格预审的公开招标只需编写招标文件。资格预审文件和招标文件须报招标管理机构审查,审查同意后可刊登资格预审通告、招标通告。

三、招标阶段的主要工作

1. 工程标底价格的编制

长期以来,工程标底是评标标准之一。随着建设管理体制的逐步改革,工程标底的作用逐渐弱化。它只起到评标的参考作用。评标委员会将按照招标文件确定的评标标准和办法,对投标文件进行全面的评审和比较。

2. 刊登资格预审通告、招标通告

招标通告应当载明招标人的名称和地址,招标项目的性质、数量、实施地点和时间,以及获

取招标文件的办法等事项。建设项目的公开招标应在建设工程交易中心发布信息,同时也可通过报刊、广播、电视等新闻媒介或互联网发布资格预审通告或招标通告。进行资格预审的,刊登资格预审通告。

3. 投标人资格预审

《中华人民共和国招标投标法》规定,招标人可以根据招标项目本身的要求,在招标通告或者投标邀请书中,要求潜在投标人提供有关资质证明文件和业绩情况,并对潜在投标人进行资格审查;国家对投标人的资格条件有规定的,依照其规定。招标人不得以不合理的条件限制或者排斥潜在投标人,不得对潜在投标人实行歧视待遇。

4. 发售招标文件

将招标文件、图纸和有关技术资料发售给通过资格预审获得投标资格的投标单位。不进行资格预审的,发售给愿意参加投标的单位。投标单位收到招标文件、图纸和有关资料后,应认真核对,核对无误后,应以书面形式予以确认。

招标单位对招标文件所做的任何修改或补充,须报招标管理机构审查同意后,在投标截止时间之前,同时发给所有获得招标文件的投标单位,投标单位应以书面形式予以确认。修改或补充文件作为招标文件的组成部分,对投标单位起约束作用。

投标单位收到招标文件后,若有疑问或不清楚的问题需澄清解释,应在收到招标文件后 7 日内以书面形式向招标单位提出,招标单位应以书面形式或投标预备会形式予以解答。

5. 勘察现场

招标单位组织投标单位勘察现场的目的在于了解工程场地和周围环境情况,以获取投标单位认为有必要的信息。为便于投标单位提出问题并得到解答,勘察现场一般安排在投标预备会的前 1～2 天。

投标单位在勘察现场中如有疑问,应在投标预备会前以书面形式向招标单位提出,但应给招标单位留有准备解答的时间。

投标单位通过现场勘察掌握现场施工条件,分析施工现场是否达到招标文件规定的要求。例如:施工现场的地理位置和地形、地貌;施工现场的地质、土质、地下水位、水文等情况;施工现场气候条件,如气温、湿度、风力、年雨雪量等;施工现场环境,如交通、饮水、污水排放、生活用电、通信等;工程在施工现场中的位置或布置;临时用地、临时设施搭建等。

6. 召开投标预备会

召开投标预备会的目的在于澄清招标文件中的疑问,解答投标单位针对招标文件和勘察现场所提出的疑问。投标预备会在招标管理机构监督下,由招标单位组织并主持召开,在预备会上对招标文件和现场情况做介绍或解释,并解答投标单位提出的疑问,包括书面提出的和口头提出的问题。在投标预备会上,还应对图纸进行交底和解释。

投标预备会结束后,由招标单位整理会议记录和解答内容,报招标管理机构核准同意后,尽快以书面形式将问题及解答同时发送到所有获得招标文件的投标单位。

投标预备会上,招标单位负责人除了介绍工程概况外,还可对招标文件中的某些内容加以修改(需报经招标投标管理机构核准)或予以补充说明,并对投标人研究招标文件和勘察现场后以书面形式提出的问题和会议上即席提出的问题给予解答。会议结束后,招标人应将会议记录用书面通知的形式发给每一位投标人。补充文件作为招标文件的组成部分,具有同等的法律效力。

四、决标成交阶段的主要工作

1. 接受投标文件

招标文件中应明确规定投标者投送投标文件的地点和期限。投标人送达投标文件时,招标单位应检验文件密封和送达时间是否符合要求,合格者发给回执,否则拒收。

2. 开标

公开招标和邀请招标均应举行开标会议,以体现招标的公平、公正和公开原则。开标应当在招标文件确定的提交投标文件截止时间的同一时间公开进行;开标地点应当为招标文件中预先确定的地点。开标由招标人主持,邀请所有投标人参加。开标时,由投标人或者其推选的代表检查投标文件的密封情况,也可以由招标人委托的公证机构检查并公证;经确认无误后,由工作人员当众拆封,宣读投标人名称、投标价格和投标文件的其他主要内容。招标人在招标文件要求提交投标文件的截止时间前收到的所有投标文件,开标时都应当当众予以拆封、宣读。开标过程应当记录,并存档备查。

依照《房屋建筑和市政基础设施工程施工招标投标管理办法》,开标时,投标文件出现下列情形之一的,应当作为无效投标文件,不得进入评标:

(1) 投标文件未按照要求予以密封的;

(2) 投标文件中的投标函未加盖投标人的企业及企业法定代表人印章的,或者企业法定代表人的委托代理人没有合法、有效的委托书(原件)及委托代理人印章的;

(3) 投标文件的关键内容字迹模糊、无法辨认的;

(4) 投标人未按照招标文件的要求提供投标保函或者投标保证金的;

(5) 组成联合体投标的,投标文件未附联合体各方共同投标协议的。

3. 评标

评标是指评标委员会按照招标文件确定的评标标准和方法,依据平等竞争、公正合理的原则对投标文件优劣进行评审和比较,以便最终确定中标人。

1) 评标委员会

评标委员会由招标人的代表和有关技术、经济等方面的专家组成,成员人数为 5 人以上单数,其中招标人以外的专家不得少于成员总数的三分之二。这里所说的专家应当从事相关领域工作满 8 年并具有高级职称或者具有同等专业水平,由招标人从国务院有关部门或者省、自治区、直辖市人民政府有关部门提供的专家名册或者招标代理机构的专家库内的相关专业的专家名单中确定;一般招标项目可以采取随机抽取方式,特殊招标项目可以由招标人直接确定。与投标人有利害关系的人不得进入评标委员会,已经进入的应当更换,以保证评标的公平和公正。评标委员会成员的名单在中标结果确定前应当保密。

为确保评标委员会成员能够客观、公正、实事求是地提出评审意见，防止评标环节发生腐败现象，《中华人民共和国招标投标法》第四十四条为评标委员会成员设置了三条行为规则：① 应当客观、公正地履行职务，遵守职业道德，对所提出的评审意见承担个人责任；② 不得私下接触投标人，不得收受投标人的财物或者其他好处；③ 不得透露对投标文件的评审和比较、中标候选人的推荐情况以及与评标有关的其他情况。

2）评标工作程序

小型工程由于承包工作内容较为简单、合同金额不大，可以采用即开、即评、即定的方式由评标委员会及时确定中标人。

大型工程项目的评标因评审内容复杂、涉及面宽，通常需分成初评和详评两个阶段进行。详评通常分为两个步骤进行。首先，对各投标书进行技术和商务方面的审查，评定其合理性，以及若将合同授予该投标人在履行过程中可能给招标人带来的风险。评标委员会认为必要时可以单独约请投标人对标书中含义不明确的内容做必要的澄清或说明，但澄清或说明不得超出投标文件的范围或改变投标文件的实质性内容。澄清内容也要整理成文字材料，作为投标书的组成部分。在对投标书审查的基础上，评标委员会依据评标规则量化比较各投标书的优劣，并编写评标报告。

3）评标报告

《中华人民共和国招标投标法》规定："评标委员会完成评标后，应当向招标人提出书面评标报告，并推荐合格的中标候选人。"评标报告，是评标委员会经过对各投标书评审后向招标人提出的结论性报告，作为定标的主要依据。评标报告应包括评标情况说明、对各份合格投标书的评价、推荐合格的（1～3个）中标候选人等内容。如果评标委员会经过评审，认为所有投标都不符合招标文件的要求，可以否决所有投标。依法必须进行招标的项目的所有投标被否决的，招标人应当重新进行招标。

4. 定标

定标，又称决标，是指发包方从投标者中最终选定中标者作为工程的承包方的活动。定标必须遵循平等竞争、择优选定的原则，按照规定的程序，从评标委员会推荐的中标候选人中择优选定中标人，并与其签订建筑工程承包合同。在确定中标人前，招标人不得与投标人就投标价格、投标方案等实质性内容进行谈判。依法必须进行招标的项目，招标人应当自确定中标人之日起 15 日内，向有关行政监督部门提交招标投标情况的书面报告。

5. 发出中标通知书，同时通报所有投标人

确定中标单位后，招标单位应当于 7 天内发出中标通知书，同时抄送各未中标单位。中标通知书对招标人和中标人具有法律效力。中标通知书发出后，招标人改变中标结果的，或者中标人放弃中标项目的，应当依法承担法律责任。

6. 招标单位与中标单位签订建筑工程承包合同

依照《中华人民共和国招标投标法》的规定，招标人和中标人应当自中标通知书发出之日起 30 日内，按照招标文件和中标人的投标文件订立书面合同。招标人和中标人不得再行订立背离

合同实质性内容的其他协议。招标文件要求中标人提交履约保证金的,中标人应当提交。

项目5 建设工程招标标底

一、建设工程招标标底的概念及作用

建设工程招标标底是指建设工程招标人对招标工程项目在方案、质量、期限、价格、方法、措施等方面的理想控制目标和预期要求。从这个意义上讲,建设工程的勘察设计招标、工程施工招标、工程监理招标、物资采购招标等都应根据其不同特点,设相应的标底。但考虑到某些指标,特别是某些特定性指标比较抽象且难以衡量,常以价格或费用来反映标底。所以标底从狭义上讲,通常指招标人对招标工程预期的价格或费用。

建设工程招标标底的作用主要体现在以下几个方面:① 是衡量投标报价的尺度;② 是评标的重要指标;③ 是建设单位预先明确招标工程的投资额度,并据此筹措和安排建设资金;④ 是上级主管部门核实建设规模的依据。

二、建设工程招标标底的主要内容

标底一般由下列内容组成:① 标底的综合编制说明;② 标底报审表、标底价格计算书、带有价格的工程量清单、现场因素、各种施工措施费的测算明细及采用固定价格工程的风险系数测算明细等;③ 主要材料用量;④ 标底附件(如各项交底纪要,各种材料及设备的价格来源,现场的地质、水文、地上情况的有关资料,编制标底价格所依据的施工方案或施工组织设计等)。

三、建设工程标底的编制要求

1. 建设工程标底编制的资质要求

建设工程标底编制是一项技术性、政策性很强的经济活动。目前我国对标底的编制单位进行严格的资质管理,只有具备相应的资质才可以编制标底。如果招标人有编制标底的资质,招标人可自行编制标底,否则应委托具有编制标底资质的社会中介机构(招标代理机构、造价咨询公司等)代为编制。

2. 建设工程标底价格的编制原则

建设工程标底价格的编制应遵循的原则如下。

(1) 根据国家公布的统一工程项目划分、统一计量单位、统一计算规则以及具体工程的施工图纸、招标文件,并参照国家制定的基础定额和国家、行业、地方规定的技术标准规范,以及要素市场价格确定工程量和编制标底价格。

(2) 按工程项目类别差别计价。

(3) 标底价格作为招标人的期望值,应力求与市场的实际变化吻合,要有利于竞争和保证工程质量。

(4) 标底价格应由成本、利润、税金等组成,一般应控制在批准的总概算(或修正概算)及投

资包干的限额内。

（5）标底价格应考虑人工、材料、设备、机械台班等价格变化因素，还应包括不可预见费（特殊情况）、措施费（赶工措施费、施工技术措施费）、现场因素费用、保险以及采用固定价格的工程的风险金等。要求工程质量优良的还应增加相应的费用。

（6）选择合适的计算方法。根据我国现行的工程造价计算方法，又考虑到与国际惯例接轨，所以在工程量清单计价上采用工料单价法和综合单价法两种方法。编制标底价格时应选择一种。

（7）一个工程只能编制一个标底价格。

四、建设工程招标标底的编制方法和步骤

1. 标底的编制方法

1）标底的编制方法

目前，我国建设工程施工招标标底主要采用工料单价法和综合单价法来编制。

（1）工料单价法：根据施工图纸及技术说明，按照预算定额规定的分部分项工程子目，逐项计算出工程量，再套用相应项目定额单价（或单位估价表）确定定额直接费，然后按规定的费用定额确定其他直接费、现场经费、间接费、计划利润和税金，还要加上材料调价系数和适当的不可预见费，汇总后即可作为工程标底价格的基础。

（2）综合单价法：按工料单价法中的工程量计算方法，计算出工程量后，确定其各分项工程的单价，包括人工费、材料费、机械费、管理费、材料调价、利润、税金及采用固定价格的风险金等全部费用。综合单价确定后，再与各分项工程量相乘汇总，加上设备总价、现场经费、措施费等，即可得到标底价格。如果发包人要求增报保险费和暂定金额的，则标底中应包含。

2）标底的计价方法

如果以建设程序为依据进行分类，标底的计价方法有以下三种。

（1）按初步设计编制。设计单位进行单项工程初步设计时，同时有初步设计概算书。招标单位按初步设计编制标底时，首先需要确定采用的概算定额或概算指标；然后计算分部分项工程量，确定采用材料价格和各种取费标准，编制概算定额单价或指标单价，计算直接费、各项取费、编制单位工程概算造价；再将各单位工程归纳综合为单项工程概算造价，另外加上其他工程费和工程建设预备费汇总成为总概算造价。

（2）按技术设计编制。技术设计是初步设计的深化阶段，其实物工程量比初步设计详细。因此，根据技术设计编制标底要比根据初步设计编制标底更为准确和接近设计预算造价。

（3）按施工图编制。这是现阶段采用的主要方法。首先按施工图计算工程量，将工程量汇总后套用预算定额单价，计算取费，汇总得出预算总造价，再将总造价除以建筑面积，得出每平方米造价。同时，招标单位向投标单位提供实物工程量表，以便投标报价。

2. 编制标底的主要依据

编制标底的主要依据有：① 招标文件；② 工程施工图纸、工程量计算规则；③ 施工现场地质、水文、地上情况的有关资料；④ 施工方案或施工组织设计；⑤ 现行工程预算定额、工期定额、

工程项目计价类别及取费标准;⑥ 国家或地方有关价格调整文件规定;⑦ 招标时建筑安装材料及设备的市场价格;⑧ 标底价格计算书、报审的有关表格。

3．标底的编制步骤

（1）确定标底的编制单位。标底由招标人自行编制或委托具有编制标底资格的中介机构代理编制。

（2）按标底的编制要求提供完整的资料，以便进行标底计算。

（3）参加交底会及现场踏勘。标底编、审人员均应参加施工图交底及现场踏勘、招标预备会，便于标底的编、审工作。

（4）编制标底。编制人员应严格按照国家的有关政策、规定，科学公正地编制标底价格。

4．标底的审定

标底的审定，是指政府有关主管部门对招标人已完成的标底进行的审查认定。工程施工招标的标底价格应按规定报招标管理机构审查，招标管理机构在规定时间内完成标底的审定工作，未经审查的标底一律无效。

1）标底审查时应提交的各类文件

标底报送招标管理机构审查时，应提交工程招标文件，施工图纸，填有单价与合价的工程量清单，标底计算书，标底汇总表，标底报审表，采用固定价格的工程的风险系数测算明细及现场因素，各种施工措施费测算明细，主要材料用量，设备清单等。

2）标底审定内容

对采用工料单价法编制的标底价格，主要审查以下内容：工程量计算是否准确、项目套用是否正确、费用计取是否正确等。对采用综合单价法编制的标底价格，主要审查标底计价内容、综合单价组成分析、设备市场供应价格、措施费、现场因素费用等。

3）标底的审定时间

根据工程的规模大小和结构的复杂难易程度，在相应的规定时间内应审定完毕。

4）标底的保密

标底审定完后应及时封存，直至开标时，所有接触过标底价格的人均负有保密责任，不得泄露，否则将追究其法律责任。

5）我国建筑工程招标标底的优劣

招标标底的编制虽然重要，但也存在负面作用。

首先，由于价格是施工合同的核心内容之一，但高质量低价格才是一个企业的竞争能力的具体体现，若以标底价格作为确定合同价格的标准，有时难以激励企业改进技术和管理，提高本身的竞争力，因此在一定程度上限制了企业间的竞争。

其次，招标项目设置标底时，由于标底在评标时的重要作用，致使投标人特别是预算员承受巨大的压力，或者不时出现一些泄露标底、知晓标底而行贿受贿的违法行为。

有鉴于此，《中华人民共和国招标投标法》第四十条规定：设有标底的，应当参考标底。说明标底只是作为评审和比较的参考标准，而不是绝对、唯一的客观标准或决定中标的标准。若被评为最低评标价的投标超过标底规定的幅度，招标人应当调查分析超出标底的原因，如果是合理的,该投标应当有效;若被评为最低评标价的投标大大低于标底,招标人也应当调查分析,如果属于合理成本,该投标也应当有效。

目前确定中标价格的趋势是:实行定额的量价分离,以市场价格和施工企业内部定额确定中标价格;要逐步淡化标底作用,引导企业在国家定额的指导下,依据自身技术和管理的情况建立内部定额,提高投标报价的技巧和水平,并积极推行工程索赔的开展,最终实现在国家宏观调控下由市场确定工程价格。

1. 我国建筑工程项目必须进行招标的规定是什么?
2. 工程招标应具备哪些条件?
3. 招标代理行为的特点是什么?
4. 简述建设工程招标的程序。
5. 建设工程招标文件由哪几部分构成?
6. 何为标底? 标底编制应遵循什么原则?
7. 建设工程标底的编制方法有哪几种?
8. 建设工程标底价格由哪些内容组成?

单元 **4** 建设施工招标资格审查

知识目标：
- 掌握建设工程施工招标资格审查的分类、内容；
- 掌握资格审查文件内容；
- 熟悉资格审查的程序和方法。

能力目标：
- 通过所学知识，结合实际能编制或填写投标须知、资格预审文件；
- 能组织资格审查会议，开展审查工作。

项目 1　资格预审公告

在招投标过程中，对已经获得招标信息、愿意参加投标的报名者都要进行资格审查。资格审查分为资格预审和资格后审两类，资格预审在投标之前进行，资格后审在开标之后进行。我国大多数地方在招投标过程中采用资格预审的方式。

资格预审是指对已获得招标信息、愿意参加投标的报名者通过其填报的资格预审文件和资料进行评比和分析，按程序确定出合格的潜在投标人名单，并向其发出资格预审合格通知书，通知其在规定的时间内购买招标文件、图纸及有关技术资料。招标人可以根据招标工程的需要，对投标申请人进行资格预审，也可以委托工程招标代理机构对投标申请人进行资格预审。实行资格预审时，招标人应当在招标公告或投标邀请书中明确招标项目基本情况和获取资格预审文件的办法，并按照规定的条件和办法对投标人进行资格预审。资格预审的要求与内容，一般在公布招标公告之前预先发布招标资格预审通告或在招标公告中提出。

资格后审是指投标人在提交投标书的同时报送资格审查的资料，以便评标委员会在开标后或评标前对投标人资格进行审查。资格后审的审查内容基本上同资格预审的审查内容，经评标委员会审查资格合格者，才能列入进一步评标的工作程序。资格后审适用于某些开工时间紧迫，工程较为简单的情况。资格后审制与资格预审制相比有四个方面的明显变化，即投标人身份不确定性、投标人之间不接触性、投标人数广泛性、投标人信息湮没性，这些有益的变化有力地遏制了串标、围标现象的发生，有利于规范市场秩序、降低工程造价、节约财政资金。

根据《中华人民共和国房屋建筑和市政工程标准施工招标资格预审文件(2010 年版)》，资格预审公告如下。

_____ (项目名称) _____标段施工招标

资格预审公告(代招标公告)

1　招标条件

　　本招标项目_____(项目名称)已由_____(项目审批、核准或备案机关名称)以_____(批文名称及编号)批准建设,项目业主为_____,建设资金来自_____(资金来源),项目出资比例为_____,招标人为_____,招标代理机构为_____。项目已具备招标条件,现进行公开招标,特邀请有兴趣的潜在投标人(以下简称申请人)提出资格预审申请。

2　项目概况与招标范围

　　_____[说明本次招标项目的建设地点、规模、计划工期、合同估算价、招标范围、标段划分(如果有)等]。

3　申请人资格要求

　　3.1　本次资格预审要求申请人具备_____资质,_____(类似项目描述)业绩,并在人员、设备、资金等方面具备相应的施工能力,其中,申请人拟派项目经理须具备_____专业_____级注册建造师执业资格和有效的安全生产考核合格证书,且未担任其他在施建设工程项目的项目经理。

　　3.2　本次资格预审_____(接受或不接受)联合体资格预审申请。联合体申请资格预审的,应满足下列要求:_____。

　　3.3　各申请人可就本项目上述标段中的____(具体数量)个标段提出资格预审申请,但最多允许中标____(具体数量)个标段(适用于分标段的招标项目)。

4　资格预审方法

　　本次资格预审采用____(合格制/有限数量制)。采用有限数量制的,当通过详细审查的申请人多于_____家时,通过资格预审的申请人限定为____家。

5　申请报名

　　凡有意申请资格预审者,请于____年____月____日至____年____月____日(法定公休日,法定节假日除外),每日上午____时至____时,下午____时至____时(北京时间,下同),在_____(有形建筑市场/交易中心名称及地址)报名。

6　资格预审文件的获取

　　6.1　上述凡通过审查报名者,请于____年____月____日至____年____月____日(法定公休日、法定节假日除外),每日上午____时至____时,下午____时至____时,在_____(详细地址)持单位介绍信购买资格预审文件。

　　6.2　资格预审文件每套售价_____元,售后不退。

　　6.3　邮购资格预审文件的,需另加手续费(含邮费)_____元。招标人在收到单位介绍信和邮购款(含手续费)后____日内寄送文件。

7　资格预审申请文件的递交

　　7.1　递交资格预审申请文件截止时间(申请截止时间,下同)为____年____月____日____时____分,地点为_____(有形建筑市场/交易中心名称及地址)。

　　7.2　逾期送达或者未送达指定地点的资格预审申请文件,招标人不予受理。

8　发布公告的媒介

　　本次资格预审公告同时在_____(发布公告的媒介名称)上发布。

9 联系方式

招 标 人：＿＿＿＿＿＿＿＿＿	招标代理机构：＿＿＿＿＿＿＿＿	
地 址：＿＿＿＿＿＿＿＿＿	地 址：＿＿＿＿＿＿＿＿	
邮 编：＿＿＿＿＿＿＿＿＿	邮 编：＿＿＿＿＿＿＿＿	
联 系 人：＿＿＿＿＿＿＿＿＿	联 系 人：＿＿＿＿＿＿＿＿	
电 话：＿＿＿＿＿＿＿＿＿	电 话：＿＿＿＿＿＿＿＿	
传 真：＿＿＿＿＿＿＿＿＿	传 真：＿＿＿＿＿＿＿＿	
电 子 邮 件：＿＿＿＿＿＿＿＿＿	电 子 邮 件：＿＿＿＿＿＿＿＿	
网 址：＿＿＿＿＿＿＿＿＿	网 址：＿＿＿＿＿＿＿＿	
开 户 银 行：＿＿＿＿＿＿＿＿＿	开 户 银 行：＿＿＿＿＿＿＿＿	
账 号：＿＿＿＿＿＿＿＿＿	账 号：＿＿＿＿＿＿＿＿	

＿＿＿年＿＿＿月＿＿＿日

资格预审公告发布时,申请人须知以申请人须知前附表(见表4-1)的形式一起发布。

表 4-1 申请人须知前附表

条款号	条款名称	编列内容
1.1.2	招标人	名 称： 地 址： 联系人： 电 话： 电子邮件：
1.1.3	招标代理机构	名 称： 地 址： 联系人： 电 话： 电子邮件：
1.1.4	项目名称	
1.1.5	建设地点	
1.2.1	资金来源	
1.2.2	出资比例	
1.2.3	资金落实情况	
1.3.1	招标范围	
1.3.2	计划工期	计划工期：＿＿＿日历天 计划开工日期：＿＿＿年 ＿＿＿月 ＿＿＿日 计划竣工日期：＿＿＿年 ＿＿＿月 ＿＿＿日
1.3.3	质量要求	质量标准：

条款号	条款名称	编列内容
1.4.1	申请人资质条件、能力和信誉	资质条件： 财务要求： 业绩要求：　　　　　（与资格预审公告要求一致） 信誉要求： 　（1）诉讼及仲裁情况 　（2）不良行为记录 　（3）合同履约率 项目经理资格：_____专业 _____级（含以上级）注册建造师执业资格和有效的安全生产考核合格证书，且未担任其他在施建设工程项目的项目经理。 其他要求： （1）拟投入主要施工机械设备情况 （2）拟投入项目管理人员 （3）……
1.4.2	是否接受联合体资格预审申请	□不接受 □接受，应满足下列要求： 其中，联合体资质按照联合体协议约定的分工认定，其他审查标准按联合体协议中约定的各成员分工所占合同工作量的比例，进行加权折算
2.2.1	申请人要求澄清 资格预审文件的截止时间	
2.2.2	招标人澄清 资格预审文件的截止时间	
2.2.3	申请人确认收到 资格预审文件澄清的时间	
2.3.1	招标人修改 资格预审文件的截止时间	
2.3.2	申请人确认收到 资格预审文件修改的时间	
3.1.1	申请人需补充的其他材料	（1）其他企业信誉情况表 （2）拟投入主要施工机械设备情况 （3）拟投入项目管理人员情况 ……
3.2.4	近年财务状况的年份要求	____年,指___年___月__日起至_年_月_日止
3.2.5	近年完成的类似项目的年份要求	____年,指___年___月__日起至_年_月_日止
3.2.7	近年发生的诉讼及仲裁情况的年份要求	____年,指___年___月__日起至_年_月_日止

续表

条款号	条款名称	编列内容
3.3.1	签字和(或)盖章要求	
3.3.2	资格预审申请文件副本份数	_____份
3.3.3	资格预审申请文件的装订要求	□不分册装订 □分册装订,共分___册,分别为: _____ _____ 　　每册采用____方式装订,装订应牢固、不易拆散和换页,不得采用活页装订
4.1.2	封套上写明	招标人的地址: 招标人全称: _____(项目名称)____标段施工招标资格预审申请文件在___年___月___日___时___分前不得开启
4.2.1	申请截止时间	___年___月___日___时___分
4.2.2	递交资格预审申请文件的地点	
4.2.3	是否退还资格预审申请文件	□否　□是,退还安排:
5.1.2	审查委员会人数	审查委员会构成:____人,其中招标人代表____人(限招标人在职人员,且应当具备评标专家的相应的或者类似的条件),专家____人; 审查专家确定方式:_____
5.2	资格审查方法	□合格制　□有限数量制
6.1	资格预审结果的通知时间	
6.3	资格预审结果的确认时间	
9	需要补充的其他内容	
9.1	词语定义	
9.1.1	类似项目	
	类似项目是指:	
9.1.2	不良行为记录	
	不良行为记录是指:	
……	……	
9.2	资格预审申请文件编制的补充要求	
9.2.1	其他企业信誉情况表应说明企业不良行为记录、履约率等相关情况,并附相关证明材料,年份同第3.2.7项的年份要求	
9.2.2	"拟投入主要施工机械设备情况"应说明设备来源(包括租赁意向)、目前状况、停放地点等情况,并附相关证明材料	
9.2.3	"拟投入项目管理人员情况"应说明项目管理人员的学历、职称、注册执业资格、拟任岗位等基本情况,项目经理和主要项目管理人员应附简历,并附相关证明材料	

续表

条款号	条款名称	编列内容
9.3	通过资格预审的申请人(适用于有限数量制)	
9.3.1		通过资格预审申请人分为"正选"和"候补"两类。资格审查委员会应当根据第三章资格审查办法(有限数量制)第3.4.2项的排序,对通过详细审查的申请人按得分由高到低顺序,将不超过第三章资格审查办法(有限数量制)第1条规定数量的申请人列为通过资格预审申请人(正选),其余的申请人依次列为通过资格预审的申请人(候补)
9.3.2		根据本章第6.1款的规定,招标人应当首先向通过资格预审申请人(正选)发出投标邀请书
9.3.3		根据本章第6.3款,通过资格预审申请人项目经理不能到位或者利益冲突等原因导致潜在投标人数量少于第三章资格审查办法(有限数量制)第1条规定的数量的,招标人应当按照通过资格预审申请人(候补)的排名次序,由高到低依次递补
9.4	监督	
		本项目资格预审活动及其相关当事人应当接受有管辖权的建设工程招标投标行政监督部门依法实施的监督
9.5	解释权	
		本资格预审文件由招标人负责解释
9.6	招标人补充的内容	
……	……	

项目2 资格预审申请文件

资格预审申请文件内容如下。

资格预审申请文件格式

目　录

一、资格预审申请函

二、法定代表人身份证明

三、授权委托书

四、联合体协议书

五、申请人基本情况表

六、近年财务状况表

七、近年完成的类似项目情况表

八、正在施工的和新承接的项目情况表

九、近年发生的诉讼和仲裁情况

十、其他材料

(一)其他企业信誉情况表

(二)拟投入主要施工机械设备情况表

(三)拟投入项目管理人员情况表

　　……

一、资格预审申请函

_____(招标人名称)：

　　1. 按照资格预审文件的要求,我方(申请人)递交的资格预审申请文件及有关资料,用于你方(招标人)审查我方参加_____(项目名称)_____标段施工招标的投标资格。

　　2. 我方的资格预审申请文件包含申请人须知规定的全部内容。

　　3. 我方接受你方的授权代表进行调查,以审核我方提交的文件和资料,并通过我方的客户,澄清资格预审申请文件中有关财务和技术方面的情况。

　　4. 你方授权代表可通过_____(联系人及联系方式)得到进一步的资料。

　　5. 我方在此声明,所递交的资格预审申请文件及有关资料内容完整、真实和准确,且不存在申请人须知规定的"要求澄清、说明或者补正和申请人存在弄虚作假、行贿或者其他违法违规行为等情形审查情况记录"任何一种情形。

　　　　　　　　　　　申请人:_____(盖单位章)

　　　　　　　　　　　法定代表人或其委托代理人:_____(签字)

　　　　　　　　　　　电　　　话:_____

　　　　　　　　　　　传　　　真:_____

　　　　　　　　　　　申请人地址:_____

　　　　　　　　　　　邮 政 编 码:_____

　　　　　　　　　　　　　　_____年_____月_____日

二、法定代表人身份证明

申 请 人:_____

单位性质:_____

地　　址:_____

成立时间:_____年_____月_____日

经营期限:_____

姓　　名:_____ 性　　别:_____

年　　龄:_____ 职　　务:_____

系_____(申请人名称)的法定代表人。

特此证明。

　　　　　　　　　　　申请人:_____(盖单位章)

　　　　　　　　　　　　　　_____年_____月_____日

三、授权委托书

本人_____(姓名)系_____(申请人名称)的法定代表人,现委托_____(姓名)为我方代理人。代理人根据授权,以我方名义签署、澄清、说明、补正、递交、撤回、修改(项目名称)_____标段施工招标资格预审文件,其法律后果由我方承担。

委托期限:_____

_____。

代理人无转委托权。

附:法定代表人身份证明

申　请　人:_____(盖单位章)

法定代表人:_____(签字)

身份证号码:_____

委托代理人:_____(签字)

身份证号码:_____

_____年_____月_____日

四、联合体协议书

牵头人名称:_____

法定代表人:_____

法 定 住 所:_____

成员二名称:_____

法定代表人:_____

法 定 住 所:_____

……

鉴于上述各成员单位经过友好协商,自愿组成_____(联合体名称)联合体,共同参加_____(招标人名称)(以下简称招标人)_____(项目名称)_____标段(以下简称合同)。现就联合体投标事宜订立如下协议。

(1)_____(某成员单位名称)为_____(联合体名称)牵头人。

(2)在本工程投标阶段,联合体牵头人合法代表联合体各成员负责本工程资格预审申请文件和投标文件编制活动,代表联合体提交和接收相关的资料、信息及指示,并处理与资格预审、投标和中标有关的一切事务;联合体中标后,联合体牵头人负责合同订立和合同实施阶段的主办、组织和协调工作。

(3)联合体将严格按照资格预审文件和招标文件的各项要求,递交资格预审申请文件和投标文件,履行投标义务和中标后的合同,共同承担合同规定的一切义务和责任,联合体各成员单位按照内部职责的划分,承担各自所负的责任和风险,并向招标人承担连带责任。

(4)联合体各成员单位内部的职责分工如下:＿＿＿＿＿＿＿＿＿＿＿＿＿＿＿＿＿

＿＿＿＿＿＿＿＿＿＿＿＿＿＿＿＿＿＿＿＿＿＿＿＿＿＿＿＿＿＿＿＿＿＿＿＿＿＿＿

＿＿＿＿＿＿＿＿＿＿＿＿＿＿＿＿＿＿＿＿＿＿＿＿＿＿＿＿＿＿＿＿＿＿＿＿＿。

按照本条上述分工,联合体成员单位各自所承担的合同工作量比例如下:＿＿＿＿＿＿＿

＿＿＿＿＿＿＿＿＿＿＿＿＿＿＿＿＿＿＿＿＿＿＿＿＿＿＿＿＿＿＿＿＿＿＿＿＿＿＿

＿＿＿＿＿＿＿＿＿＿＿＿＿＿＿＿＿＿＿＿＿＿＿＿＿＿＿＿＿＿＿＿＿＿＿＿＿＿＿

＿＿＿＿＿＿＿＿＿＿＿＿＿＿＿＿＿＿＿＿＿＿＿＿＿＿＿＿＿＿＿＿＿＿＿＿＿＿。

(5)资格预审和投标工作及联合体在中标后工程实施过程中的有关费用按各自承担的工作量分摊。

(6)联合体中标后,本联合体协议是合同的附件,对联合体各成员单位有合同约束力。

(7)本协议书自签署之日起生效,联合体未通过资格预审、未中标或者中标合同履行完毕后自动失效。

(8)本协议书一式＿＿＿＿＿＿份,联合体成员和招标人各执一份。

牵头人名称:＿＿＿＿＿＿＿＿＿＿＿＿＿＿＿＿(盖单位章)
法定代表人或其委托代理人:＿＿＿＿＿＿＿＿＿＿(签字)

成员二名称:＿＿＿＿＿＿＿＿＿＿＿＿＿＿＿＿(盖单位章)
法定代表人或其委托代理人:＿＿＿＿＿＿＿＿＿＿(签字)
……

＿＿＿＿年＿＿＿月＿＿＿日

备注:本协议书由委托代理人签字的,应附法定代表人签字的授权委托书。

五、申请人基本情况表

申请人名称						
注册地址				邮政编码		
联系方式	联系人			电话		
	传真			网址		
组织结构						
法定代表人	姓名		技术职称		电话	
技术负责人	姓名		技术职称		电话	
成立时间			员工总人数:			
企业资质等级		其中	项目经理			
营业执照号			高级职称人员			
注册资本金			中级职称人员			
开户银行			初级职称人员			
账号			技工			
经营范围						
体系认证情况	说明:通过的认证体系、通过时间及运行状况					
备注						

六、近年财务状况表

近年财务状况表是指经过会计师事务所或者审计机构审计的财务会计报表。以下各类报表中反映的财务状况数据应当一致,如果有不一致之处,以不利于申请人的数据为准。

(一)近年资产负债表

略。

(二)近年损益表

略。

(三)近年利润表

略。

(四)近年现金流量表

略。

(五)财务状况说明书

略。

备注:除财务状况总体说明外,本表应特别说明企业净资产,招标人也可根据招标项目具体情况要求说明是否拥有有效期内的银行 AAA 资信证明、本年度银行授信总额度、本年度可使用的银行授信余额等。

七、近年完成的类似项目情况表

类似项目业绩须附合同协议书和竣工验收备案登记表复印件。

项目名称	
项目所在地	
发包人名称	
发包人地址	
发包人电话	
合同价格	
开工日期	
竣工日期	
承包范围	
工程质量	
项目经理	
技术负责人	
总监理工程师及电话	
项目描述	
备　注	

八、正在施工的和新承接的项目情况表

正在施工和新承接项目须附合同协议书或者中标通知书复印件。

项目名称	
项目所在地	
发包人名称	
发包人地址	
发包人电话	
签约合同价	
开工日期	
计划竣工日期	
承包范围	
工程质量	
项目经理	
技术负责人	
总监理工程师及电话	
项目描述	
备 注	

九、近年发生的诉讼和仲裁情况

说明:近年发生的诉讼和仲裁情况仅限于申请人败诉的,且与履行施工承包合同有关的案件,不包括调解结案及未裁决的仲裁或未终审判决的诉讼。

类别	序号	发生时间	情况简介	证明材料索引
诉讼情况				
仲裁情况				

十、其他材料

（一）其他企业信誉情况表（年份同诉讼及仲裁情况年份要求）

（1）企业不良行为记录情况主要是近年申请人在工程建设过程中因违反有关工程建设的法律、法规、规章或强制性标准和执业行为规范，经县级以上建设行政主管部门或其委托的执法监督机构查实和行政处罚，形成的不良行为记录。应当结合申请人须知前附表第 9.1.2 项定义的范围填写。

（2）合同履行情况主要是申请人在施工程和近年已竣工工程是否按合同约定的工期、质量、安全等要求履行合同义务，对未竣工工程合同履行情况还应重点说明非不可抗力原因解除合同（如果有）的原因等具体情况，等等。

① 近年不良行为记录情况

序号	发生时间	简要情况说明	证明材料索引

② 在施工程及近年已竣工工程合同履行情况

序号	工程名称	履约情况说明	证明材料索引

③ 其他

……

（二）拟投入主要施工机械设备情况表

机械设备名称	型号规格	数　量	目前状况	来　源	现停放地点	备　注

说明："目前状况"应说明已使用年限、是否完好及目前是否正在使用，"来源"分为"自有"和"市场租赁"两种情况，正在使用中的设备应在"备注"一栏中注明何时能够投入本项目，并提供相关证明材料

（三）拟投入项目管理人员情况表

姓名	性别	年龄	职称	专业	资格证书编号	拟在本项目中担任的工作或岗位

附 1 项目经理简历表

项目经理应附建造师执业资格证书、注册证书、安全生产考核合格证书、身份证、职称证、学历证、养老保险复印件及未担任其他在施建设工程项目项目经理的承诺,管理过的项目业绩须附合同协议书和竣工验收备案登记表复印件。类似项目限于以项目经理身份参与的项目。

姓　名		年　龄			学　历		
职　称		职　务			拟在本工程任职		项目经理
注册建造师资格等级				级	建造师专业		
安全生产考核合格证书							
毕业学校		年毕业于			学校		专业
主要工作经历							
时　间	参加过的类似项目名称		工程概况说明			发包人及联系电话	

附2　主要项目管理人员简历表

　　主要项目管理人员指项目副经理、技术负责人、合同商务负责人、专职安全生产管理人员等岗位人员,均应附注册资格证书、身份证、职称证、学历证、养老保险复印件,专职安全生产管理人员还应附有效的安全生产考核合格证书,主要业绩须附合同协议书。

岗位名称				
姓　　名		年　　龄		
性　　别		毕业学校		
学历和专业		毕业时间		
拥有的执业资格		专业职称		
执业资格证书编号		工作年限		
主要工作业绩及担任的主要工作				

附3　承诺书

承诺书

_____（招标人名称）：

我方在此声明,我方拟派往_____（项目名称)_____标段(以下简称"本工程")的项目经理_____(项目经理姓名)现阶段没有担任任何在施建设工程项目的项目经理。

我方保证上述信息的真实和准确,并愿意承担因我方就此弄虚作假所引起的一切法律后果。

特此承诺。

申请人:_____(盖单位章)

法定代表人或其委托代理人:_____(签字)

_____年_____月_____日

(四) 其他
略。

项目3　资格审查

一、资格审查办法（合格制）

（一）资格审查办法前附表

资格审查办法前附表如表4-2所示。

表4-2　资格审查办法前附表

条款号		审查因素		审查标准
2.1	初步审查标准	申请人名称		与营业执照、资质证书、安全生产许可证一致
		申请函签字盖章		有法定代表人或其委托代理人签字并加盖单位章
		申请文件格式		符合资格预审申请文件格式的要求
		联合体申请人（如有）		提交联合体协议书，并明确联合体牵头人
		……		……
2.2	详细审查标准	营业执照		具备有效的营业执照 是否需要核验原件：□是 □否
		安全生产许可证		具备有效的安全生产许可证 是否需要核验原件：□是 □否
		资质等级		符合申请人须知资质等级规定 是否需要核验原件：□是 □否
		财务状况		符合申请人须知中财务状况规定 是否需要核验原件：□是 □否
		类似项目业绩		符合申请人须知中类似项目业绩规定 是否需要核验原件：□是 □否
		信誉		符合申请人须知中信誉要求规定 是否需要核验原件：□是 □否
		项目经理资格		符合申请人须知中项目经理资格规定 是否需要核验原件：□是 □否
		其他要求	(1) 拟投入主要施工机械设备	符合申请人须知中拟投入主要施工机械设备规定、拟投入项目管理人员要求规定
			(2) 拟投入项目管理人员	
			……	
		联合体申请人（如有）		符合申请人须知中联合体申请人规定
		……		……
3.1.2		核验原件的具体要求		

（二）资格审查详细程序

资格审查活动将按以下五个步骤进行：① 审查准备工作；② 初步审查；③ 详细审查；④ 澄清、说明或补正；⑤ 确定通过资格预审的申请人及提交资格审查报告。

1．审查准备工作

1）审查委员会成员签到

审查委员会成员到达资格审查现场时应在签到表上签到以证明其出席。审查委员会成员签到表见表 4-3。

表 4-3　审查委员会成员签到表

工程名称：＿＿＿＿＿＿＿＿＿＿（项目名称）＿＿＿＿＿标段　　　　审查时间：　　年　　月　　日

序号	姓名	职称	工作单位	专家证号码	签到时间
1					
2					
3					
4					
5					
6					
7					

2）审查委员会成员的分工

审查委员会首先推选一名审查委员会主任。招标人也可以直接指定审查委员会主任。审查委员会主任负责评审活动的组织领导工作。

3）熟悉文件资料

（1）招标人或招标代理机构应向审查委员会提供资格审查所需的信息和数据，包括资格预审文件及各申请人递交的资格预审申请文件，经过申请人签认的资格预审申请文件递交时间和密封及标识检查记录，有关的法律、法规、规章及招标人或审查委员会认为必要的其他信息和数据。

（2）审查委员会主任应组织审查委员会成员认真研究资格预审文件，了解和熟悉招标项目基本情况，掌握资格审查的标准和方法，熟悉资格审查表格的使用。如果这些表格不能满足需要，审查委员会应补充编制资格审查工作所需的表格。未在资格预审文件中规定的标准和方法不得作为资格审查的依据。

（3）在审查委员会全体成员在场见证的情况下，由审查委员会主任或审查委员会成员推荐的成员代表检查各份资格预审申请文件的密封和标识情况并打开。密封或者标识不符合要求的，审查委员会应当要求招标人作出说明。必要时，审查委员会可以就此向相关申请人发出问题澄清通知，要求相关申请人进行澄清和说明，申请人的澄清和说明应附上由招标人签发的"申请文件递交时间和密封及标识检查记录表"。审查委员会要将其澄清和说明与招标人提供的"申请文件递交时间和密封及标识检查记录表"核对比较，如果认定密封或者标识不符合要求是由于招标人保管不善所造成的，则审查委员会应当要求相关申请人对其所递交的申请文件内容进行检查确认。

4）对申请文件进行基础性数据分析和整理工作

（1）在不改变申请人资格预审申请文件实质性内容的前提下，审查委员会应当对申请文件进行基础性数据分析和整理工作，如果发现其中存在理解偏差、明显文字错误、资料遗漏等明显异常、非实质性问题，则要求申请人进行书面澄清或说明，发出问题澄清通知。

（2）申请人接到审查委员会发出的问题澄清通知后，应按审查委员会的要求提供书面澄清资料并按要求进行密封，在规定的时间递交到指定地点。申请人递交的书面澄清资料由审查委员会开启。

2．初步审查

（1）审查委员会根据规定的审查因素和审查标准，对申请人的资格预审申请文件进行审查，并使用表4-4记录审查结果。

表4-4　初步审查记录表

工程名称：＿＿＿＿＿＿＿＿＿（项目名称）＿＿＿＿标段

序号	审查因素	审查标准	申请人名称和审查结论及原件核验等相关情况说明		
1	申请人名称	与投标报名、营业执照、资质证书、安全生产许可证一致			
2	申请函签字盖章	有法定代表人或其委托代理人签字并加盖单位章			
3	申请文件格式	符合资格预审申请文件格式的要求			
4	联合体申请人	提交联合体协议书，并明确联合体牵头人和联合体分工（如有）			
5	……	……			
初步审查结论：通过初步审查标注为√；未通过初步审查标注为×					

审查委员会全体成员签字/日期：

（2）提交和核验原件。

① 如果需要申请人提交申请人须知规定的有关证明和证件的原件，审查委员会应当将提交时间和地点书面通知申请人。

② 审查委员会审查申请人提交的有关证明和证件的原件。对存在伪造嫌疑的原件，审查委员会应当要求申请人给予澄清或说明，或者通过其他合法方式核实。

（3）澄清、说明或补正。

在初步审查过程中,审查委员会应当就资格预审申请文件中不明确的内容,以书面形式要求申请人进行必要的澄清、说明或补正。申请人应当根据问题澄清通知,以书面形式予以澄清、说明或补正,并不得改变资格预审申请文件的实质性内容。澄清、说明或补正应当根据有关规定进行。

(4)申请人有任何一项初步审查因素不符合审查标准的,或者未按照审查委员会要求的时间和地点提交有关证明和证件的原件、原件与复印件不符或者原件存在伪造嫌疑且申请人不能合理说明的,不能通过资格预审。

3．详细审查

(1)只有通过了初步审查的申请人才能进入详细审查。

(2)审查委员会根据申请人须知(前附表)申请人资质条件、能力和信誉规定的程序、标准和方法,对申请人的资格预审申请文件进行详细审查,并使用表4-5记录审查结果。

表4-5　详细审查记录表

工程名称:＿＿＿＿＿＿＿＿＿＿(项目名称)＿＿＿＿标段

序号	审查因素	审查标准	有效的证明材料	申请人名称、定性的审查结论及相关情况说明				
1	营业执照	具备有效的营业执照	营业执照复印件及年检记录					
2	安全生产许可证	具备有效的安全生产许可证	建设行政主管部门核发的安全生产许可证复印件					
3	企业资质等级	符合申请人须知的规定	建设行政主管部门核发的资质等级证书复印件					
4	财务状况	符合申请人须知的规定	经会计师事务所或者审计机构审计的财务会计报表,包括资产负债表、损益表、现金流量表、利润表和财务状况说明书					
5	类似项目业绩	符合申请人须知的规定	中标通知书、合同协议书和工程竣工验收证书(竣工验收备案登记表)复印件					
6	信誉	符合申请人须知的规定	法院或者仲裁机构做出的判决、裁决等法律文书,县级以上建设行政主管部门处罚文书,履约情况说明					
7	项目经理资格	符合申请人须知的规定	建设行政主管部门核发的建造师执业资格证书、注册证书和有效的安全生产考核合格证书复印件,以及未在其他在施建设工程项目担任项目经理的书面承诺					

序号	审查因素			审查标准	有效的证明材料	申请人名称、定性的审查结论及相关情况说明					
8	其他要求	(1)	拟投入主要施工机械设备	符合申请人须知的规定	自有设备的原始发票复印件、折旧政策、停放地点和使用状况等的说明文件,租赁设备的租赁意向书或带条件生效的租赁合同复印件						
		(2)	拟投入项目管理人员		相关证书、证件、合同协议书和工程竣工验收证书(竣工验收备案登记表)复印件						
		(3)									
9	联合体申请人			符合申请人须知的规定	联合体协议书及联合体各成员单位提供的上述详细审查因素所需的证明材料						
申请人须知规定的申请人不得存在的情形审查情况记录											
1	独立法人资格			不是招标人不具备独立法人资格的附属机构(单位)	企业法人营业执照复印件						
2	设计或咨询服务			没有为本项目前期准备提供设计或咨询服务,但设计施工总承包除外	由申请人的法定代表人或其委托代理人签字并加盖单位章的书面承诺文件						
3	与监理人关系			不是本项目监理人,或者与本项目监理人不存在隶属关系,或者为同一法定代表人或者相互控股或者参股关系	营业执照复印件及由申请人的法定代表人或其委托代理人签字并加盖单位章的书面承诺文件						
4	与代建人关系			不是本项目代建人,或与本项目代建人的法定代表人不是同一人,或者不存在相互控股或参股关系	营业执照复印件及由申请人的法定代表人或其委托代理人签字并加盖单位章的书面承诺文件						

续表

序号	审查因素	审查标准	有效的证明材料	申请人名称、定性的审查结论及相关情况说明				
5	与招标代理机构关系	不是本项目招标代理机构,或者与本项目招标代理机构的法定代表人不是同一人,或者不存在相互控股或参股关系	营业执照复印件及由申请人的法定代表人或其委托代理人签字并加盖单位章的书面承诺文件					
6	生产经营状态	没有被责令停业	营业执照复印件及由申请人的法定代表人或其委托代理人签字并加盖单位章的书面承诺文件					
7	投标资格	没有被暂停或者取消投标资格	由申请人的法定代表人或其委托代理人签字并加盖单位章的书面承诺文件					
8	履约历史	近3年没有骗取中标和严重违约及重大工程质量问题	由申请人的法定代表人或其委托代理人签字并加盖单位章的书面承诺文件					
“资格审查办法”规定的情形审查情况记录								
1	澄清和说明情况	按照审查委员会要求澄清、说明或补正	审查委员会成员的判断					
2	申请人在资格预审过程中遵章守法	没有发现申请人存在弄虚作假、行贿或者其他违法违规行为	由申请人的法定代表人或其委托代理人签字并加盖单位章的书面承诺文件及审查委员会成员的判断					
详细审查结论:通过详细审查标注为√;未通过详细审查标注为×								

审查委员会全体成员签字/日期:

(3)联合体申请人。

① 联合体申请人的资质认定。

a. 对两个以上资质类别相同但资质等级不同的成员组成的联合体申请人,以联合体成员中资质等级最低者的资质等级作为联合体申请人的资质等级。

b. 对两个以上资质类别不同的成员组成的联合体,按照联合体协议中约定的内部分工分别认定联合体申请人的资质类别和等级,不承担联合体协议约定由其他成员承担的专业工程的成员,其相应的专业资质和等级不参与联合体申请人的资质和等级的认定。

② 对联合体申请人的可量化审查因素(如财务状况、类似项目业绩、信誉等)的指标考核,首先分别考核联合体各个成员的指标,在此基础上,以联合体协议中约定的各个成员的分工占合同总工作量的比例作为权重,加权折算各个成员的考核结果,作为联合体申请人的考核结果。

(4) 澄清、说明或补正。

在详细审查过程中,审查委员会应当就资格预审申请文件中不明确的内容,以书面形式要求申请人进行必要的澄清、说明或补正。申请人应当根据问题澄清通知,以书面形式予以澄清、说明或补正,并不得改变资格预审申请文件的实质性内容。澄清、说明或补正应当根据有关规定进行。

(5) 审查委员会应当逐项核查申请人是否存在规定的不能通过资格预审的任何一种情形。

(6) 不能通过资格预审。

申请人有任何一项详细审查因素不符合审查标准的,或者存在规定的任何一种情形的,均不能通过详细审查。

4. 确定通过资格预审的申请人

1) 汇总审查结果

详细审查工作全部结束后,审查委员会应按照表 4-6 的格式填写审查结果汇总表。

表 4-6 资格预审审查结果汇总表

工程名称:＿＿＿＿＿＿＿＿＿＿(项目名称)＿＿＿＿标段

序号	申请人名称	初步审查		详细评审		审查结论	
		合格	不合格	合格	不合格	合格	不合格
审查委员会全体成员签字/日期:							

2）确定通过资格预审的申请人

凡通过初步审查和详细审查的申请人均应确定为通过资格预审的申请人。通过资格预审的申请人均应被邀请参加投标。通过资格预审的申请人名单表格如表 4-7 所示。

表 4-7 通过资格预审的申请人名单

工程名称：＿＿＿＿＿＿＿＿＿＿＿（项目名称）＿＿＿＿＿标段

序号	申请人名称	备注
审查委员会全体成员签字/日期：		

注：本表中通过预审的申请人排名不分先后。

3）通过资格预审申请人的数量不足三个

通过资格预审申请人的数量不足三个的，招标人应当重新组织资格预审或不再组织资格预审而直接招标。招标人重新组织资格预审的，应当在保证满足法定资格条件的前提下，适当降低资格预审的标准和条件。

4）编制及提交书面审查报告

审查委员会根据规定向招标人提交书面审查报告。审查报告应当由全体审查委员会成员签字。

审查报告应当包括以下内容：① 基本情况和数据表；② 审查委员会成员名单；③ 不能通过资格预审的情况说明；④ 审查标准、方法或者审查因素一览表；⑤ 审查结果汇总表；⑥ 通过资格预审的申请人名单；⑦ 澄清、说明或补正事项纪要。

5. 特殊情况的处置程序

1）关于审查活动暂停

（1）审查委员会应当执行连续审查的原则，按审查办法中规定的程序、内容、方法、标准完成全部审查工作。只有发生不可抗力导致审查工作无法继续时，审查活动方可暂停。

（2）发生审查暂停情况时，审查委员会应当封存全部申请文件和审查记录，待不可抗力的影响结束且具备继续审查的条件时，由原审查委员会继续审查。

2）关于中途更换审查委员会成员

（1）除发生下列情形之一外，审查委员会成员不得在审查中途更换：

① 因不可抗拒的客观原因，不能到场或需在中途退出审查活动；

② 根据法律法规规定，某个或某几个审查委员会成员需要回避。

（2）退出审查的审查委员会成员，其已完成的审查行为无效。由招标人根据本资格预审文件规定的审查委员会成员产生方式另行确定替代者进行审查。

3）记名投票

在任何审查环节中，需审查委员会就某项定性的审查结论做出表决的，由审查委员会全体成员按照少数服从多数的原则，以记名投票方式表决。

二、资格审查办法（有限数量制）

（一）资格审查办法前附表

资格审查办法前附表如表 4-8 所示。

表 4-8　资格审查办法前附表

条款号		条款名称	编列内容
1		通过资格预审的人数	当通过详细审查的申请人多于_____家时，通过资格预审的申请人限定为_____家
2		审查因素	审查标准
2.1	初步审查标准	申请人名称	与营业执照、资质证书、安全生产许可证一致
		申请函签字盖章	有法定代表人或其委托代理人签字并加盖单位章
		申请文件格式	符合资格预审申请文件格式的要求
		联合体申请人（如有）	提交联合体协议书，并明确联合体牵头人
		……	……
2.2	详细审查标准	营业执照	具备有效的营业执照 是否需要核验原件：□是 □否
		安全生产许可证	具备有效的安全生产许可证 是否需要核验原件：□是 □否

续表

条款号		条款名称			编列内容
2.2	详细审查标准	资质等级			符合申请人须知中资质等级规定 是否需要核验原件:□是 □否
		财务状况			符合申请人须知中财务状况规定 是否需要核验原件:□是 □否
		类似项目业绩			符合申请人须知中类似项目业绩规定 是否需要核验原件:□是 □否
		信誉			符合申请人须知中信誉要求规定 是否需要核验原件:□是 □否
		项目经理资格			符合申请人须知中项目经理资格规定 是否需要核验原件:□是 □否
		其他要求	(1)	拟投入主要施工机械设备	符合申请人须知中拟投入主要施工机械设备规定、拟投入项目管理人员要求
			(2)	拟投入项目管理人员	
				……	
		联合体申请人(如有)			符合申请人须知中联合体申请人规定
		……			……
2.3	评分标准	评分因素			评分标准
		财务状况			……
		项目经理			……
		类似项目业绩			……
		认证体系			……
		信誉			……
		生产资源			……
		……			……
3.1.2	核验原件的具体要求				
	条款号				编列内容
3	审查程序				资格审查详细程序

(二)资格审查详细程序

资格审查活动将按五个步骤进行:① 审查准备工作;② 初步审查;③ 详细审查;④ 澄清、说明或补正;⑤ 确定通过资格预审的申请人(正选)、通过资格预审的申请人(候补)及提交资格审查报告。其中前四个步骤同前,下面就评分进行说明。

1. 审查委员会进行评分的条件

(1)通过详细审查的申请人超过前附表规定的数量时,审查委员会按照规定的评分标准进行评分。

(2) 按照规定,通过详细审查的申请人不少于 3 个且没有超过前附表规定数量的,审查委员会不再进行评分,通过详细审查的申请人均通过资格预审。

2. 审查委员会进行评分的对象

审查委员会只对通过详细审查的申请人进行评分。

3. 评分

(1) 审查委员会成员根据规定的标准,分别对通过详细审查的申请人进行评分,并使用表 4-9 记录评分结果。

表 4-9 评分记录表

工程名称:_____(项目名称)_____标段 申请人名称:_____ 审查委员会成员姓名:

序号	评分因素		标准分		评分标准		分项得分	合计得分	备注
			分项	合计					
Ⅰ 财务状况	1	净资产总值(以近___年平均值为准)	____分	____分	超过_____(含)万元	___分			
					超过_____(含)万元	___分			
					不足_____(不含)万元	___分			
	2	资产负债率(以近___年平均值为准)	____分		超过____%(不含)	___分			
					超过____%(含)但不超过____%	___分			
					超过____%(含)	___分			
	3	____年度银行授信余额	____分		大于____万元(含)	___分			
						___分			
						___分			
	4	……	____分			___分			
						___分			
						___分			
Ⅱ 项目经理	1	职称	____分	____分	高级工程师(含)以上	___分			
					中级职称	___分			
					其他	___分			
	2	学历	____分		全日制大学本科(含)以上	___分			
					全日制大学专科	___分			
					其他	___分			
	3	类似项目业绩	____分		以项目经理身份主持过三个(含)以上类似项目	___分			
					以项目经理身份主持过两个类似项目	___分			
					以项目经理身份主持过一个类似项目	___分			
	4	……	____分			___分			
						___分			
						___分			

续表

序号		评分因素	标准分		评分标准		分项得分	合计得分	备注
			分项	合计					
Ⅲ	类似项目业绩	1 近___年类似项目业绩	___分	___分	有一个	___分			
					每增加一个	___分			
					无同类工程业绩	___分			
Ⅳ	认证体系	1 认证体系	___分	___分	已经取得 ISO 9000 质量管理体系认证且运行情况良好	___分			
					已经取得 ISO 14000 环境管理体系认证且运行情况良好	___分			
					已经取得 OHSAS 18000 职业安全健康管理体系认证且运行情况良好	___分			
						___分			
						___分			
						___分			
Ⅴ	信誉	1 近___年诉讼和仲裁情况	___分	___分	没有涉及与工程承包合同的签订或履行有关的法律诉讼或仲裁,或虽有但无败诉	___分			
					作为原告或被告曾有败诉记录少于3个(不含)	___分			
					作为原告或被告曾有败诉记录多于3个(含)	___分			
		2 近___年不良行为记录	___分		没有任何不良行为记录	___分			
					有3个(不含)以下不良行为记录	___分			
					有3个(含)以上不良行为记录	___分			
		3 近___年施工总承包合同履约率	___分		合同履约率100%	___分			合同履约率指按期竣工、质量符合合同约定
					合同履约率95%(含)以上	___分			
					合同履约率不足95%(不含)	___分			
		4 ……							

续表

序号			评分因素	标准分		评分标准		分项得分	合计得分	备注
				分项	合计					
Ⅵ	拟投入生产资源	1	自有施工机械设备情况	___分	___分	数量充足,性能可靠	___分			
						数量合理,性能基本可靠	___分			
						数量不足,性能不够可靠	___分			
		2	市场租赁施工机械设备情况	___分		数量合理,性能可靠,来源有保障	___分			
						数量偏多,性能可靠,来源有保障	___分			
						数量偏多,性能和来源存在不确定性	___分			
		3	拟投入主要施工机械设备总体情况	___分		配置合理,满足工程施工需要	___分			
						配置基本合理,基本满足工程施工需要	___分			
						配置欠合理或者来源存在不确定性	___分			
Ⅶ	拟投入生产资源	1	拟派项目管理人员构成	___分	___分	人员配备合理,专业齐全	___分			
						人员配备情况一般,专业基本齐全	___分			
						人员配备欠合理,专业不够齐全	___分			
		2	在施工程和新承接工程情况	___分		在施及新承接的工程规模(与企业规模和实力相比)适中	___分			
						在施及新承接的工程规模过大,占用资源过多	___分			
						在施及新承接的工程规模过小,缺乏市场竞争力	___分			
		3	……	___分						
							得分总计			

审查委员会成员签字/日期:

(2)申请人各个评分因素的最终得分为审查委员会各个成员评分结果的算术平均值,并以此计算各个申请人的最终得分。审查委员会使用表 4-10 记录评分汇总结果。

(3)评分分值计算保留小数点后两位,小数点后第三位四舍五入。

4. 通过详细审查的申请人排序

(1)审查委员会根据表 4-10 的评分汇总结果,按申请人得分由高到低的顺序进行排序,并使用表 4-11 记录排序结果。

表 4-10 评分汇总记录表

审查委员会成员姓名	通过详细审查的申请人名称及其评定得分						
1:							

续表

审查委员会成员姓名	通过详细审查的申请人名称及其评定得分						
2：							
3：							
4：							
5：							
6：							
7：							
8：							
9：							
各成员评分合计							
各成员评分平均值							
申请人最终得分							

审查委员会全体成员签字/日期：

（2）审查委员会对申请人进行排序时，如果出现申请人最终得分相同的情况，以评分因素中针对项目经理的得分高低排定名次，项目经理的得分也相同时，以评分因素中针对类似项目业绩的得分高低排定名次。

5. 确定通过资格预审的申请人

1）确定通过资格预审的申请人（正选）

审查委员会应当根据表 4-11 的排序结果和前附表规定的数量，按申请人得分由高到低的顺序，确定通过资格预审的申请人名单，并使用表 4-12 记录确定结果。

表 4-11 通过详细审查的申请人排序表

工程名称：_____（项目名称）_____标段

序号	申请人名称	评分结果	备注
1			
2			
3			
4			
5			
6			
7			
8			
9			
10			
审查委员会全体成员签字/日期：			

注：本表中申请人按评分结果得分由高到低排序

2）确定通过资格预审的申请人（候补）

（1）审查委员会应当根据表 4-11 的排序结果，对未列入表 4-12 中的通过详细审查的其他申请人按照得分由高到低的顺序，确定排序的候补通过资格预审的申请人名单，并使用表 4-13 记录结果。

表 4-12 通过资格预审的申请人（正选）名单

工程名称：_____（项目名称）_____标段

序号	申请人名称	评分结果	备注
审查委员会全体成员签字/日期：			

注：本表中申请人按评分结果的得分由高到低排序

表 4-13 通过资格预审的申请人（候补）名单

工程名称：_____（项目名称）_____标段

序号	申请人名称	评分结果	备注
审查委员会全体成员签字/日期：			

注：本表中申请人按评分结果的得分由高到低排序

（2）如果审查委员会确定的通过资格预审的申请人（正选）未在申请人须知前附表规定的时间内确认是否参加投标、明确表示放弃投标或者根据有关规定被拒绝投标时，招标人应从表 4-13 记录的通过资格预审申请人（候补）中按照排序依次递补，作为通过资格预审的申请人。

（3）按照申请人须知的规定，经过递补后，潜在投标人数量不足三个的，招标人应重新组织资格预审或者不再组织资格预审而直接招标。

3）通过详细审查的申请人数量不足三个

通过详细审查的申请人数量不足三个的，招标人应当重新组织资格预审或不再组织资格预审而直接招标。招标人重新组织资格预审的，应当在保证满足法定资格条件的前提下，适当降低资格预审的标准和条件。

4）编制及提交书面审查报告

审查委员会根据规定向招标人提交书面审查报告。审查报告应当由全体审查委员会成员签字。审查报告应当包括以下内容：① 基本情况和数据表；② 审查委员会成员名单；③ 不能通过资格预审的情况说明；④ 审查标准、方法或者审查因素一览表；⑤ 审查结果汇总表；⑥ 通过资格预审的申请人（正选）名单；⑦ 通过资格预审的申请人（候补）名单；⑧ 澄清、说明或补正事项纪要。

1. 建筑工程施工招标资格审查的内容有哪些？

2. 建筑工程施工招标资格审查文件的内容有哪些？

3. 资格审查的程序和方法有哪些？

单元 5 建设工程施工投标

知识目标:

- 了解投标人的投标资质、权利和义务,投标报价的主要依据;
- 理解建设工程施工投标步骤、主要工作内容,投标报价的步骤、方法,投标文件的组成;
- 掌握建设工程施工投标程序和投标文件的编制。

能力目标:

- 掌握参加建筑工程投标工程的能力;
- 掌握编制建筑工程投标文件的能力。

项目1 了解建设工程投标基础知识

一、投标的基本概念

建设工程投标是工程招标的对称概念,指具有相应资质的建设工程承包单位即投标人,响应招标并购买招标文件,按招标文件的要求和条件填写投标文件,编制投标报价,在招标限定的时间内送达招标单位,争取中标的行为。

建设工程招标与投标,是建设工程承发包人签订建设工程施工合同的首个环节。根据《中华人民共和国合同法》规定,当事人订立合同,采取要约、承诺方式。而招投标的这个过程就是完成建设工程施工合同订立的过程。建设工程招标人根据自己工程的情况编制的招标文件在合同法中属于要约邀请,投标人在响应招标文件的前提下,按照招标文件的要求和条件编写投标文件及投标报价属于要约,招标人在收到多个投标人的投标文件之后,进行评标,择优选择投标人并发出中标通知书属于承诺,承发包人即可签订施工合同。

但是在整个合同订立的过程中,由于招标人发出的招标文件(要约邀请)不具备合同的主要条款如合同价格,因此招标文件不具有法律约束力,也就是说招标人可以在多个投标人当中择优选择投标人,与之签订施工合同。但是投标人递送的投标文件(要约)和招标人向某一投标人发出的中标通知书(承诺),由于已经具备合同的主要条款,因此具有法律约束力。所以投标人在投标之前和招标人在发出中标通知书前应慎重考虑。

二、建设工程投标人

1. 建设工程投标人的概念

建设工程投标人是建设工程招投标活动中的另一方主体,是指响应招标并在规定的期限内购买招标文件,并按照招标文件的要求和条件参与投标的法人或者其他组织。

2. 投标人应具备的能力条件

《中华人民共和国招标投标法》规定,投标人应当具备承担施工建设招标项目的能力。投标人参加建设工程招标活动,但并不是所有感兴趣的法人或其他组织都可以参加投标。

投标人通常应当具备下列条件:

（1）与招标文件要求相适应的人力、物力和财力;

（2）招标文件要求的资质证书和相应的工作经验与业绩证明;

（3）法律、法规规定的其他条件。

建设工程投标人的范围主要是指:勘察设计单位、施工企业、建筑装饰企业、工程材料设备供应企业、工程总承包单位,以及咨询、工程监理企业等。

3. 联合体投标

联合体投标承包工程是相对一家承包商独立承包工程而言的承包方式。当一个承包商不能自己独立完成一个建设工程项目时,由一个国籍或不同国籍的两家或两家以上具有法人资格的承包商以协议方式组成联营体,以联营体名义,共同参加某项工程的资格预审、投标签约并共同完成承包合同的一种承包方式。但联合体投标时应注意以下几个问题。

（1）要看招标人在资格预审公告、招标公告或者投标邀请书中载明是否接受联合体投标,如果不接受,则一般不宜采用。

（2）招标人接受联合体投标并进行资格预审的,联合体应当在提交资格预审申请文件前组成。资格预审后联合体增减、更换成员的,其投标无效。

（3）联合体各方在同一招标项目中以自己名义单独投标或者参加其他联合体投标的,相关投标均无效。

（4）联合体各方均应当具备承担招标项目的相应能力;国家有关规定或者招标文件对投标人资格条件有规定的,联合体各方均应当具备规定的相应资格条件。

（5）由同一专业的单位组成的联合体,按照资质等级较低的单位确定联合体的资质等级。

（6）联合体各方应当签订共同投标协议,明确约定各方拟承担的工作和责任,并将共同投标协议连同投标文件一并提交招标人;联合体中标的,联合体各方应当共同与招标人签订合同,就中标项目对招标人承担连带责任。

（7）招标人不得强制投标人组成联合体共同投标,不得限制投标人之间的竞争。

三、建设工程投标人的投标资质

建设工程投标人的投标资质(又称投标资格),是指建设工程投标人参加投标所必须具备的条件和素质,包括企业资历、业绩、人员素质、管理水平、资金数量、技术力量、技术装备、社会信誉等几个方面的因素。

不同资质等级的投标人所能从事的工程范围是不同的,资质等级超高,所能从事的工程范围越广。而投标人所投标的工程超出其资质等级所能从事的工程范围,是绝对不允许的。对建设工程投标单位的投标资质进行管理的,主要是政府主管机构,由其对建设工程投标单位的投标资质提出认定和划分标准,确定具体等级,发放相应的资质证书,并对其进行监督检查。

建筑施工企业,是指从事土木工程、建筑工程、线路管道设备安装工程、装修工程的新建及扩建与改建等活动的企业。施工企业应当按照其拥有的注册资本、专业技术人员、技术装备和已完成的建筑工程业绩等条件申请资质,经审查合格,取得建筑业企业资质证书后,方可在资质许可的范围内从事建筑施工活动。禁止施工企业超越其资质等级许可的范围或者以其他施工企业的名义承揽建设工程施工业务。施工企业的专业技术人员参加建设工程施工招标投标活动,应持有相应的执业资格证书,并在其执业资格证书许可的范围内进行。

施工企业资质包括施工总承包、专业承包和劳务分包三个序列。取得施工总承包资质的企业(以下简称施工总承包企业),可以承接施工总承包工程。施工总承包企业可以对所承接的施工总承包工程内各专业工程全部自行施工,也可以将专业工程或劳务作业依法分包给具有相应资质的专业承包企业或劳务分包企业。取得专业承包资质的企业(以下简称专业承包企业),可以承接施工总承包企业分包的专业工程和建设单位依法发包的专业工程。专业承包企业可以对所承接的专业工程全部自行施工,也可以将劳务作业依法分包给具有相应资质的劳务分包企业。取得劳务分包资质的企业(以下简称劳务分包企业),可以承接施工总承包企业或专业承包企业分包的劳务作业。

在建设工程招投标过程中,国内实施项目经理岗位责任制。建设工程项目经理指受企业法人代表人委托对工程项目施工过程全面负责的项目管理者,是企业法定代表在工程项目上的代表人。建筑施工企业项目经理由注册建造师担任。

注册建造师包括注册一级建造师和注册二级建造师,一级注册建造师可以担任《建筑业企业资质等级标准》中规定的必须由特级、一级建筑业企业承建的建设工程项目施工的项目经理,二级注册建造师只可以担任二级及以下建筑业企业承建的建设工程项目施工的项目经理。

四、建设工程投标人的权利和义务

1. 建设工程投标人的权利

建设工程投标单位在建设工程招投标活动中,应享有下列权利。
(1) 有权平等地获得和利用招标信息。
(2) 凡持有营业执照和相应资质证书的施工企业或施工企业联合体,均可按招标文件的要求参加投标。
(3) 根据自己的经营状况和掌握的市场信息,有权确定自己的投标报价。
(4) 根据自己的经营状况有权参与投标竞争或拒绝参与投标竞争。
(5) 有权对要求优良的工程优质优价。
(6) 有权要求招标人或招标代理机构对招标文件中的有关问题答疑。
(7) 控告、检举招标过程中的违法违规行为。
(8) 开标时有权检查投标文件密封情况。开标时的密封情况检查,是投标人检查招标人对其投标书保管责任,检查招标人有没有私自调换投标书,或者事先拆封投标人的投标文件,以保护自己的商业机密和维护其他合法权益不受侵害。

2. 建设工程投标人的义务

建设工程投标人在建设工程招投标活动中,应履行下列义务。
(1) 遵守法律规章制度。
(2) 接受招标投标管理机构的监督管理。

（3）保证所提供的投标文件的真实性,提供投标保证金或其他形式的担保。

（4）按招标人或招标代理人的要求对投标文件的有关问题进行答疑。

（5）不得串通投标报价。

（6）中标后与招标人签订并履行合同,非经招标人同意不得转让或分包合同。

（7）履行依法约定的其他各项义务。

项目2 建设工程施工投标程序

一、建设工程施工投标步骤

建设工程施工投标是一项程序性、法制性很强的工作,必须依照特定的程序进行,投标过程是指从填写资格预审调查表开始,到将正式投标文件送交业主为止所进行的全部工作。这一阶段工作量很大,时间紧迫。建设工程施工投标步骤如图5-1所示。

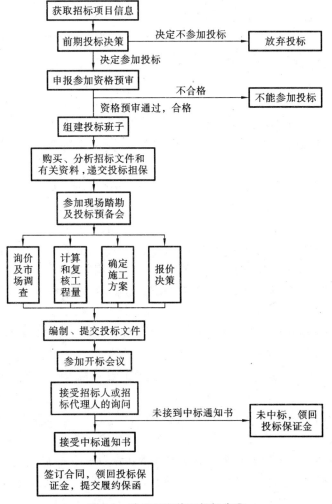

图5-1 建设工程施工投标步骤

二、建设工程施工投标主要工作内容

1. 获取招标项目信息

这项工作的内容主要是通过各种媒介渠道，收集招标人所发布的招标公告信息。投标人获取招标项目信息的途径主要有以下几种。

1）主要报纸

如《中国日报》《人民日报》《中国建设报》及其他主要地方性报纸。一般各省市的招投标管理机构会规定当地的主要报纸为发布招标公告信息的指定报纸媒介。

2）信息网络

如中国采购与招标网、中国招标网及其他主要地方性网站。一般各省市的招投标管理机构会指定本省市的招投标网站作为发布招标公告信息的网络媒介。

3）其他方式

如杂志、电视等其他途径。

现在，建设工程投标人主要通过公开发行的报纸、信息网络来获取招标项目信息。投标人应积极通过各种途径搜集招标工程信息，使企业获得最多的工程投标机会。当然也有可能招标人会向投标人发出投标邀请书，邀请投标人进行投标。

2. 前期投标决策

投标人在通过各种途径获取的招标项目信息或接到招标人发出投标邀请书后，接下来要做的工作就是进行前期投标决策。此项工作的主要内容就是对是否参加项目的投标进行分析、论证，并作出抉择。

当得知某一工程招标，投标人就要获取有关的各种信息，并考虑自身因素，来决定是否参加该项目的投标。投标人主要考虑以下因素。

（1）企业自身因素的影响。如：承包招标项目的可能性与可行性，即是否有能力承包该项目，如果超出本企业的技术等级，就只能放弃投标；万一中标，能否抽调出管理力量、技术力量参加项目实施，如果不能，就有可能导致巨大的经济损失，并损害企业的信誉与形象，对企业以后在市场中的竞争造成不利影响；如果本企业施工任务饱满，对赢利水平低、风险大的项目可以考虑放弃。

（2）企业外部因素的影响。例如招标项目的可靠性，招标人的资金是否已经落实，是否有拖欠工程款的可能。还要对潜在的投标竞争对手进行必要的了解，将本企业与竞争对手的实力进行对比，判断中标的概率，如果竞争对手数量多、实力强，则可以考虑放弃投标。

一般来说，有下列情形之一的招标项目，承包商不宜参加投标：① 工程资质要求超过本企业资质等级的项目；② 本企业业务范围和经营能力之外的项目；③ 本企业当前承包任务比较饱满，而招标工程的风险较大或赢利水平较低的项目；④ 本企业资源投入量过大的项目；⑤ 有在技术等级、信誉水平和实力等方面具有明显优势的潜在竞争对手参加的项目。

投标人在获取招标信息后，遇到多个投标项目，但由于自身因素只能选择一个投标项目进行投标时，可以采取决策树法进行项目选择。

3. 参加资格预审

承包商在前期决策时决定进行投标并组建投标班子后,就应当按照招标公告或投标邀请书中所提出的资格预审要求,向招标人申领资格预审文件,参加资格预审。资格预审是投标人投标过程中的第一关。资格预审是招标人对投标人资格审查的其中一种。

在我国招投标过程中,应当对潜在投标人进行资格审查。资格审查按照在招投标过程审查时间不同,分为资格预审和资格后审两种。资格预审是指在发售招标文件之前,对潜在投标人进行资质条件、技术、资金、业绩等方面的审查,只有通过资格预审的潜在投标人,才可以购买招标文件,参加投标;资格后审是指在开标后评标前对投标人进行的资格审查,经资格后审审查不合格的投标人的投标文件应作废标处理。通常采用资格预审的方式审查投标人。

参加资格预审的潜在投标申请人应当按照招标人提供的资格预审文件的要求和格式提供如下资料:① 资格预审申请函;② 法定代表人身份证明;③ 授权委托书;④ 联合体协议书(如招标人不接受联合体投标,则没有此项);⑤ 申请人基本情况表;⑥ 近年财务状况表;⑦ 近年完成的类似项目情况表;⑧ 正在施工的和新承接的项目情况表;⑨ 近年发生的诉讼及仲裁情况;⑩ 其他材料。

4. 组建投标班子

投标工作是一项技术性很强的工作,不仅要比报价的高低,还要比技术、比实力、比经验和比信誉。所以,投标人进行工程投标,需要有专门的机构和专业人员对投标的全过程加以组织和管理。这是投标人获得成功的重要保证。建立一个强有力的投标班子是投标成功的根本保证。投标的组织主要包括组建一个强有力的投标机构和配备高素质的各类人才。因此,投标班子应由企业法人代表亲自挂帅,配备经营管理类、工程技术类、财务金融类的专业人才 5~7 人,其班子成员必须具备以下素质。

(1) 有较高的政治修养,事业心强。认真执行党和国家的方针、政策,遵守国家的法律和地方法规,自觉维护国家和企业利益,意志坚强,吃苦耐劳。

(2) 知识渊博、经验丰富、视野广阔。必须在经营管理、施工技术、成本核算、施工预决算等领域都有相当的知识水平和实践经验,才能全面、系统地观察和分析问题。

(3) 具备一定的法律知识和实际工作经验。对投标业务应遵循的法律、规章制度有充分了解;同时,有丰富的阅历和实际工作经验,对投标具有较强的预测能力和应变能力,能对可能出现的各种问题进行预测并采取相应措施。

(4) 勇于开拓,有较强的思维能力和社会活动能力。积极参加有关的社会活动,扩大信息交流,正确处理人际关系,不断吸收投标工作所必需的新知识及有关情报。

(5) 掌握科学的研究方法和手段。对各种问题进行综合、概括、总结、分析,并作出正确的判断和决策。

(6) 对企业忠诚,对投标报价保密。

为了迎接技术和管理方面的挑战,使投标人在激烈的投标竞争中取胜,组建投标机构和配备各类人员是极其重要的。

5. 购领、分析招标文件和有关资料,递交投标担保

1) 购领招标文件和有关资料

投标人在参加招标人规定的资格预审并通过后,就可以按招标公告规定的时间和地点购买招标人已经提前编制好的招标文件及其他相关资料。

2) 分析招标文件

招标文件是投标的主要依据,投标人编写投标文件时,一定要按照招标文件的要求和格式进行编写。如果出现问题,投标文件可能会按废标处理。因此投标人应该仔细地分析、研究招标文件,重点应放在投标者须知、评标方法、合同条件、设计图纸、工程范围及工程量清单上,注意投标过程中各项活动的时间安排,明确招标文件中对投标报价、工期、质量等的要求,同时应对无效标书及废标的条件进行认真分析,最好有专人或者专门小组研究技术规范和设计图纸,弄清其特殊要求。若对招标文件有疑问或不清楚的问题需要招标人予以澄清和解答的,可以以书面形式向招标人提问或在之后的投标答疑会上提问,招标人应当给予解答。

3) 递交投标保证金

投标保证金是指由担保人为投标人向招标人提供的保证投标人按照招标文件的规定参加招标活动的担保。投标人保证其投标被接受后对其投标书中规定的责任不得撤销或者反悔。否则,招标人将对投标保证金予以没收。这是为了避免投标人在投标过程中擅自撤回投标或中标后不与招标人签订合同而设立的一种保证措施,以对投标人的投标行为产生约束作用,保证招标投标活动的严肃性。投标保证金数额不得超过投标总价的 2%,且最高不超过 80 万元。投标人应当按照招标文件的要求提交规定金额的投标保证金,并作为其投标书的一部分。也就是说如果投标人不按招标文件要求提交投标保证金,投标人就属于实质上不响应招标文件的要求,投标文件按废标处理。

(1) 投标保证金的形式主要有以下几种。

① 现金 对于数额较小的投标保证金而言,采用现金方式提交是一个不错的选择。但对于数额较大的(如万元以上)采用现金方式提交就不太合适了。因为现金不易携带,不方便递交,在开标会上清点大量的现金不仅浪费时间,操作手段也比较原始,既不符合我国的财务制度,也不符合现代的交易支付习惯。

② 银行汇票 银行汇票是汇票的一种,是一种汇款凭证,由银行开出,交由汇款人转交给异地收款人,异地收款人再凭银行汇票在当地银行兑取汇款。用做投标保证金的银行汇票则由银行开出,交由投标人递交给招标人,招标人再凭银行汇票在自己的开户银行兑取汇款。

③ 银行本票 银行本票是出票人签发的,承诺自己见票时无条件支付确定的金额给收款人或者持票人的票据。用做投标保证金的银行本票则由银行开出,交由投标人递交给招标人,招标人再凭银行本票到银行兑取资金。

银行本票与银行汇票、转账支票的区别在于:银行本票是见票即付,而银行汇票、转账支票等则是从汇出、兑取到资金实际到账有一段时间。

④ 支票 支票是出票人签发的,委托办理支票存款业务的银行或者其他金融机构见票时无条件支付确定的金额给收款人或者持票人的票据。支票可以支取现金(即现金支票),也可以转账(即转账支票)。用做投标保证金的支票则由投标人开出,并由投标人交给招标人,招标人再

凭支票在自己的开户银行支取资金。

⑤ 投标保函　投标保函是由投标人申请银行开立的保证函,保证投标人在中标人确定之前不得撤销投标,在中标后应当按照招标文件、投标文件与招标人签订合同。如果投标人违反规定,则开立保证函的银行将根据招标人的通知,支付银行保证函中规定数额的资金给招标人。

(2) 投标人有下列情况之一,投标保证金不予退回。

① 投标人在投标函格式中规定的投标有效期内撤回其投标。

② 中标人在规定期限内未能根据规定签订合同。

③ 中标人在规定期限内未能提交履约保证金。

对于未中标的投标人在投标过程中没有违反任何规定,招标人最迟应当在书面合同签订后5日内退还投标保证金及银行同期存款利息。

6. 参加现场踏勘及投标预备会

招标人在招标文件中已经标明现场踏勘及投标预备会这两项活动的时间及地点。投标人应当按照招标人规定的时间及地点参加活动。

1) 现场踏勘

现场踏勘即实地勘察,投标人对招标的工程建设进行现场踏勘可以了解项目实施场地和周围环境情况,以获取有用的信息并据此做出关于投标策略、投标报价和施工方案的决定,对投标业务成败关系极大。投标人在拿到招标文件后对项目实施现场进行勘察,还要对招标文件中的有关规定和数据通过现场勘察进行详细的核对,询问招标人,以使投标文件更加符合招标文件的要求。

现场踏勘通常应达到以下目的:

(1) 掌握现场的自然地理条件(包括当地地形、地貌、气象、水文、地质等情况)对项目的实施的影响;

(2) 了解现场所在地材料的供应品种及价格、供应渠道,设备的生产、销售情况;

(3) 了解现场所在地周边交通运输条件及空运、海运、陆运等效能运输及运输工具买卖、租赁的价格等情况;

(4) 掌握当地的人工工资及附加费用等影响报价的情况;

(5) 了解现场的地形、管线设置情况,水、电供应等三通一平情况等;

(6) 了解现场所在地周边建筑情况;

(7) 国际招标还应了解项目实施所在国的政治、经济现状及前景,有关法律、法规等。

2) 投标预备会

投标预备会一般安排在踏勘现场后的1~2天召开。投标预备会由招标人组织并主持召开,在预备会上对招标文件和现场情况做介绍或解释,并解答投标人提出的问题,包括书面提出的和口头提出的询问。投标预备会的主要工作内容有:

(1) 澄清招标文件中的疑问,解答投标人对招标文件所提出的问题和勘察现场后所提出的问题;

(2) 应对图纸进行交底和解释;

(3) 投标预备会结束后,由招标人整理会议记录和解答内容,以书面形式将问题及解答同时送达到所有获得招标文件的投标人；

（4）所有参加投标预备会的投标人应签到登记，以证明出席投标预备会；

（5）不论招标人以书面形式向投标人发放的任何文件，还是投标人以书面形式提出的问题，均应以书面形式予以确定。

7. 询价及市场调查

询价及市场调查是投标报价的基础，为了能够准确确定投标报价，在投标报价之前，投标人应当通过各种渠道，采用各种方式对工程所需的各种材料、设备等价格、质量、供应时间、供应数量等与报价有关的市场价格信息进行调查，为准确报价提供依据。

8. 计算和复核工程量

为了使建筑市场形成有序价格竞争，在招投标过程中我国现已大力推行工程量清单计价模式，招标人或委托具有工程造价咨询资质的中介机构按照工程量清单计价办法和招标文件的有关规定，根据施工设计图纸及施工现场实际情况编制反映工程实体消耗和措施性消耗的工程量清单，并作为招标文件的一部分提供给投标人，由投标人依据工程量清单自主报价的计价方式。在工程招投标中采用工程量清单计价是国际上较为通行的做法。

对于招标文件中的工程量清单，投标者一定要进行校核，复核工程量，要与招标文件中所给的工程量进行对比。因为这直接影响到投标报价及中标机会。复核工程量应注意以下几个方面。

（1）针对工程量清单中工程量的遗漏或错误，是否向招标人提出修改意见取决于投标策略。投标人可以运用一些报价的技巧提高报价的质量，争取在中标后能获得更大的收益。例如，当投标者大体上确定了工程总报价之后，对某些项目工程量可能增加的，可以提高单价，而对某些项目工程量估计会减少的，可以降低单价。

（2）复核工程量的目的不是修改招标人提供的工程量清单，也就是说即使有误，招标人也不能自己随意修改工程量清单。因为工程量清单是招标文件的一部分，如投标人擅自修改工程量清单，属于实质上不响应投标文件的要求，投标按废标处理。对工程量清单存在的错误，可以向招标人提出，由招标人统一修改，并把修改情况通知所有投标人。

如发现工程量有重大出入的，特别是漏项的，必要时可找业主核对，要求业主认可，并给予书面证明，这对于总价固定合同，尤为重要。

9. 确定施工方案

施工方案是投标内容中的一个重要部分，是投标报价的一个前提条件，也是投标单位评标时要考虑的因素之一，反映了投标人的施工技术、管理水平、机械装备等水平。施工方案应由投标单位的技术专家负责主持制定，主要考虑施工方法、主要施工机具的配置、各工种劳动力需用量计划及现场施工人员的平衡、施工进度计划（横道图与网络图）、施工质量保证体系、安全及环境保护和现场平面布置图等。投标单位对拟定的施工方案进行费用和成本的计算，以此作为报价的重要依据。

10. 报价决策

投标报价决策和技巧，是指投标人在投标竞争中的系统工作部署及其参与投标竞争的方式和手段。报价是否得当是影响投标成败的关键。采用一定的策略和技巧,进行合理报价,不仅要求对业主有足够的吸引力,增加投标的中标率,而且应使承包商获得一定的利益。因此,只有结合投标环境,在分析企业自身的竞争优势和劣势的基础上,制定正确的报价策略才有可能得到一个合理而有竞争力的报价。常用的投标策略主要有以下几个。

1)根据招标项目的不同特点采用不同报价

(1)遇到如下情况报价可高一些:① 施工条件差的工程;② 专业要求高的技术密集型工程,而投标人在这方面又有专长,声望较高;③ 总价低的小工程,以及自己不愿做又不方便投标的工程;④ 特殊的工程,如港口码头、地下开挖工程等;⑤ 工期要求急的工程;⑥ 投标对手少的工程;⑦ 支付条件不理想的工程等。

(2)遇到如下情况报价可低一些:① 施工条件好的工程;② 工作简单、工程量大而其他投标人都可以做的工程;③ 投标人目前急于打入某一地区、某一市场;④ 投标对手多、竞争激烈的工程;⑤ 非急需工程;⑥ 支付条件好的工程。

2)不平衡报价法

不平衡报价法是指一个工程项目的投标报价,在总价基本确定后,通过调整内部各个项目的报价,以期既不提高总报价、不影响中标,又能在结算时得到更理想的经济效益。该法一般适用以下情况。

(1)对能先拿到工程款的项目(如建筑工程中的土方、基础等前期工程)的单价可以报高一些,有利于资金周转,提高资金时间价值。后期工程如设备安装、装饰工程等的报价可适当降低。

(2)预计今后工程量会增加的项目,单价适当提高,这样最终结算时可多赢利,而将来工程量有可能减少的项目单价降低,工程结算时损失不大。

(3)设计图纸不明确、修改后工程量要增加的,可以提高单价,而工程内容说明不清楚的,则可以降低单价。

(4)没有工程量的、只填单价的项目(如土方工程中的挖淤泥、岩石等),其单价宜高,这样做既不影响投标报价,以后实际发生时又可多获利。

(5)暂定项目又叫做任意项目或选择项目,对这类项目如果以后施工的可能性大,则价格可高些,如果施工的可能性小,则价格可低些。

采用不平衡报价法,一定要建立在对工程量表中工程量仔细核对分析的基础上,优点是总价相对稳定,不会过高,缺点是难以掌握单价报高报低的合理幅度,不确定因素较多,调整幅度过大,有可能成为废标。因此一定要控制在合理幅度内,一般为 8%~10%。

3)多方案报价法

对于一些招标文件,如果发现工程范围不明确,条款不清楚或很不公正,或技术规范要求过于苛刻,则要在充分估计投标风险的基础上,按多方案报价法处理,即按原招标文件的要求报一个价,然后再提出如某某条款做某些变动,报价可降低多少,由此可报出一个较低的价。这样可以降低总价,吸引招标人。

4)计日工单价的报价

如果是单纯报计日工单价,而且不计入总报价中,则可以报高些,以便在招标人额外用工或使用施工机械时可多赢利。但如果计日工单价要计入总报价时,则需具体分析是否报高价,以免抬高总报价。

5）突然降价法

突然降价法是为迷惑竞争对手而采用的一种竞争方法。通常的做法是,在准备投标报价的过程中预先考虑好降价的幅度,然后有意散布一些假情报,如打算弃标,按一般情况报价或准备报高价等,等临近投标截止日期前,突然前往投标,并降低报价,以战胜竞争对手。

6）许诺优惠条件

投标报价时附带优惠条件是一种行之有效的手法。招标人评标时,除了主要考虑报价和技术方案外,还要分析别的条件,例如工期、支付条件等,投标人许诺一些优惠条件,可增加中标机会。

11．编制、提交投标文件

经过上述的准备工作后,投标人就要开始着手编制投标文件。投标人编制投标文件时,一定要按照招标文件的要求和格式进行编写,未按要求编制的投标文件,按废标处理。投标文件编制结束后,按招标文件的要求进行密封,并按招标文件中规定的时间、地点递交投标文件。

12．参加开标会议

开标会议是招标人主持召开的会议,主要是为了体现招投标过程的公开、公正、公平原则。投标人在递交投标文件之后,应按招标文件中规定的时间、地点参加开标会议。按照惯例,投标人不参加开标会议的,视为弃标,其投标文件将不予启封,不予唱标,不允许参加评标。开标会议主要有以下内容:

（1）宣布开标纪律;

（2）公布在投标截止时间前递交投标文件的投标人名称,并点名确认投标人是否派人到场;

（3）宣布开标人、唱标人、记录人、监标人等有关人员姓名;

（4）按照投标人须知前附表的规定检查投标文件的密封情况;

（5）按照投标人须知前附表的规定确定并宣布投标文件开标顺序;

（6）设有标底的,公布标底;

（7）按照宣布的开标顺序当众开标,公布投标人名称、标段名称、投标保证金的递交情况、投标报价、质量目标、工期及其他内容,并记录在案;

（8）投标人代表、招标人代表、监标人、记录人等有关人员在开标会议记录上签字确认;

（9）开标结束。

13．接受招标人或招标代理人的询问

投标人在参加完开标会议后,招投标活动进入到评标阶段。在评标期间,评标委员会要求澄清投标文件中不清楚问题的,投标人应积极予以说明、解释、澄清。澄清投标文件一般可以采用向投标人发出书面询问并由投标人书面作出说明或澄清的方式,也可以采用开澄清会的方式。

14．接受中标通知书,签订合同,领回投标保证金,提交履约保函

经评标,投标人被确定为中标人后,应接受招标人发出的中标通知书。中标人收到中标通

知书后,应在规定的时间和地点与招标人签订施工合同。招标人和中标人应当自中标通知书发出之日起的 30 天内根据相关法律规定,依据投标文件的要求签订合同。同时,按照招标文件的要求提交履约保证金或履约保函,招标人同时退还中标人的投标保证金。中标人与招标人正式签订合同后,应按要求将合同副本分送有关主管部门备案。未中标的投标人有权要求招标人退还其投标保证金。

至此,投标程序结束。实际上,招标程序与投标程序是两个相对应的工作程序,如图 5-2 所示。

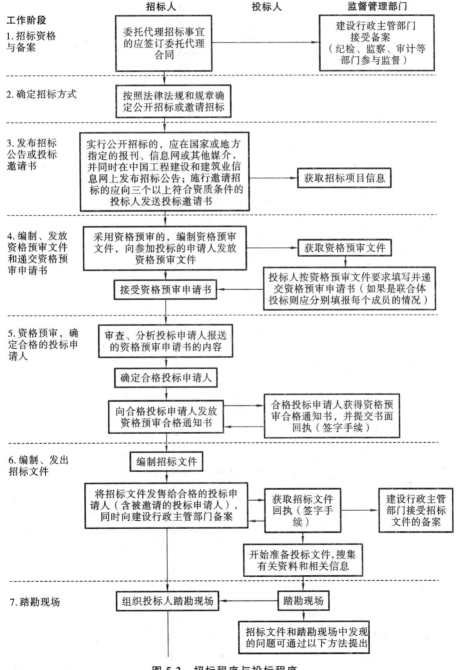

图 5-2 招标程序与投标程序

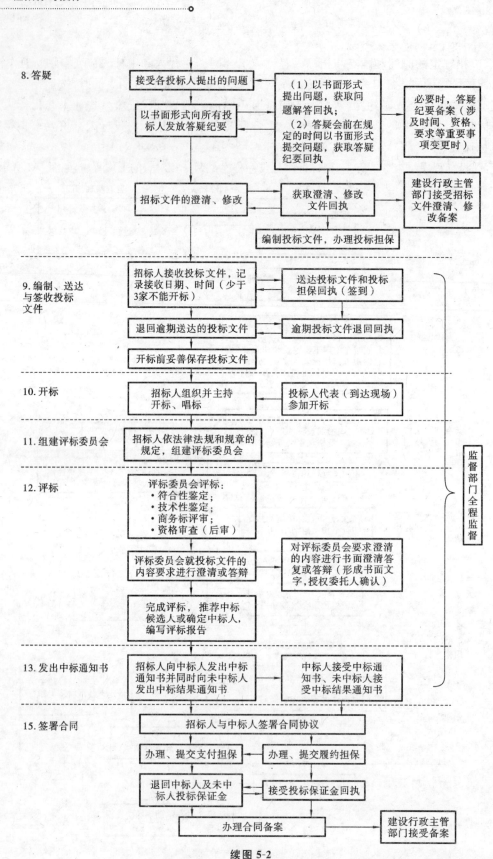

续图 5-2

项目 3　投标报价

投标报价是按照国家有关部门计价的规定和投标文件的规定,依据招标人提供的工程量清单、施工设计图纸、施工现场情况、拟定的施工方案、企业定额及市场价格,在考虑风险、成本、企业发展战略等因素的条件下编制的参加建设项目投标竞争的价格。它是影响承包商投标成败的关键性因素。因此,正确编制建设工程投标报价十分重要。我国现在主要采用工程量清单计价模式编制投标报价。

一、投标报价的主要依据

根据《建设工程工程量清单计价规范》规定,投标报价应根据下列依据编制:
(1) 工程量清单计价规范;
(2) 国家或省级、行业建设主管部门颁发的计价办法;
(3) 企业定额,国家或省级、行业建设主管部门颁发的计价定额;
(4) 招标文件、工程量清单及其补充通知、答疑纪要;
(5) 建设工程设计文件及相关资料;
(6) 施工现场情况、工程特点及拟定的投标施工组织设计或施工方案;
(7) 与建设项目相关的标准、规范等技术资料;
(8) 市场价格信息或工程造价管理机构发布的工程造价信息;
(9) 其他的相关资料。

二、投标报价的步骤及编制方法

1. 熟悉工程量清单

了解清单项目、项目特征及所包含的工程内容等,以保证正确计价。

2. 了解招标文件的其他内容

(1) 了解有关工程承发包范围、内容、合同条件,以及材料设备采购供应方式等。
(2) 对照施工图纸,计算复核工程量清单。
(3) 正确理解招标文件的全部内容,保证招标人要求完成的全部工作和工程内容都能准确地反映到清单报价中。

3. 熟悉施工图纸

全面、系统地读图,以便于了解设计意图,为准确计算工程造价做好准备。

4. 了解施工方案、施工组织设计

施工方案和施工组织设计中的技术措施、安全措施、机械配置、施工方法的选用等会影响工程综合单价,关系到措施项目的设置和费用内容。

5. 计算计价工程量

一个清单项目可能包含多个子项目,计价前应确定每个子项目的工程量,以便综合确定清单项目的综合单价。计价工程量是投标人根据消耗定额的项目划分口径和工程量计算规则进行计算的。

6. 计算分部分项工程清单综合单价

(1) 综合单价是完成每个清单项目发生的直接费、管理费、利润等全部费用的综合;

(2) 综合单价是完成每个清单项目所包含的工程内容的全部子项目的费用综合;

(3) 综合单价应包括清单项目内容没有体现,而施工过程中又必须发生的工程项目所需的费用;

(4) 还应综合考虑在各种施工条件下需要增加的费用。

综合单价一般以消耗定额、基础单价和前述的分析为基础进行计算。不同时期的人工单价、材料单价、机械台班单价应反映在综合单价内,管理费和利润应包括在综合单价内。

7. 计算分部分项工程费

根据清单工程量和分部分项综合单价可以计算分部分项工程费,即

$$分部分项工程费 = \sum(各项目清单工程量 \times 综合单价) \qquad (5-1)$$

计算时常采用列表的方式进行,如表 5-1 所示。

表 5-1　分部分项工程量清单与计价表

工程名称:　　　　标段:　　　　　第__页　共__页

序号	项目编码	项目名称	项目特征描述	计量单位	工程量	金　额/元		
						综合单价	合价	其中:暂估价
本页小计								
合　　计								

8. 计算措施项目费

投标报价时,措施项目费由投标人根据自己企业的情况自行计算,如表 5-2 所示,投标人没有计算或少计算的费用,视为此费用已包括在其他项目费内,额外的费用除招标文件和合同约定外,一般不予支付,这一点要特别注意。

表 5-2 措施项目清单与计价表

工程名称：　　　　　标段：　　　　第__页 共__页

序号	项目名称	计算基础	费 率/(%)	金 额/元
	通用措施项目			
1	现场安全文明施工			
1.1	基本费			
1.2	考评费			
1.3	奖励费			
2	夜间施工			
3	冬期雨期施工			
4	已完工程及设备保护			
5	临时设施			
6	材料与设备检验试验			
7	赶工措施			
8	工程按质论价			
	专业工程措施项目			
9	各专业工程以"费率"计价的措施项目			
合　计				

9. 计算其他项目费

编制人可参考各地制定的费用项目和计算方法进行计算，如表 5-3 所示。

表 5-3 其他项目清单与计价汇总表

工程名称：　　　　　标段：　　　　第__页 共__页

序号	项目名称	计算基础	金 额/元	备注
1	暂列金额			详见明细表
2	暂估价			
2.1	材料暂估价		—	详见明细表
2.2	专业工程暂估价			详见明细表
3	计日工			详见明细表
4	总承包服务费			详见明细表
合　计				

10. 计算单位工程造价

计算规费、税金，汇总即为单位工程造价。

项目 4　建设工程施工投标文件

建设工程施工投标文件是招标人判断投标人是否愿意参加投标的依据，也是评标委员会进行评审和比较的对象，中标的投标文件还和招标文件一起成为施工合同的组成部分，因此，投标人必须高度重视建设工程施工投标文件的编制工作。

一、建设工程施工投标文件的组成

建设工程施工投标文件，是建设工程投标人单方面阐述自己响应招标文件要求，旨在向招标人提出愿意订立合同的意思表示，是投标人确定、修改和解释有关招标事项的各种书面表达形式的统称。从合同订立过程来分析，投标人按招标文件要求编制的投标文件属于要约，即向招标人发出的希望与对方订立合同的意思表示，应符合下列条件：① 必须明确向招标人表示愿以招标文件的内容要求订立合同的意思；② 必须对招标文件中的要求和条件做出实质上的响应，不得以低于成本报价竞标；③ 必须按照规定的时间、地点递交给招标人。

建设工程施工投标文件是由一系列有关投标方面的书面资料组成的。一般来说，投标文件由以下几个部分组成：① 投标函及投标函附录；② 法定代表人身份证明或附有法定代表人身份证明的授权委托书；③ 联合体协议书；④ 投标保证金；⑤ 已标价工程量清单及报价表；⑥ 施工组织设计；⑦ 项目管理机构；⑧ 拟分包项目情况表；⑨ 对招标文件中合同协议条款内容的确认和响应；⑩ 资格审查资料（采用资格后审时）；⑪ 投标人须知前附表规定的其他材料。

实际上，投标文件最主要的三个部分，分别是投标函、商务标部分和技术标部分。

二、建设工程施工投标文件的编制

1. 投标文件的编制步骤

投标人在领取招标文件之后，就要进行投标文件的编制工作。编制投标文件的一般步骤是：① 熟悉招标文件、图纸、资料，对图纸、资料有不清楚、不理解的地方，可以用书面或口头方式向招标人询问、澄清；② 参加招标人施工现场情况介绍和答疑会；③ 调查当地材料供应和价格情况；④ 了解交通运输条件和有关事项；⑤ 编制施工组织设计，复查、计算图纸工程量；⑥ 编制投标单价；⑦ 计算取费标准或确定采用取费标准；⑧ 计算投标报价；⑨ 核对调整投标报价；⑩ 确定投标报价；⑪ 装订成册。

2. 编制建设工程施工投标文件的注意事项

编制投标文件时的注意事项如下。

(1) 投标人编制投标文件时必须使用招标文件提供的投标文件表格格式，但表格可以按同样格式扩展。投标保证金、履约保证金的交纳方式,按招标文件有关条款的规定可以选择。投标人根据招标文件的要求和条件填写投标文件的空格时,凡要求填写的空格都必须填写,不得空着不填,实质性的项目或数字如工期、质量等级、价格等未填写的,属于实质上不响应招标文件的要求,投标文件按废标处理。

(2)应当编制的投标文件"正本"仅一份,"副本"的数量则按招标文件前附表所述的份数提供,同时在封面上要明确标明"投标文件正本"和"投标文件副本"字样。投标文件正、副本如果有不一致之处,则以正本为准。

(3)投标文件正本与副本均应使用不能擦去的墨水打印或书写,各种投标文件的填写都要字迹清晰、端正,补充资料要整洁、清楚。

(4)填报投标文件应反复校核,保证分项和汇总计算均无错误。全套投标文件均应无涂改和行间插字,除非这些删改是根据招标人的要求进行的,或者是投标人造成的必须修改的错误。修改处应由投标文件签字人签字证明并加盖印鉴。

(5)所有投标文件均由投标人的法定代表人签署、加盖印鉴,并加盖法人单位公章。

(6)投标人应将投标文件的正本和几份副本分别密封在内层包封,再密封在一个外层包封中,并在内包封上正确标明"投标文件正本"和"投标文件副本"字样。内、外包封上都应写明招标人名称和地址、合同名称、工程名称、招标编号,并注明开标时间以前不得开封。如果内外层包封没有按上述规定密封并加写标志,招标人不承担投标文件错放或提前开封的责任,没有按规定密封并加写标志的投标文件,招标人可以拒绝接受,并退还给投标人。

(7)认真对待招标文件中关于废标的条件,以免投标文件被判为无效标书而前功尽弃。

投标文件有下列情形之一的,开标时将被作为无效或作废的投标文件,不能参加评标:① 投标文件未按规定标志、密封的;② 未经法定代表人签署或未加盖投标人公章或未加盖法定代表人印鉴的;③ 未按规定的格式填写,内容不全或字迹模糊辨认不清的;④ 投标截止时间以后送达的投标文件;⑤ 招标文件中规定的其他情况。

投标人编制投标文件应避免上述情况发生。

3. 投标文件的递交

投标人应当在招标文件中前附表规定的投标截止时间之前、规定的地点将投标文件递交给招标人。招标人可以按招标文件中投标须知规定的方式,酌情延长递交投标文件的截止日期,如延长了投标截止日期,招标人与投标人以前在投标截止日期方面的全部权利、责任和义务,将适用于延长后新的投标截止日期。在投标截止日期以后送达的投标文件,招标人应当拒绝接收。

投标人可以在递交投标文件以后至规定的投标截止时间之前,采用书面形式向招标人递交补充、修改或撤回其投标文件的通知。在投标截止日期之后的投标有效期内,投标人不能修改、撤回投标文件,可以澄清、说明投标文件,因为评标时,投标文件中有含义不明确的内容、明显文字或者计算错误,评标委员会认为需要投标人作出必要澄清、说明的,应当书面通知该投标人,投标人的澄清、说明应当采用书面形式,并不得超出投标文件的范围或者改变投标文件的实质性内容,澄清、说明材料为投标文件的组成部分。在投标截止时间与规定的投标有效期终止日之间的这段时间内,投标人不能撤回、撤销或修改其投标文件,否则其投标保证金将不予退回。

项目5 建设工程施工招投标案例

一、某项目招标文件

某学院图书馆建设项目施工招标文件
第一章 投标人须知

一、投标人须知前附表

项号	条款号	内 容	说明与要求
1	1.1	工程名称	某学院图书馆建设项目
2	1.1	建设地点	江夏区五里界镇中洲村
3	1.1	建设规模	本项目的面积约为 12 108 m²
4	1.1	承包方式	施工总承包
5	1.1	质量标准	达到现行国家施工验收规范合格标准
6	2.1	招标范围	施工设计图纸范围内的土建、水电安装等所有内容
7	2.2	工期要求	计划工期:360 日历天 计划开工日期:2011 年 10 月
8	3.1	资金来源	业主自筹
9	4.1	投标人资质等级要求	房屋建筑工程施工总承包三级及以上资质
		项目经理资格要求	建筑工程二级及以上注册建造师资格
10	4.3	资格审查方式	资格预审
11	13.1	工程报价方式	采用工程量清单计价(综合单价法)
12	15.1	投标有效期	为 90 日历天(从投标截止之日算起)
13	16.1	投标担保金额	人民币 500 000 元,投标保证金必须在投标截止日期前到达以下账户,并以收款单位出具的投标保证金收款收据作为凭证。 收款单位: 开户银行: 行　号: 账　号:
14	5.1	踏勘现场	投标人自行踏勘现场
15	17.1	安全生产管理目标	安全合格施工现场(市级安全优良施工现场)
		文明施工管理目标	文明施工优良工地(市级文明施工样板工地)
16	18.1	投标文件份数	文本一式三份,一份正本,两份副本

续表

项号	条款号	内　容	说明与要求
17	21.1	投标文件提交地点及截止时间	截止时间:2011 年 9 月 19 日 9 时 30 分 收件人:某工程招标有限公司 地点:湖北省建设工程招标投标交易管理中心 (武昌中南路 12 号建设大厦×座××楼)
18	25.1	开标	开标时间:2011 年 9 月 19 日 9 时 30 分 开标地点:湖北省建设工程招标投标交易管理中心(武昌中南路 12 号建设大厦×座××楼)
19	33.2	评标方法及标准	综合评估法,详见附件 3
20	33.3	定标原则	招标人按照评标委员会推荐的中标候选人,依排名顺序,依法依序确定中标人
21	37	担保金额	投标人提供的履约担保金额为合同价款的 10% 招标人提供的支付担保金额为合同价款的 10%

注:招标人根据需要填写"说明与要求"的具体内容。

二、投标人须知

1　总则

1.1　工程说明

1.1.1　本招标工程项目说明详见本须知前附表第 1 项至第 7 项。

1.1.2　本招标工程项目按照《中华人民共和国建筑法》《中华人民共和国招标投标法》等有关法律、行政法规和部门规章,通过　公开　招标方式选定承包人。

1.2　招标范围及工期

1.2.1　本招标工程项目的范围详见本须知前附表第 6 项。

1.2.2　本招标工程项目的工期要求详见本须知前附表第 7 项。

1.3　资金来源

本招标工程项目资金来源详见投标人须知前附表第 8 项。

1.4　合格的投标人

1.4.1　投标人资质等级要求详见本须知前附表第 9 项。

1.4.2　投标人合格条件详见本招标工程施工招标公告。

1.4.3　本招标工程项目采用本须知前附表第 10 项所述的资格审查方式确定合格投标人。

1.5　踏勘现场

1.5.1　招标人将按本须知前附表第 14 项的规定,组织投标人对工程现场及周围环境进行踏勘,以便投标人获取有关编制投标文件和签署合同所涉及现场的资料。投标人承担踏勘现场所发生的自身费用。

1.5.2　招标人向投标人提供的有关现场的数据和资料,是招标人现有的能被投标人利用的资料,招标人对投标人作出的任何推论、理解和结论均不负责任。

1.5.3　经招标人允许,投标人可为踏勘目的进入招标人的项目现场,但投标人不得因此使招标人承担有关的责任和蒙受损失。投标人应承担踏勘现场的全部费用、责任和风险。

1.6 投标费用

投标人应承担其参加本招标活动自身所发生的一切费用。

2 招标文件

2.1 本招标文件的组成

2.1.1 招标文件包括下列内容：

第一章 投标人须知

第二章 合同条款

第三章 合同文件格式

第四章 工程建设标准

第五章 图纸

第六章 工程量清单

第七章 投标文件综合标格式

第八章 投标文件商务标格式

第九章 投标文件技术标格式

第十章 附件

附件1 工程招标工作日程安排表

附件2 合同专用条款

附件3 评标方法和标准

附件4 需要说明的其他事项

附件5 工程量清单

2.1.2 除7.1内容外，招标人在提交投标文件截止时间15天前，以书面形式发出的对招标文件的澄清或修改内容均为招标文件的组成部分，对招标人和投标人起约束作用。

2.1.3 投标人获取招标文件后，应仔细检查招标文件的所有内容，如果有残缺等问题应在获得招标文件3日内向招标人提出，否则，由此引起的损失由投标人自己承担。投标人同时应认真审阅招标文件中所有的事项、格式、条款和规范要求等，若投标人的投标文件没有按招标文件要求提交全部资料，或投标文件没有对招标文件做出实质性响应，其风险由投标人自行承担，并根据有关条款规定，该投标有可能被拒绝。

2.2 招标文件的澄清

2.2.1 投标人若对招标文件有任何疑问，应于投标截止日期前16日以书面形式向招标人提出澄清要求，书面文件送至××招标有限公司，同时将电子版文件发送至××邮箱。无论是招标人根据需要主动对招标文件进行必要的澄清，或是根据投标人的要求对招标文件做出澄清，招标人都将于投标截止时间15日前以书面形式予以澄清，同时将书面澄清文件向所有投标人发送。投标人在收到该澄清文件后应于____当____日内，以书面形式给予确认，该澄清文件作为招标文件的组成部分，具有约束作用。

2.3 招标文件的修改

2.3.1 招标文件发出后，在提交投标文件截止时间15日前，招标人可对招标文件进行必要的澄清或修改。

2.3.2 招标文件的修改将以书面形式发送给所有投标人，投标人应于收到该修改文件后____当____日内以书面形式给予确认。招标文件的修改内容作为招标文件的组成部分，具有约束作用。

2.3.3 招标文件的澄清、修改、补充等内容均以书面形式明确的内容为准。当招标文件、投标文件的澄清、修改、补充等在同一内容的表述上不一致时,以最后发出的书面文件为准。

2.3.4 为使投标人编制投标文件时有充分的时间对招标文件的澄清、修改、补充等内容进行研究,必要时,招标人将酌情推迟提交投标文件的截止时间,具体时间将在招标文件的修改、补充通知中予以明确。

3 投标文件的编制

3.1 投标文件的语言及度量衡单位

3.1.1 投标文件和与投标有关的所有文件的语言文字均使用__中文__。

3.1.2 除工程规范另有规定外,投标文件使用的度量衡单位,均采用中华人民共和国法定计量单位。

3.2 投标文件的组成

3.2.1 投标文件由综合标、商务标和技术标三部分组成。

3.2.2 综合标主要包括下列内容:

(1)投标函;

(2)投标函附录;

(3)投标担保(银行保函、投标保证金);

(4)法定代表人身份证明书;

(5)投标文件签署授权委托书;

(6)招标文件要求投标人提交的其他投标资料。

必须包括但不限于:① 企业营业执照(复印件);② 企业资质等级证书(复印件);③ 企业安全生产许可证(复印件);

(7)项目管理机构配备。

① 项目管理机构配备情况表。后附但不限于:项目班子成员的岗位证书、学历证书、职称证书等(复印件),以及工程经验的证明资料。

② 项目经理简历表。后附但不限于:

a. 项目经理只承担本工程的承诺;

b. 项目经理身份证、学历证书、职称证书、注册建造师证书等(复印件);

c. 项目经理类似工程经验证明文件,包括施工合同,施工许可证、竣工验收证明单(复印件)等。

③ 项目技术负责人简历表。后附但不限于:

a. 项目技术负责人身份证、学历证书、职称证书等(复印件);

b. 项目技术负责人类似工程经验证明文件,包括施工合同,施工许可证、竣工验收证明单(复印件)等。

④ 其他辅助说明资料(证明等)。

3.2.3 商务标主要包括下列内容:

(1)投标总价;

(2)总说明;

(3)工程项目投标报价汇总表;

（4）单项工程投标报价汇总表；

（5）单位工程投标报价汇总表；

（6）分部分项工程量清单与计价表；

（7）工程量清单综合单价分析表；

（8）措施项目清单与计价表（一）；

（9）措施项目清单与计价表（二）；

（10）其他项目清单与计价汇总表；

（11）暂列金额明细表；

（12）材料暂估单价表；

（13）专业工程暂估价表；

（14）计日工表；

（15）总承包服务费计价表；

（16）规费、税金项目清单与计价表；

（17）投标报价需要的其他资料。

3.2.4 技术标主要包括下列内容：

（1）施工组织设计或施工方案；

（2）各分部分项工程的主要施工方法；

（3）拟投入的主要物资计划；

（4）拟投入的主要施工机械设备情况；

（5）劳动力安排计划；

（6）确保工程质量的技术组织措施；

（7）确保安全生产的技术组织措施；

（8）确保文明施工的技术组织措施；

（9）确保工期的技术组织措施；

（10）施工总进度表或施工网络图；

（11）施工总平面布置图；

（12）有必要说明的其他内容。

3.2.5 拟分包项目情况。

3.3 投标文件格式

投标文件包括招标文件中规定的内容，投标人提交的投标文件应当使用招标文件中所提供的投标文件全部格式（表格可以按同样格式扩展）。

3.4 工程量清单、工程量清单计价

3.4.1 本工程采用工程量清单计价，执行标准为建设部 2008 年 7 月 9 日发布的《建设工程工程量清单计价规范》（GB50500--2008）（以下简称"08 规范"）。

3.4.2 工程量清单的编制。

（1）工程量清单应由具有编制能力的招标人，或受招标人委托具有相应资质的工程造价咨询人编制。

（2）工程量清单作为招标文件的组成部分，其准确性和完整性由招标人负责。

投标人依据工程量清单进行投标报价，对工程量清单不负有核实的义务，更不具有修改和

调整的权利。

（3）工程量清单是工程量清单计价的基础，是编制招标控制价、投标报价、计算工程量、支付工程款、调整合同价款、办理竣工结算及工程索赔等的依据之一。

（4）工程量清单应由分部分项工程量清单、措施项目清单、其他项目清单、规费项目清单、税金项目清单组成。

（5）编制工程量清单的依据：

① "08 规范"；

② 国家或省级、行业建设主管部门颁发的计价依据和办法；

③ 建设工程设计文件；

④ 与建设工程项目有关的标准、规范、技术资料；

⑤ 招标文件及其补充通知、答疑纪要；

⑥ 施工现场情况、工程特点及常规施工方案；

⑦ 其他相关资料。

（6）编制工程量清单出现"08 规范"附录中未包括的项目，编制人应做补充，并报省工程造价管理机构备案。

（7）特别提醒工程量清单编制人，分部分项工程量清单的项目特征是确定一个清单项目综合单价的重要依据，在编制的工程量清单中必须对其项目特征进行准确和全面的描述。

（8）招标人可依据项目特性，选择有代表性的或组成合同造价占较大比重的分部分项工程量清单项目，要求投标人制作"主要工程量清单综合单价分析表"。如招标文件未做详细规定，则投标人应做一份全部分部分项工程量清单的"工程量清单综合单价分析表"，按招标文件规定的次序附在投标文件商务标的正本中。

（9）依据财政部、国家发改委《关于公布取消和停止征收 100 项行政事业性收费项目的通知》（财综〔2008〕78 号）的文件规定，工程定额测定费自 2009 年 1 月 1 日起取消收费。规费项目清单中不列该项。

3.4.3 工程量清单计价。

（1）采用工程量清单计价，建设工程造价由分部分项工程费、措施项目费、其他项目费、规费和税金组成。

（2）分部分项工程量清单采用综合单价计价。

（3）招标文件中的工程量清单标明的工程量是投标人投标报价的共同基础，竣工结算的工程量按发、承包双方在合同中约定应予计量且实际完成的工程量确定。

（4）措施项目清单计价应根据拟建工程的施工组织设计，可以计算工程量的措施项目，应按分部分项工程量清单的方式采用综合单价计价；其余的措施项目可以"项"为单位的方式计价，应包括除规费、税金外的全部费用。

（5）措施项目清单中的安全文明施工费应按照国家或省级、行业建设主管部门的规定计价，不得作为竞争性费用。

（6）其他项目清单应根据工程特点和"08 规范"第 13.4.6、13.5.6 条的规定计价。

（7）招标人在工程量清单中提供了暂估价的材料和专业工程属于依法必须招标的，由承包人和招标人共同通过招标确定材料单价与专业工程分包价。

若材料不属于依法必须招标的，经发、承包双方协商确认单价后计价。

若专业工程不属于依法必须招标的,由发包人、总承包人与分包人按有关计价依据进行计价。

(8) 规费和税金应按国家或省级、行业建设主管部门的规定计算,不得作为竞争性费用。

(9) 招标人应在招标文件或合同中明确风险内容及其范围(幅度),不得采用无限风险、所有风险或类似语句规定风险内容及其范围(幅度)。如果招标文件或合同中未明确风险内容及其范围(幅度),则发、承包双方对施工阶段的风险按"08 规范"条文说明中相关条款规定的原则分摊。

3.4.4 招标控制价。

(1) 实行工程量清单招标的项目招标人应设置招标控制价。招标控制价超过批准的概算时,招标人应将其报原概算部门审核。投标人的投标报价高于招标控制价的,其投标将被拒绝。

(2) 招标控制价应由具有编制能力的招标人,或受招标人委托具有相应资质的工程造价咨询人编制。

(3) 招标控制价应根据下列依据编制:

① "08 规范";

② 国家或省级、行业建设主管部门颁发的计价定额和计价办法;

③ 建设工程设计文件及相关资料;

④ 招标文件中的工程量清单及有关要求;

⑤ 与建设项目相关的标准、规范、技术资料;

⑥ 工程造价管理机构发布的工程造价信息;工程造价信息没有发布的,参照市场价;

⑦ 其他的相关资料。

(4) 分部分项工程费应根据招标文件中的分部分项工程量清单项目的特征描述及有关要求,按第 3.4.3 条的规定确定综合单价计算。

综合单价中应包括招标文件中要求投标人承担的风险费用。

招标文件提供了暂估单价的材料,按暂估的单价计入综合单价。

(5) 措施项目费应根据招标文件中的措施项目清单按第 3.4.3 条的规定计价。

(6) 其他项目费应按下列规定计价:

① 暂列金额应根据工程特点,按有关计价规定估算;

② 暂估价中的材料单价应根据工程造价信息或参照市场价格估算;暂估价中的专业工程金额应分不同专业,按有关计价规定估算;

③ 计日工应根据工程特点和有关计价依据计算;

④ 总承包服务费应根据招标文件列出的内容和要求估算。

(7) 规费和税金应按"08 规范"第 13.3.8 条的规定计算。

(8) 招标控制价最迟应在开标前 10 天公布,不应上调或下浮。同时招标人应将招标控制价及有关资料报送招投标监督机构和工程造价管理机构备查。

招标人公布招标控制价时,应公布招标控制价各组成部分的详细内容,不得只公布招标控制价总价。

(9) 投标人经复核认为招标人公布的招标控制价未按照"08 规范"的规定编制的,应在开标前 5 天向招投标监督机构或(和)工程造价管理机构投诉。

招投标监督机构应会同工程造价管理机构对投诉进行处理,发现有错误的,应责成招标人修改。

3.4.5 投标价。

(1) 除"08 规范"的强制性规定外,投标价由投标人自主确定,但不得低于成本。投标价应由投标人或受投标人委托具有相应资质的工程造价咨询人编制。

投标人进行工程量清单招标的投标报价时,不能进行投标总价优惠(或降价、让利),投标人对投标报价的任何优惠(或降价、让利)均应反映在相应清单项目的综合单价中。不得出现任意一项单价重大让利低于成本报价。投标人不得以自有机械闲置、自有材料等不计成本为由进行投标报价。

(2) 投标人应按招标人提供的工程量清单填报价格。填写的项目编码、项目名称、项目特征、计量单位、工程量必须与招标人提供的一致。

(3) 投标报价应根据下列依据编制:

① "08 规范";

② 国家或省级、行业建设主管部门颁发的计价办法;

③ 企业定额,国家或省级、行业建设主管部门颁发的计价定额;

④ 招标文件、工程量清单及其补充通知、答疑纪要;

⑤ 建设工程设计文件及相关资料;

⑥ 施工现场情况、工程特点及拟定的投标施工组织设计或施工方案;

⑦ 与建设项目相关的标准、规范等技术资料;

⑧ 市场价格信息或工程造价管理机构发布的工程造价信息;

⑨ 其他的相关资料。

(4) 分部分项工程费应依据"08 规范"第 2.0.4 条综合单价的组成内容,按招标文件中分部分项工程量清单项目的特征描述确定综合单价计算。

综合单价中应考虑招标文件提出的要求投标人承担的风险费用。

招标文件中提供了暂估单价的材料,按暂估的单价计入综合单价。

(5) 投标人可根据工程实际情况结合施工组织设计,对招标人所列的措施项目进行增补。

措施项目费应根据招标文件中的措施项目清单及投标时拟定的施工组织设计或施工方案按"08 规范"第 4.3.3 条的规定自主确定。其中安全文明施工费应按照"08 规范"第 4.3.3 条的规定确定。

(6) 其他项目费应按下列规定报价:

① 暂列金额应按招标人在其他项目清单中列出的金额填写;

② 材料暂估价应按招标人在其他项目清单中列出的单价计入综合单价,专业工程暂估价应按招标人在其他项目清单中列出的金额填写;

③ 计日工按招标人在其他项目清单中列出的项目和数量,自主确定综合单价并计算计日工费用;

④ 总承包服务费根据招标文件中列出的内容和提出的要求自主确定。

(7) 规费和税金应按"08 规范"第 4.3.3 条的规定确定。

(8) 投标总价应当与分部分项工程费、措施项目费、其他项目费和规费、税金的合计金额一致。

......

4.3.6 其他。

(1) 本工程在全部结构部位使用商品混凝土。

（2）本工程采用工程量清单范围内的固定单价承包方式。

（3）除非招标人对招标文件予以修改，投标人应按照招标人提供的工程量清单中列出的工程项目和工程量填报单价和合价。每一项目只允许有一个报价。任何有选择的报价将不予接受。投标人未填单价或合价的工程项目，在实施后，招标人将不予支付，并视为该费用已包括在其他有价款的单价或合价内。

（4）招标文件要求的创优工程和赶工措施费用（如有）等，应体现在投标报价中。

（5）招标人将对中标候选人（中标人）进行不平衡报价的审查。中标候选人（中标人）的报价相对于市场价格严重不平衡和不合理的，招标人有权根据实际情况采取下列措施：在保持投标总价不变的前提下，要求中标候选人（中标人）对明显存在不平衡报价的投标单价进行适当调整，使其趋于平衡，或直接对其不平衡的投标单价按照市场价格进行调整，中标候选人（中标人）不得拒绝。

4.4 投标货币

本工程投标报价采用的币种为人民币____。

4.5 投标有效期

投标有效期见本须知前附表第 12 项所规定的期限，在此期限内，凡符合本招标文件要求的投标文件均有效。

4.6 投标担保

4.6.1 投标人应在提交投标文件的同时，按有关规定提交本须知前附表第 13 项所规定数额的投标担保，并作为其投标文件的一部分。

4.6.2 投标人应按要求提交投标担保，并采用投标保证金（4.6.2 中第（2）点）的形式。

投标保函应为中国境内注册并经招标人认可的银行出具的银行保函，或具有担保资格或能力的担保机构出具的担保书。银行保函应按照担保银行提供的格式提供；担保书应按照招标文件中所附格式提供。银行保函或担保书的有效期应在投标有效期满后 28 天内继续有效。

投标保证金：

（1）电汇；

（2）现金。

（3）对于未能按要求提交投标担保的投标，招标人将视为不响应招标文件而予以拒绝。

（4）未中标的投标人的投标担保将按照规定的投标有效期期满后 7 日内予以退还（不计利息）。

（5）中标人的投标担保，在中标人按规定签订合同并按规定提交履约担保后 3 日内予以退还（不计利息）。

（6）中标人未能按规定提交履约担保或签订合同协议，投标担保将被没收。

4.7 安全生产、文明施工管理目标

4.7.1 本招标工程的安全生产和文明施工管理目标按本须知前附表第 15 项要求执行。

4.7.2 根据《关于发布〈湖北省建筑安装工程费用定额〉的通知》（鄂建文〔2008〕216 号）文件精神，投标人在投标文件中必须对投标项目的文明施工提出明确的实施方案和相关措施，对招标文件关于文明施工的要求作出实质性承诺和明确细致的安排。这些方案和措施必须保证符合市政府和管理部门关于文明施工的规范标准。

4.7.3 安全生产和文明施工的措施及办法应充分考虑周边环境要求。

4.8 投标文件的份数和签署

4.8.1 投标人应按本须知前附表第 16 项规定的份数提交投标文件。

4.8.2 投标文件的正本和副本均需打印或使用不褪色的蓝、黑墨水笔书写,字迹应清晰易于辨认,并应在投标文件封面的右上角清楚地注明"正本"或"副本"。正本和副本有不一致之处,以正本为准。

4.8.3 投标文件封面、投标函均应加盖投标人印章并经法定代表人或其委托代理人签字或盖章,技术标实行标准保密化评审的,应在规定位置签署、盖章并密封。由委托代理人签字或盖章的投标文件须同时提交投标文件签署授权委托书。投标文件签署授权委托书格式、签字、盖章及内容均应符合要求,否则投标文件签署授权委托书无效。

4.8.4 除投标人对错误处须修改外,全套投标文件应无涂改或行间插字和增删。如果有修改,则修改处应由投标人加盖投标人的印章或由投标文件签字人签字或盖章。技术标实行标准保密化评审的,应遵循本须知的规定。

5 投标文件的提交

5.1 投标文件的制作、装订、密封和标记

5.1.1 投标文件的装订要求综合标和商务标合订为一本(分正、副本),两部分中间加封面间隔,技术标采用暗标形式单独装订。

5.1.2 投标人应将投标文件的综合标和商务标、技术标分别各做一个内层包装。并另附投标函和投标函附录,单独用一个信封密封。分别在内层或信封包装上标明"综合标和商务标"、"技术标"、"投标函和投标函附录"字样,然后合封在一个外层包装内。

5.1.3 在内层和外层投标文件密封袋上均应:① 写明招标人名称或招标代理机构名称和投标人名称;② 注明下列识别标志。

工程名称:××学院图书馆建设项目。2011 年 9 月 19 日 9 时 30 分开标,此时间以前不得开封。

除了有本须知第 5.1.1 款和第 5.1.2 款所要求的识别字样外,在内层投标文件密封袋上还应写明投标人的名称与地址、邮政编码,以便本须知 5.1.4 款情况发生时,招标人可按内层密封袋上标明的投标人地址将投标文件原封退回。

5.1.4 如果投标文件没有按本投标人须知第 5.1.1 款、第 5.1.2 款和第 5.1.3 款规定装订和加写标记及密封,招标人将不承担投标文件提前开封的责任。对由此造成的提前开封的投标文件将予以拒绝,并退还给投标人。

5.1.5 所有投标文件的内层密封袋的封口处应加盖投标人印章,所有投标文件的外层密封袋的封口处应加盖投标人印章。

5.1.6 技术标实行标准保密化评审,其标书制作要求如下:

使用湖北省建设工程招投标办公室统一印制的封面、封底及装订编杆,在规定的位置按要求填写单位名称、盖章并密封;

文本一律采用 A4 规格的白色纸张,文字为四号简写宋体,黑色打印,不得出现手写;

施工进度横道图、网络计划图及施工平面布置图一律采用计算机绘制,黑色打印,白色纸张,纸张大小不限,字体不限,字号大小不限;

所有表格和插图一律采用计算机绘制,黑色打印,A4 规格白色纸张,文字为不大于四号的简写宋体;

页面不注明页码,页眉、页脚处不得画线或作其他任何标识或文字;

版面整洁、字迹清楚、不许涂改,不得出现投标人单位名称或人员姓名及已承建工程,也不得做任何暗示该投标人单位名称或人员姓名及承建工程的文字或标识。

5.2　投标文件的提交

5.2.1　投标人应按本须知前附表第 17 项所规定的地点,于截止时间前提交投标文件。

5.2.2　投标人应随投标文件提交一份和投标文件内容一致的电子文件(以 U 盘存储为主)。电子文件中除工程量清单报价书应为 Excel 格式外,其余部分应为 Word 格式。电子版投标文件应一同密封在商务标包装中,并在 U 盘表面上注明工程名称及投标单位名称。

5.3　投标文件提交的截止时间

5.3.1　投标文件提交的截止时间见本须知前附表第 17 项规定。

5.3.2　招标人可按本须知第 9 条规定以修改补充通知的方式,酌情推迟提交投标文件的截止时间。在此情况下,投标人的所有权利和义务及投标人受制约的截止时间,均以延长后新的投标截止时间为准。

5.3.3　到投标截止时间止,若招标人收到的投标文件少于 3 份时,招标人将依法重新组织招标。

5.4　迟交的投标文件

招标人在规定的投标截止时间以后收到的投标文件,将被拒绝并退回给投标人。

5.5　投标文件的补充、修改与撤回

5.5.1　投标人在提交投标文件以后,在规定的投标截止时间之前,可以以书面形式补充修改或撤回已提交的投标文件,并以书面形式通知招标人。补充、修改的内容为投标文件的组成部分。

5.5.2　投标人对投标文件的补充、修改,应按有关规定密封、标记和提交,并在内外层投标文件密封袋上清楚标明"补充、修改"或"撤回"字样。

5.5.3　在投标截止时间之后,投标人不得补充、修改投标文件。

5.6　资格预审申请书材料的更新

投标人提交投标文件时,如果资格预审申请书中的内容发生重大变化,则投标人须征得招标人同意后,对其更新,以证明其仍能满足资格预审标准,并且所提供的材料是经过确认的。如果评标时投标人已经不能达到资格评审标准,其投标将被拒绝。

……

7　开标

7.1　开标

7.1.1　招标人按本须知前附表第 18 项所规定的时间和地点公开开标。投标人的法定代表人或其委托代理人应当参加开标会,并在招标人按开标程序进行点名时,向招标人提交法定代表人身份证明文件或法定代表人授权委托书,出示本人身份证(二代证),以证明其出席。

7.1.2　投标人的法定代表人或其委托代理人未参加开标会的;未提交法定代表人身份证明文件或法定代表人授权委托书和本人身份证(二代证)核验的;经核验(以居民身份证阅读器识别为准)提供虚假证件的,投标文件作废标处理。

7.1.3　按规定提交合格的撤回通知的投标文件不予开封,并退回给投标人;按本须知第 5.4 款规定,出现该情况的投标文件,招标人不予受理。

7.1.4　开标程序

（1）开标由招标人主持，并对递交投标文件参加开标会的投标人的法定代表人或委托代理人点名，同时对其提交法定代表人身份证明文件或法定代表人授权委托书、身份证（二代证）进行验证和核查。

（2）由投标人或其推选的代表检查投标文件的密封情况。

（3）经确认无误后，由有关工作人员当众拆封，宣读投标人名称、投标价格和投标文件的其他主要内容。

招标人在招标文件中要求提交投标文件的截止时间前收到的合格的投标文件，开标时都应当众予以拆封、宣读。

招标人对开标过程进行记录，并存档备查。唱标结束后，投标人法人代表或其委托代理人应签字确认。

7.1.5　投标文件的有效性

投标文件出现下列情形之一的，招标人不予受理：

（1）投标文件逾期送达的或者未送达指定地点的；

（2）投标文件未按照规定要求密封的。

投标文件出现废标条款情形之一的，由评标委员会初审后按废标处理。

……

8　评标和定标

8.1　评标委员会与评标

8.1.1　评标委员会由招标人依法组建，负责评标活动。

8.1.2　评标委员会成员人数为五人以上单数。其中招标人以外的技术、经济等方面专家不得少于成员总数的三分之二。

8.1.3　评标委员会的专家成员，由招标人从建设行政主管部门确定的专家名册内相关专业的专家库中随机抽取产生。

8.1.4　开标结束后，开始评标。评标采用保密方式进行。

8.2　评标过程的保密

8.2.1　开标后，直至授予中标人合同为止，凡属于对投标文件的审查、澄清、评价和比较有关的资料，以及中标候选人的推荐情况，与评标有关的其他任何情况均严格保密。

8.2.2　在投标文件的评审和比较、中标候选人推荐及授予合同的过程中，投标人向招标人和评标委员会施加影响的任何行为，都将会导致其投标被拒绝。

8.2.3　中标人确定后，招标人不对未中标人就评标过程及未能中标原因做任何解释。未中标人不得向评标委员会成员或其他有关人员索问评标过程的情况索要材料。

8.3　资格后审（如采用时）

本招标工程采取资格后审，在评标前对投标人进行资格审查，审查其是否有能力和条件有效地履行合同义务。如果投标人未达到招标文件规定的能力和条件，则其投标将被拒绝，不进行评审。

8.4　投标文件的澄清

为有助于投标文件的审查、评价和比较，必要时，评标委员会可以以书面形式要求投标人对投标文件含义不明确的内容做必要的澄清或说明，投标人应采用书面形式进行澄清说明，但不得超出投标文件的范围或改变投标文件的实质性内容。评标委员会不接受投标人主动提出的澄清、说明或补正。

8.5 投标文件的初步评审

8.5.1 开标后,招标人将所有受理的投标文件,提交评标委员会进行评审。

8.5.2 评标时,评标委员会将首先评定每份投标文件是否在实质上响应了招标文件的要求,所谓实质上响应是指投标文件应与招标文件的所有实质性条款、条件和规定相符,无显著差异或保留,或者对合同中约定的招标人的权利和投标人的义务方面造成重大的限制,纠正这些显著差异或保留将会对其他实质上响应招标文件要求的投标文件的投标人的竞争地位产生不公正的影响。

8.5.3 如果投标文件实质上不响应招标文件各项要求,评标委员会将予以拒绝,并且不允许投标人通过修改或撤销其不符合要求的差异或保留,使之成为具有响应性的投标。

8.5.4 投标文件有下述情形之一的,属于重大偏差,视为未能对招标文件做出实质性响应,并按前条规定作废标处理。

(1) 技术标没有按照规定的要求制作的。

(2) 没有按照招标文件的要求提交投标保证金或者投标保函的。

(3) 投标文件有关内容未按规定加盖投标人印章或未经法定代表人或其委托代理人签字或盖章的,由委托代理人签字或盖章的,但未随投标文件一起提交有效的"授权委托书"原件的。

(4) 投标文件载明的招标项目完成期限超过招标文件规定的期限的。

(5) 有明显不符合招标文件规定的技术要求和标准的。

(6) 未按规定格式填写,内容不全或关键字迹模糊、无法辨认的。

(7) 投标人名称或组织结构与资格预审时不一致的。

(8) 投标文件中所报的工程项目经理与通过资格预审的项目经理不相符的。

(9) 两个及两个以上投标人的投标文件内容有雷同的。

(10) 对投标报价及主要合同条款、合同格式等招标文件规定的要求有重大偏离或保留的。重大偏离或保留指下列情况之一:

① 对投标的工程范围和工作内容有实质性的偏离;

② 对工程质量或使用性能产生不利影响;

③ 对合同中规定的双方的权利和义务做实质性修改。

(11) 投标人递交两份或多份内容不同的投标文件,或在一份投标文件中对同一项目报有两个或多个报价,且未声明哪一个有效的。

(12) 按照规定,投标人的投标报价高于招标控制价的。

(13) 按照规定,投标人填写工程量清单的项目编码、项目名称、项目特征、计量单位、工程量与招标人提供的不一致的。

(14) 按照规定,措施项目清单中的安全文明施工费未按规定计价,作为竞争性费用的。

(15) 规费和税金未按规定计算,而作为竞争性费用的。

(16) 投标报价中的其他项目费未按照规定报价的。

(17) 按照规定,投标总价与分部分项工程费、措施项目费、其他项目费和规费、税金的合计金额不一致的。

(18) 投标人的法定代表人或其委托代理人未参加开标会的,未提交法定代表人身份证明文件或法定代表人授权委托书和本人身份证(二代证)核验的,经核验(以居民身份证阅读器识别为准)提供虚假证件的。

(19) 提供虚假证明材料的。

8.5.5 在评标过程中,评标委员会发现投标人以他人的名义投标、串通投标或以其他弄虚作假方式投标的,该投标人的投标应作废标处理。

8.5.6 在评标过程中,评标委员会发现投标人的报价明显低于其他投标报价或者明显低于招标控制价,使得其投标报价可能低于其个别成本的,应当要求该投标人作出书面说明并提供相关证明材料。投标人不能合理说明或者不能提供相关证明材料的,由评标委员会认定该投标人以低于成本报价竞标,其投标应作废标处理。

8.5.7 投标人资格条件不符合国家有关规定和招标文件要求的,或者拒不按照要求对投标文件进行澄清、说明或者补正的,评标委员会可以否决其投标。

8.5.8 评标委员会按规定否决不合格投标或者界定为废标的投标文件,不再进入详细评审阶段。

8.6 投标文件计算错误的处理

8.6.1 评标委员会将对确定为实质上响应招标文件要求的投标文件进行校核,看其是否有计算上、累计上或表达上的错误,如果有错误,修正错误的原则如下:

(1) 如果以数字表示的金额和用文字表示的金额不一致时,应以文字表示的金额为准;

(2) 当单价与数量的乘积与合价不一致时,以单价为准,除非评标委员会认为单价有明显的小数点错误,此时应以标出的合价为准,并修改单价。

8.6.2 按上述修正错误的原则及方法调整或修正投标文件的投标报价,经投标人同意后,调整后的投标报价对投标人起约束作用。如果投标人不接受修正后的报价,则其投标将被拒绝并且其投标保证金或投标保函也将被没收,并不影响评标工作。

8.7 投标文件的评审、比较和否决(详细评审)

8.7.1 评标委员会将按照规定,仅对在实质上响应招标文件要求的合格投标(有效)文件进行评估和比较。

8.7.2 评标方法和标准按招标文件的规定。

8.7.3 评标委员会对投标文件进行评审和比较后,向招标人提出书面评标报告,并推荐不超过3名有排序的合格的中标候选人。招标人按投标人须知前附表第20项的原则确定中标人。

8.7.4 评标委员会经评审,认为所有投标都不符合招标文件要求的,或者有效投标不足3个而使得投标明显缺乏竞争的,可以否决所有投标。所有投标被否决后,招标人将依法重新招标。

9 合同的授予

9.1 合同授予标准

本招标工程的施工合同将授予按招标文件规定的中标人。

9.2 中标通知书

9.2.1 中标人确定后,招标人将于15日内向招投标监管部门提交招标情况的书面报告(评标报告)及拟定的中标通知书。

9.2.2 招投标监管部门自收到书面报告(评标报告)及拟定的中标通知书后,在湖北工程建设信息网(www.ztb.cn)上公示3个工作日,从公示结束之日起,未通知招标人在招标投标活动中有违法违规行为的,在办理完中标通知书备案手续后,招标人将向中标人发出中标通知书。

9.2.3　招标人在发出中标通知书的同时,将中标结果以书面形式通知所有未中标的投标人。

9.3　合同协议书的签订

9.3.1　招标人与中标人在中标通知书发出之日起 30 日内,按照招标文件和中标人的投标文件订立书面工程施工合同。

9.3.2　中标人如果不按招标文件的规定与招标人订立合同,则招标人将废除授标,投标保证金不予退还,给招标人造成的损失超过投标保证金数额的,还应当对超过部分予以赔偿,同时依法承担相应法律责任。

9.3.3　中标人应当按照合同约定履行义务,完成中标项目施工,不得将中标项目施工转让(转包)给他人。需要分包的,应在投标文件中提出分包计划,并按有关规定进行分包。

9.4　履约担保

9.4.1　合同协议书签署后 7 天内,中标人应按本须知前附表第 21 项规定的金额向招标人提交履约保证金。

9.4.2　若中标人不能按招标文件的规定执行,招标人将有充分的理由解除合同,并没收其投标保证金,给招标人造成的损失超过投标保证金数额的,还应当对超过部分予以赔偿。

9.4.3　招标人要求中标人提交履约保证金时,招标人也将在中标人提交履约保证金的同时,按本须知前附表第 21 项规定的金额向中标人提供同等数额的工程款支付保证金。

第二章　合同条款

一、通用条款

使用××省工商行政管理局、××省建设厅 2007 年 9 月印发的《××省建设工程施工合同(示范文本)》EF—2007—0203 第二部分《通用条款》,本招标文件省略。

二、专用条款

由招标人参考××省工商行政管理局、××省建设厅 2007 年 9 月印发的《××省建设工程施工合同(示范文本)》EF—2007—0203 第三部分《专用条款》,结合工程招标和后续管理的实际情况自行制定,并作为招标文件的附件,随招标文件一并发出。

第三章　合同文件格式

一、协议书

使用××省工商行政管理局、××省建设厅 2007 年 9 月印发的《××省建设工程施工合同(示范文本)》EF—2007—0203 第一部分《协议书》,本招标文件省略。

二、工程质量保修书

使用××省工商行政管理局、××省建设厅 2007 年 9 月印发的《××省建设工程施工合同(示范文本)》EF—2007—0203 之附件一《工程质量保修书》,本招标文件省略。

三、××省房屋建筑和市政工程建设廉洁协议书

使用××省工商行政管理局、××省建设厅 2007 年 9 月印发的《××省建设工程施工合同(示范文本)》EF—2007—0203 之附件三《××省房屋建筑和市政工程建设廉洁协议书》,本招标文件省略。

四、履约银行保函

使用××省工商行政管理局、××省建设厅 2007 年 9 月印发的《××省建设工程施工合同(示范文本)》EF—2007—0203 之附件四《履约银行保函》,本招标文件省略。

五、支付银行保函

使用××省工商行政管理局、××省建设厅 2007 年 9 月印发的《××省建设工程施工合同

128

（示范文本）》EF—2007—0203 之附件五《支付银行保函》，本招标文件省略。

六、预付款银行保函

使用××省工商行政管理局、××省建设厅 2007 年 9 月印发的《××省建设工程施工合同（示范文本）》EF—2007—0203 之附件六《预付款银行保函》，本招标文件省略。

第四章　工程建设标准

略。

第五章　图纸

略。

第六章　工程量清单

本"工程量清单说明"和"工程量清单"表是为规范工程量清单的编制而提供的示范格式，当采用工程量清单招标时，由招标人根据国家《建设工程工程量清单计价规范》（GB50500—2008）编制，并作为招标文件的附件（见附件 5），与招标文件一并发出。

一、工程量清单说明

（1）本工程量清单是按分部分项工程提供的。

（2）本工程量清单是依据 《建设工程工程量清单计价规范》（GB50500—2008） 工程量计算规则编制的，为招标文件的组成部分，一经中标且签订合同，即成为合同的组成部分。

（3）本工程量清单所列工程量是本招标人估算的，作为投标报价的基础；付款是以由承包人计量，由招标人或其授权委托的监理工程师核准的实际完成工程量为依据。

（4）本工程量清单应与投标人须知、合同条件、合同协议条款、工程规范和图纸一起使用。

二、工程量清单

工 程 量 清 单（部分）

序号	项目编码	项目名称	项目特征	计量单位符号	工程数量	金额/元		
						综合单价	合价	其中：暂估价
		土（石）方工程						
1	010101001001	平整场地	1. 土壤类别：一类土、二类土 2. 弃土运距：20 m 3. 取土运距：50 m	m²	3 055.91			
2	010101002001	挖基础土方	1. 土壤类别：一类土、二类土 2. 基础类型：独立基础 3. 挖土深度：2 m 4. 弃土运距：50 m	m³	1 758.91			
...								
		分部小计						
		砌筑工程						

续表

序号	项目编码	项目名称	项目特征	计量单位符号	工程数量	金额/元		
						综合单价	合价	其中：暂估价
6	010301001001	砖基础	1. 砖品种、规格、强度等级：Mu10 蒸压灰砂砖 2. 基础深度：−3.9 m 以下 3. 砂浆强度等级：水泥 M7.5	m³	51.96			
...								
			分部小计					
		混凝土及钢筋混凝土工程						
12	010403001001	基础梁	1. 混凝土强度等级：C35 2. 混凝土拌和料要求：商品砼	m³	164.29			
13	010401006001	垫层	1. 垫层材料种类、厚度：100 厚 C15 素砼垫层 2. 砂浆强度等级：商品砼	m³	81.92			
14	010401002001	独立基础	1. 混凝土强度等级：C35 2. 混凝土拌和料要求：商品砼	m³	414.6			
...								
			分部小计					
		屋面及防水工程						
58	010702001001	屋-1 平屋面（二级防水上人）	1. 详见 05ZJ001-115-屋 20 2. 部位：主楼屋顶	m²	1 917.44			
59	010702001002	屋-2 平屋面（二级防水不上人）	1. 详见 05ZJ001-113-屋 11 2. 部位：裙房屋顶	m²	336.3			
...								
			分部小计					

续表

序号	项目编码	项目名称	项目特征	计量单位符号	工程数量	金额/元		
						综合单价	合价	其中:暂估价
67	010803003001	外墙保温隔热墙	玻化中空微珠保温砂浆 30mm 厚	m²	3 544.99			
		分部小计						
		楼地面工程						
68	020101002001	水磨石地面	详见 05ZJ001-9-地 12	m²	686.65			
69	020102002001	陶瓷地砖卫生间地面	1. 详见 05ZJ001-19-地 56 2. 部位:所有卫生间	m²	114.04			
...								
		分部小计						
		墙、柱面工程						
88	020201001001	混合砂浆墙面(二)	详见 05ZJ001-46-内墙 5	m²	18 494.21			
89	020201001002	混合砂浆墙面(一)	柱面抹灰	m²	561.01			
90	020204003001	釉面砖墙裙	1. 详见 05ZJ001-58-裙 6 2. 部位:所有卫生间	m²	1 032.27			
...								
		分部小计						
		天棚工程						
93	020301001001	混合砂浆顶棚	详见 05ZJ001-75-顶 3	m²	15 725.68			
94	020302001001	硅钙板		m²	16.31			
		分部小计						
		门窗工程						
95	020401001001	M1	1. 门类型:木门 2. 框截面尺寸:1 500×2 100 3. 详见 98ZJ681-26-GJM301	樘	48			
96	020402005001	M2	1. 门类型:塑钢 2. 框截面尺寸:1 800×2 100	樘	2			
...								
		分部小计						
	合 计							

工程造价

招标人：_____ 咨询人：_____
　　　　（单位签字盖章）　　　　　　　　　　（单位资质专用章）

法定代表人：_____ 法定代表人：_____
或其授权人：_____ 或其授权人：_____
　　　　（签字或盖章）　　　　　　　　　　　（签字或盖章）

编 制 人：_____ 复 核 人：_____
　　（造价人员签字盖专用章）　　　　　　（造价工程师签字盖专用章）

编制时间：　　年　　月　　日　　复核时间：·年　　月　　日

分部分项工程量清单与计价表

工程名称：　　　　　　标段：　　　　　　第 页 共 页

序号	项目编码	项目名称	项目特征描述	计量单位	工程量	金额/元		
						综合单价	合价	其中：暂估价
	本页小计							
	合　计							

注：根据建设部、财政部发布的《建筑安装工程费用组成》(建标〔2003〕206 号)的规定，为计取规费等的使用，可在表中增设"直接费"、"人工费"或"人工费＋机械费"

措施项目清单与计价表(一)

工程名称: 　　　　标段: 　　　　第＿＿＿页　共＿＿＿页

序号	项目名称	计算基础	费率/(%)	金额/元
1	安全文明施工费			
2	夜间施工费			
3	二次搬运费			
4	冬雨季施工			
5	大型机械设备进出场及安拆费			
6	施工排水			
7	施工降水			
8	地上、地下设施,建筑物的临时保护设施			
9	已完工程及设备保护			
10	各专业工程的措施项目			
11				
12				
合　计				

注:(1) 本表适用于以"项"计价的措施项目;

(2) 根据建设部、财政部发布的《建筑安装工程费用组成》(建标〔2003〕206号)的规定,"计算基础"可为"直接费"、"人工费"或"人工费＋机械费"

措施项目清单与计价表(二)

工程名称: 　　　　标段: 　　　　第＿＿＿页　共＿＿＿页

序号	项目编码	项目名称	项目特征描述	计量单位	工程量	金额/元	
						综合单价	合价
本页小计							
合　计							

注:本表适用于以综合单价形式计价的措施项目

其他项目清单与计价汇总表

略。

暂列金额明细表

略。

材料暂估单价表

略。

专业工程暂估价表

略。

计日工表

略。

总承包服务费计价表

略。

规费、税金项目清单与计价表

略。

第七章　投标文件综合标格式

略。

第八章　投标文件商务标格式

略。

第九章　投标文件技术标格式

略。

第十章　附件

附件1　招标工作日程安排表

略。

附件2　专用合同条款

略。

附件3　评标方法和标准

略。

附件4　需要说明的其他事项

略。

二、某项目投标文件

某学院图书馆建设项目投标文件

目　　录

第一部分　商务标

　一、投标函

　二、投标函附录

　三、投标担保

四、法定代表人身份证明书

五、法定代表人授权委托书

六、招标文件要求投标人提交的其他投标资料

 （1）企业营业执照（复印件）

 （2）企业资质等级证书（复印件）

 （3）企业安全生产许可证（复印件）

 （4）税务登记证（复印件）

 （5）组织机构代码证（复印件）

 （6）各项承诺书

 （7）近年完成的类似项目情况表

 （8）正在施工的和新承接的项目情况表

七、项目管理机构配备情况

 （1）项目管理机构配备情况表

 （2）项目经理简历表

   附：项目经理只承担本工程的承诺函

 （3）技术负责人简历表

 （4）项目管理机构配备情况辅助说明资料

 （5）企业荣誉

八、报价表

 1．投标总价表

 2．工程项目投标报价汇总表

 3．单位工程投标报价汇总表

 4．分部分项工程量清单计价表

 5．措施项目清单计价表（一）

 6．措施项目清单计价表（二）

 7．规费、税金项目清单与计价表

 8．分部分项工程量清单综合单价分析表

 9．单位工程人材机分析表

 10．技术措施项目清单综合单价分析表

第二部分 技术标

第一部分　商务标

一、投标函

致：××学院

（1）根据你方招标工程项目编号为 HBGC112051/02 的 ××学院图书馆建设工程招标文件，遵照《中华人民共和国招标投标法》等有关规定，经踏勘项目现场和研究上述招标文件的投标须知、合同条款、图纸、工程建设标准和工程量清单及其他有关文件后，我方愿以（大写）壹仟陆佰叁拾万零肆仟伍佰贰拾伍元伍角玖分　（小写）16304525.59　元的投标总报价并按上述图纸、合同条款、工程建设标准和工程量清单的条件要求承包上述工程的施工、竣工并承担任何质量缺陷保修责任。

（2）我方已详细审核全部招标文件，包括修改文件及有关附件。

（3）我方承认投标函附录是我方投标函的组成部分。

（4）一旦我方中标，我方保证按投标函附录第 3 项承诺的工期　270　日历天内完成并移交全部工程。

（5）如果我方中标，我方将按照规定提交上述总价　/　%的银行保函或上述总价　10　%的由具有担保资格和能力的担保机构出具的履约担保书或　/　的履约保证金作为履约担保。

（6）我方同意所提交的投标文件在"投标须知"规定的投标有效期内有效，在此期间内如果中标，我方将受此约束。

（7）除非另外达成协议并生效，你方的中标通知书和本投标文件将成为约束双方的合同文件的组成部分。

（8）我方将与本投标函一起，提交　伍拾万元整　作为投标担保。

投标人：＿＿＿＿＿＿＿××建设有限公司＿＿＿＿＿＿＿（盖章）

单位地址：＿＿＿＿＿＿＿＿＿＿＿＿＿＿＿＿＿＿＿＿＿

法定代表人或其委托代理人：＿＿＿＿＿＿＿＿＿＿＿（签字或盖章）

邮政编码：＿＿＿＿＿＿电话：＿＿＿＿＿＿传真：＿＿＿＿＿＿

开户银行名称：＿＿＿＿＿＿＿＿＿＿＿＿＿＿＿＿＿＿＿

开户银行账号：＿＿＿＿＿＿＿＿＿＿＿＿＿＿＿＿＿＿＿

开户银行地址：＿＿＿＿＿＿＿＿＿＿＿＿＿＿＿＿＿＿＿

开户银行电话：＿＿＿＿＿＿＿＿＿＿＿＿＿＿＿＿＿＿＿

日　　　期：＿2011＿年＿9＿月＿13＿日

二、投标函附录

序号	项目内容		单位(符号)	约定内容
1	建筑面积		m²	12 108 m²
2	投标总报价		万元	1 630.452 559
3	投标工期		日历天	270
4	误期违约赔偿金额			工期延误1～5天,罚2 000元;工期延误6～10天罚,5 000元;工期延误10天以上罚10 000元
5	误期违约金赔偿限额			10 000元
6	工程质量等级目标			施工验收规范合格标准
7	对质量目标的承诺			合同价的5%的罚款
8	文明施工管理目标			市级文明施工样板工地
9	对文明施工目标的承诺			合同价的1%的罚款
10	安全生产管理目标			市级安全优良施工现场
11	对安全生产目标的承诺			合同价的1%的罚款
12	钢筋用量		t	644.32
13	商品混凝土用量		m³	4 468
14	水泥用量		t	695.92
15	项目经理(注册建造师)	姓名、级别		
		承诺		只承担本工程施工管理工作

投标人(盖章):＿＿＿＿×× 建设有限公司＿＿＿＿

日　　期:＿2011＿年＿9＿月＿13＿日

三、投标担保

收据略。

四、法定代表人身份证明书

单位名称:＿＿＿＿＿×× 建设有限公司＿＿＿＿＿＿

单位性质:＿＿＿＿＿有限责任制＿＿＿＿＿＿＿＿＿

地　　址:＿＿＿＿＿＿＿＿＿＿＿＿＿＿＿＿＿＿＿＿

成立时间:＿＿＿＿＿年＿＿＿＿月＿＿＿＿＿日

经营期限:＿1994 年 6 月 11 日至 2019 年 6 月 11 日＿

姓　　名:＿＿＿＿性别:＿＿年龄:＿＿职务:＿董事长系 ×× 建设有限公司＿的法定代表人。

特此证明!

投标人：××建设有限公司_____（盖章）

日　　期：____2011____年____9____月____13____日

附：法定代表人身份证明书

略。

五、法定代表人授权委托书

本授权委托书声明：我____系××建设有限公司____的法定代表人，现授权委托　××建设有限公司____的_____为我的代理人，以本公司的名义参加××学院图书馆建设工程的投标。授权委托人在开标、评标、合同谈判过程中所签署的一切文件和处理与之有关的一切事务，我均予以承认。

代理人无转委托权，特此委托。

（身份证复印件）

投标人（盖章）：_____××建设有限公司_____

法定代表人（盖章）：_____

代理人：_____性别：_____年龄：_____

身份证号码：_____职务：____经理____

授权委托日期：____2011____年____9____月____13____日

六、投标人提交的其他资料

（1）企业营业执照（复印件）

（2）企业资质等级证书（复印件）

（3）企业安全生产许可证（复印件）

（4）税务登记证（复印件）

（5）组织机构代码证（复印件）

（6）各项承诺书

（7）近年完成的类似项目情况表

（8）正在施工的和新承接的项目情况表

各项承诺书

① 投标工期承诺及违约处罚措施

我公司如果能中标承建该工程项目，确保按期开工，并在工期期限的____270____天内完成全部工程量。如果因我方原因造成工期延误，按延误1～5天，罚2 000元；延误6～10天罚5 000元；延误10天以上罚款10 000元，逾期竣工违约金限额为10 000元。

投标人（盖章）：____××建设有限公司_____

法定代表人或其委托代理人（签字或盖章）：_____

日　　期：____2011____年____9____月____13____日

② 工程质量目标承诺及违约处罚措施

我公司如能中标承建该工程项目,我公司确保该工程达到合格标准,如果因我公司原因导致工程质量验收未达标,我方愿接受合同价的 5% 的罚款,我方无条件负责修复至合格。

特此承诺!

投标人(盖章):＿＿××建设有限公司＿＿＿＿＿＿
法定代表人或其委托代理人(签字或盖章):＿＿＿＿＿
日　期:＿＿2011＿年＿＿9＿月＿＿13＿日

③ 安全生产、文明施工目标承诺及违约处罚措施

如果我公司中标承建该项目,我公司确保安全文明施工,安全生产目标达到市级安全优良施工现场,文明施工目标达到市级文明施工样板工地。如果达不到上述目标,愿各接受合同价的 1% 的罚款。如果在本工程施工期间发生人员伤亡事故,其法律和经济责任概由我方承担。

特此承诺!

投标人(盖章):＿＿××建设有限公司＿＿＿＿＿＿
法定代表人或其委托代理人(签字或盖章):＿＿＿＿＿
日　期:＿＿2011＿年＿＿9＿月＿＿13＿日

④ 投标人不拖欠农民工工资的承诺书

我公司如果能中标承建贵单位该工程,我方将保证按国家有关规定支付农民工工资,不拖欠农民工工资。如果有违约,愿接受你方 20 000 元人民币的处罚并支付拖欠的农民工工资。

投标人(盖章):＿＿××建设有限公司＿＿＿＿＿＿
法定代表人或其委托代理人(签字或盖章):＿＿＿＿＿
日　期:＿＿2011＿年＿＿9＿月＿＿13＿日

附:无相关诉讼、不良行为记录证明。

近年完成的类似项目情况表

项目名称　　　　某学生公寓工程

项目所在地

发包人名称

发包人地址

发包人电话

签约合同价   1 845.62 万元

开工日期   2009.6.20

计划竣工(交工)日期   2009.12.18

承担的工作   土建及安装

工程质量要求   合格

项目经理   ×××

项目总工   ×××

总监理工程师及电话   /

项目描述   教学设施相关建设工程、框架 6～7 层,建筑面积为 16 126 m^2。

备 注
附:中标通知书
施工合同
工程竣工移交证书
项目获奖证书

正在施工的和新承接的项目情况表

项目名称	
项目所在地	
发包人名称	
发包人地址	
发包人电话	
签约合同价	4 687.516 7 万元
开工日期	2010.5.18
计划竣工(交工)日期	2011.11.8
承担的工作	土建及安装

续表

工程质量要求	优质
项目经理	×××
项目总工	×××
总监理工程师及电话	
项目描述	该工程为框剪结构32层,地下一层。建筑面积38 601 m²
备注	

附:中标通知书
　　施工合同

七、机构配备情况

(1) 项目管理机构配备情况表

___××学院图书馆建设___ 工程

职务	姓名	职称	执业或职业资格证明				已承担在建工程情况	
			证书名称	级别	证号	专业	项目数	主要项目名称
项目经理		工程师	建造师证	二级				
技术负责人		高级工程师	职称证	/				
施工员		助工	上岗证	/				
质检员		工程师	上岗证	/				
安全员		工程师	上岗证	/				
材料员		工程师	上岗证	/				
造价员		工程师	上岗证	/				
一旦我单位中标,将实行项目经理负责制,并配备上述项目管理机构。我方保证上述填写内容真实,若不真实,愿按有关规定接受处理。项目管理班子机构设置、职责分工等情况另附资料说明								

附:施工员职业资格证书、职称证、身份证、学历证
　　质检员职业资格证书、职称证、身份证、学历证
　　安全员职业资格证书、安全员岗位证书(C类)、职称证、身份证、学历证
　　材料员职业资格证书、职称证、身份证、学历证
　　造价员职业资格证书、职称证、身份证、学历证

（2）项目经理简历表

××学院图书馆建设 工程

姓名	×××		性别		年龄	
职务	项目经理		职称	工程师	学历	大专
参加工作时间		1990 年		担任项目经理年限		7 年
在建和已完工程项目						
建设单位	项目名称	建设规模	开、竣工日期	在建或已完工		工程质量
××市××区民政局	××市××区殡仪馆整体搬迁工程	框架 2 层 6 558.40 m²	2008.12.16 2009.6.16	已完工		合格
××学院	××学院 1 号单身宿舍、3 号学生公寓工程	框架 6~7 层，16 126 m²	2009.6.20 2009.12.18	已完工		黄鹤奖

项目经理只承担本工程项目的承诺

××学院图书馆建设项目 ：

我公司承诺如果我方中标，参加本工程投标的项目经理 ××× 只承担本工程，每周驻工地时间不少于 5 个工作日，未经发包人允许，我方决不更换项目经理或其他管理人员，项目经理如果每周驻现场不足 5 个工作日，愿意接受 2 万元/周的罚款，连续三周均不足 5 个工作日，发包人可单方面终止施工合同，由此带来的损失由我方负责。

若因不可抗力因素，确需更换项目经理时：

（1）新更换的项目经理与投标时所承诺的专业、资格等级、技术职称等内容一致或高于；

（2）不能同时在其他工程项目中服务；

（3）至少提前 7 天以书面形式通知发包人，并将拟更换的项目经理个人资料上报，经发包人面试合格、书面同意后方可更换，否则我公司须向发包人支付合同总价款 2% 的违约金。

投标人（盖章）： ××建设有限公司

法定代表人或其委托代理人（签字或盖章）：

日　期： 2011 年 9 月 13 日

附：项目经理建造师证

项目经理身份证

项目经理职称证

优秀项目经理证书

项目经理学历证

安全岗位证书（B 类）

工程业绩（中标通知书、施工合同、获奖证书）

（3）技术负责人简历表

××学院图书馆建设　工程

姓名	×××	性别	男	年龄	49
职务	技术负责人	职称	高级工程师	学历	大专
参加工作时间		1986 年	担任技术负责人年限		15 年

在建和已完工程项目					
建设单位	项目名称	建设规模	开、竣工 日期	在建或 已完工	工程质量
××县第三小学 建设工程指挥部	××县第三小学一标段 （教学楼、办公室）	13 600 m²	2009.11.2 2010.5.31	已完工	楚天杯

　　　　　　附：技术负责人职称证

　　　　　　　　技术负责人身份证

　　　　　　　　技术负责人学历证

　　　　　　　　工程业绩（中标通知书、施工合同、获奖证书）

　　　　　（4）项目管理机构配备情况辅助说明资料

××学院图书馆建设工程

项目经理部组织机构图如下：

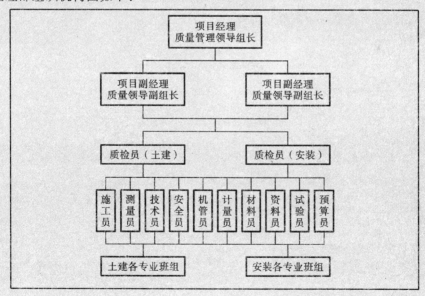

　　　　　（5）企业荣誉

获奖证书、质量管理体系证书、环境管理体系证书、环境管理体系认证等复印件

八、报价表

1. 投标总价表

略。

2. 工程项目投标报价汇总表

略。

3. 单位工程投标报价汇总表

略。

4. 分部分项工程量清单计价表

略。

5. 措施项目清单计价表(一)

略。

6. 措施项目清单计价表(二)

略。

7. 规费、税金项目清单与计价表

略。

8. 分部分项工程量清单综合单价分析表

略。

9. 单位工程人材机分析表

略。

10. 技术措施项目清单综合单价分析表

略。

第二部分　技术标

目　录

1. 简述投标的工作程序。

2. 投标文件的组成内容有哪些？

3. 简述投标策略。

4. 简述投标文件的编制步骤。

5. 某承包商通过资格预审后，对招标文件进行了仔细分析，发现业主所提出的工期要求过于苛刻,且合同条款中规定每拖延 1 天工期罚合同价的 1%。若要保证实现该工期要求,必须采取特殊措施,从而大大增加成本。该承包商还发现原设计结构方案采用框架剪力墙体系过于保守。因此,该承包商在投标文件中说明业主的工期要求难以实现,因而按自己认为的合理工期(比业主要求的工期增加 6 个月)编制施工进度计划并据此报价;还建议将框架剪力墙体系改为框架体系,并对这两种结构体系进行了技术经济分析和比较,证明框架体系不仅能保证工程结构的可靠性和安全性,增加使用面积,提高空间利用的灵活性,而且可降低造价约 3%。该承包商将技术标和商务标分别封装,在封口处项目经理签字和加盖本单位公章后,在投标截止日期前 1 天上午将投标文件报送业主。次日(即投标截止日当天)下午,在规定的开标时间前 1 小时,该承包商又递交了一份补充材料,其中声明将原报价降低 4%。但是,招标单位的有关工作人员认为,根据国际上"一标一投"的惯例,一个承包商不得递交两份投标文件,因而拒收承包商的补充材料。

开标会由市招投标办的工作人员主持,市公证处有关人员到会,各投标单位代表均到场。开标前,市公证处人员对各投标单位的资质进行审查,并对所有投标文件进行审查,确认所有投标文件均有效后,正式开标。主持人宣读投标单位名称、投标价格、投标工期和有关投标文件的重要说明。

[问题]

(1) 该承包商运用了哪几种报价技巧? 其运用是否得当? 请逐一加以说明。

(2) 从所介绍的背景资料来看,在该项目招标程序中存在哪些问题? 请分别做简单说明。

单元6 建设工程施工开标、评标和定标

知识目标：

● 了解建筑工程施工开标、评标和定标的概念。

● 熟悉评标准备，初步评审（符合性鉴定、技术评估、商业评估），详细评审和评审报告内容、要求、方法。

● 掌握综合评估法和经评审的最低投标价法的评标要求、方法。

能力目标：

● 掌握建设工程施工开标、评标和定标的概念。

● 熟悉建设工程开标、评标和定标的程序。

● 掌握评标的基本方法，并能理论联系实际，进行案例分析，解决实际问题。

项目1　建设工程施工开标

招标人在规定的时间和地点，在要求投标人参加的情况下，当众拆开投标资料（包括投标函件），宣布各投标人的名称、投标报价、工期等情况，这个过程称为工程开标。

公开招标和邀请招标均应举行开标会议，体现招标的公平、公开和公正原则。

一、建设工程施工开标的时间、地点

开标时间：开标应在招标文件确定的投标截止同一时间公开进行。

开标地点：应是在招标文件规定的地点，已经建立建设工程交易中心的地方，开标应当在当地建设工程交易中心举行。

推迟开标时间的情况：招标文件发布后对原招标文件作了变更或补充；开标前发现有影响招标公正情况的不正当行为；出现突发事件，等等。

二、建设工程施工开标的程序

1. 参加开标会议的人员

开标会议由招标单位主持，所有投标单位的法定代表人或其代理人必须参加，公证机构公证人员及监督人员也要参加。

2. 开标程序

（1）招标人签收投标人递交的投标文件。

在开标当日,且在开标地点递交的投标文件的签收应当填写投标文件报送签收一览表,招标人专人负责接收投标人递交的投标文件。提前递交的投标文件也应当办理签收手续,由招标人携带至开标现场。在招标文件规定的截标时间后递交的投标文件不得接收,由招标人原封退还给有关投标人。在截标时间前递交投标文件的投标人少于3个的,招标无效,开标会即告结束,招标人应当依法重新组织招标。

(2)投标人出席开标会的代表签到。

投标人授权出席开标会的代表本人填写开标会签到表,招标人专人负责核对签到人身份,应与签到的内容一致。

(3)开标会主持人宣布开标会开始,主持人宣布开标人、唱标人、记录人和监督人员名单。

主持人一般为招标人代表,也可以是招标人指定的招标代理机构的代表。开标人一般为招标人或招标代理机构的工作人员;唱标人可以是投标人的代表或者招标人或招标代理机构的工作人员;记录人由招标人指派,有形建筑市场工作人员同时记录唱标内容;建设工程招标投标管理办公室监管人员或建设工程招标投标管理办公室授权的有形建筑市场工作人员进行监督。记录人按开标会记录的要求开始记录。

(4)开标会主持人介绍主要与会人员。

主要与会人员包括到会的招标人代表、招标代理机构代表、各投标人代表、公证机构公证人员、见证人员及监督人员等。

(5)主持人宣布开标会程序、开标会纪律和当场废标的条件。

开标会纪律一般包括:场内严禁吸烟,凡与开标无关人员不得进入开标会场,参加会议的所有人员应关闭手机等,开标期间不得高声喧哗,投标人代表有疑问应举手发言,参加会议人员未经主持人同意不得在场内随意走动。

投标文件有下列情形之一的,应当场宣布为废标:

① 逾期送达的或未送达指定地点的;

② 未按招标文件要求密封的。

(6)核对投标人授权代表的身份证件、授权委托书及出席开标会人数。

招标人代表出示法定代表人委托书和有效身份证件,同时招标人代表当众核查投标人的授权代表的授权委托书和有效身份证件,确认授权代表的有效性,并留存授权委托书和身份证件的复印件。法定代表人出席开标会的要出示其有效证件。主持人还应当核查各投标人出席开标会代表的人数,无关人员应当退场。

(7)招标人领导讲话。

有此项安排的,招标人领导讲话,一般招标人领导可以不讲话。

(8)主持人介绍招标文件、补充文件或答疑文件的组成和发放情况,投标人确认。

主持人主要介绍招标文件组成部分、发标时间、答疑时间、补充文件或答疑文件的组成及发放和签收情况。可以同时强调主要条款和招标文件中的实质性要求。

(9)主持人宣布投标文件截止和实际送达时间。

宣布招标文件规定的递交投标文件的截止时间和各投标单位实际送达时间。在截标时间后送达的投标文件应当场废标。

(10)招标人和投标人的代表共同(或公证机关)检查各投标书密封情况。

密封不符合招标文件要求的投标文件应当场废标,不得进入评标。密封不符合招标文件要求的,招标人应当通知建设工程招标投标管理办公室监管人员到场见证。

(11)主持人宣布开标和唱标次序。

一般按投标书送达时间逆顺序开标、唱标。

(12)唱标人依唱标顺序依次开标并唱标。

开标由指定的开标人在监督人员及与会代表的监督下当众拆封,拆封后应当检查投标文件的组成情况并记入开标会记录,开标人应将投标书和投标书附件及招标文件中可能规定需要唱标的其他文件交唱标人进行唱标。唱标内容一般包括投标报价、工期和质量标准、质量奖项等方面的承诺、替代方案报价、投标保证金、主要人员等,在递交投标文件截止时间前收到的投标人对投标文件的补充、修改同时宣布,在递交投标文件截止时间前收到投标人撤回其投标的书面通知的投标文件不再唱标,但须在开标会上说明。

(13)开标会记录签字确认。

开标会记录应当如实记录开标过程中的重要事项,包括开标时间、开标地点、出席开标会的各单位人员、唱标记录、开标会程序、开标过程中出现的需要评标委员会评审的情况,有公证机构出席公证的还应记录公证结果,投标人的授权代表应当在开标会记录上签字确认,对记录内容有异议的可以注明,但必须对没有异议的部分签字确认。

(14)公布标底。

招标人设有标底的,标底必须公布。唱标人公布标底。

(15)将投标文件、开标会记录等送封闭评标区封存。

实行工程量清单招标的,招标文件约定在评标前先进行清标工作的,封存投标文件正本,副本可用于清标工作。

(16)主持人宣布开标会结束。

● 开标会开始致辞

女士们,先生们:

上午好!

受××××××××××委托,××××××招标代理有限公司组织了××××××工程建设项目施工的国内招标。按照招标文件规定的投标截止时间,现在是公元××××年××月××日北京时间上午9时整,在此以后收到的任何形式的投标均告无效。

首先,我们对参加本次投标的所有公司表示欢迎,对参加开标大会的领导和委托方代表表示感谢!为保证开标大会顺利进行,敬请各位暂时关闭手机,保持会场肃静。

开标大会第一项议程:宣布开标大会开始

介绍参加开标大会的监标人:

　　××市建设局　　　　　　　×××主任

　　××市招投标监督管理局　　×××科长

业主方代表:

　　××××××××××　　　×××科长

介绍参加开标大会的工作人员:

　　主　持　人　××××××招标代理有限公司　×××

　　唱　标　人　××××××招标代理有限公司　×××

记 录 人　×××××招标代理有限公司　×××
开 标 人　×××××招标代理有限公司　×××

● **开标活动现场纪律**

一、提交投标文件截止时间已到,全体到场人员到指定位置就座。

二、自觉维护现场秩序,保持现场安静,不得大声喧哗、随意走动。

三、自觉关闭随身携带的通信工具或设置为静音状态,不得在场内拨打或接听电话。

四、自觉维护场内环境卫生,爱护公共设施、设备,禁止吸烟。

五、唱标过程中,投标人若有异议,在唱标单现场签字确认前或唱标仪式结束后举手示意提出。质疑、投诉等可在开标活动结束后向招标人、纪检监察机关、相关行政监督部门提出书面质疑、投诉或举报,但不得在开标现场吵闹、滋事。

六、对干扰现场秩序且不听劝阻的人员,工作人员将劝其退场;损坏公共设施、设备的,损坏人要予以赔偿。

七、开标活动结束后,投标人到指定位置等待询标或听取评标结果。

● **开标记录表**

开标记录表如表6-1所示。

表6-1　开标记录表

_____(项目名称)_____标段施工开标记录表

开标时间:____年____月____日____时____分

序号	投标人	密封情况	投标保证金	投标报价/元	质量目标	工期	备注	签名
1								
2								
3								
4								
招标人编制的标底								

招标人代表:_____　记录人:_____　监标人:_____　____年____月____日

3. 无效投标文件的认定

开标时,投标文件出现下列情形之一的,应当作为无效投标文件,不得进入评标:① 逾期送达的或者未送达指定地点的;② 投标文件未按照招标文件的要求予以密封的;③ 投标文件无投标人单位盖章并无法定代表人签字或盖章的,或者法定代表人委托代理人没有合法、有效的委托书(原件)和委托代理人签字或盖章的;④ 投标文件未按规定的格式填写,内容不全或关键内容字迹模糊、无法辨认的;⑤ 投标人未按照招标文件的要求提供担保或者所提供的投标担保有瑕疵的;⑥ 组成联合体投标的,投标文件未附联合体各方共同投标协议的。

项目 2　建设工程施工评标

一、建设工程施工评标原则

（1）认真阅读招标文件，严格按照招标文件规定的要求和条件对投标文件进行评审。

（2）公正、公平、科学、合理。

（3）质量好、信誉高、价格合理、工期适当、施工方案先进可行。

（4）规范性与灵活性相结合。

（5）评标委员会成员应当依照规定，按照招标文件规定的评标标准和方法，客观、公正地对投标文件提出评审意见。招标文件没有规定的评标标准和方法不得作为评标的依据。

（6）招标项目设有标底的，开标时招标人应当公布。标底只能作为评标的参考，不得以投标报价是否接近标底作为中标条件，也不得以投标报价超过标底上下浮动范围作为否决投标的条件。

（7）投标文件中有含义不明确的内容、明显文字或计算错误，评标委员会认为需要投标人做出必要澄清、说明的，应当书面通知该投标人。投标人的澄清、说明应当采用书面形式，并不得超出投标文件的范围或者改变投标文件的实质性内容。

二、建设工程施工评标要求

1. 对评标委员会的要求

评标由招标人依法组建的评标委员会负责。评标委员会由招标人的代表和有关技术、经济等方面的专家组成，成员人数为 5 人以上单数，其中招标人、招标代理机构以外的技术、经济等方面的专家不得少于成员总数的 2/3。确定专家成员一般应当采取随机抽取的方式。

与投标人有利害关系的人不得进入相关项目的评标委员会，已经进入的应当更换。评标委员会成员的名单在中标结果确定前应当保密。

评标委员会成员有下列情形之一的，应当回避。

（1）招标人或投标人的主要负责人的近亲属。

（2）项目主管部门或者行政监督部门的人员。

（3）与投标人有经济利益关系，可能影响对投标公正评审的。

（4）曾因在招标、评标及其他与招标投标有关活动中从事违法行为而受过行政处罚或刑事处罚的。

2. 对招标人的纪律要求

招标人不得泄漏招标投标活动中应当保密的情况和资料，不得与投标人串通损害国家利益、社会公共利益或者他人合法权益。

3. 对投标人的纪律要求

投标人不得相互串通投标或者与招标人串通投标，不得向招标人或评标委员会成员行贿谋取中标,不得以他人名义投标或者以其他方式弄虚作假骗取中标。投标人不得以任何方式干扰、影响评标工作。

4. 对与评标活动有关的工作人员的纪律要求

与评标活动有关的工作人员不得收受他人的财物或者其他好处,不得向他人透露对投标文件的评审和比较、中标候选人的推荐情况及与评标有关的其他情况。在评标活动中,与评标活动有关的工作人员不得擅离职守,影响评标程序的正常进行。

三、建设工程施工评标步骤

大中型工程项目的评审因评审内容复杂、涉及面宽,通常分成初步评审和详细评审两个阶段进行。

1. 初步评审

初步评审也称对投标书的响应性审查,是以投标须知为依据,检查各投标书是否为响应性投标,确定投标书的有效性的阶段。初步评审主要包括以下内容。

1)符合性评审

符合性评审如表6-2所示,审查内容包括:① 投标人的资格;② 投标文件的有效性;③ 投标文件的完整性;④ 与招标文件的一致性。

表6-2　××××××项目符合性评审表

序号	符合性评审(评审结果为合格、不合格)	投标单位名称及审查意见(合格、不合格)	
			备注说明
1	投标文件上法定代表人或法定代表人授权代理人的签字齐全		
2	投标文件按照招标文件规定的格式、内容填写,投标函件、技术标书、经济标书中主要内容齐全,字迹清晰可辨		
3	提供了有效的资质证明、投标承诺书(包括投标单位、项目经理)、拖欠工程款和农民工工资清理情况回执单、安全资格审查意见、外埠施工单位备案手续等招标文件中已明确要求提供的资料		
4	投标文件上标明的投标人申请人未发生实质性改变		
5	按照工程量清单要求填报了单价和总价,未发现修改工程量清单内容问题,编制人资格符合要求并加盖了印章;投标总价、分部分项工程量清单计价、综合单价分析表、主要材料价格表、设备价格表逻辑关系一致,无重大偏差		
6	工期、质量标准、质量目标、安全生产和文明施工要求、项目管理班组人员组成、主要材料和设备性能等满足招标文件要求		
7	除按招标文件规定在提供替代技术方案的同时,提交选择性报价外,同一份投标文件中,仅有一个报价		
8	未提出与招标文件相悖的不合理要求		
9	未发现有明显的串标、围标行为		
"√"表示通过,"×"表示不通过　　　　　评委签字:　　　　　日期:			

按《中华人民共和国招标投标法实施条例》第五十一条规定,评标委员会可否决投标人的投标的情况。有下列情形之一的,评标委员会应当否决其投标:

(1) 投标文件未经投标单位盖章和单位负责人签字;

(2) 投标联合体没有提交共同投标协议;

(3) 投标人不符合国家或者招标文件规定的资格条件;

(4) 同一投标人提交两份以上不同的投标文件或者投标报价,但招标文件要求提交备选投标的除外;

(5) 投标报价低于成本或者高于招标文件设定的最高投标限价;

(6) 投标文件没有对招标文件的实质性要求和条件作出响应;

(7) 投标人有串通投标、弄虚作假、行贿等违法行为。

2) 技术性评审

投标文件的技术性评审包括施工方案、工程进度与技术措施、质量管理体系与措施、安全保证措施、环境保护管理体系与措施、资源(劳务、材料、机械设备)、技术负责人等方面是否与国家相应规定及招标项目符合。

3) 商务性评审

投标文件的商务性评审主要是指投标报价的审核,审查全部报价数据计算的准确性。

4) 对招标文件响应的偏差

投标文件对招标文件实质性要求和条件响应的偏差分为重大偏差和细微偏差两类。所有存在重大偏差的投标文件都属于在初评阶段应淘汰的投标书。

下列情况属于重大偏差:

(1) 没有按照招标文件要求提供投标担保或者所提供的投标担保有瑕疵;

(2) 投标文件没有投标人授权代表的签字和加盖公章;

(3) 投标文件载明的招标项目完成期限超过招标文件规定的期限;

(4) 明显不符合技术规格、技术标准的要求;

(5) 投标文件载明的货物包装方式、检验标准和方法等不符合招标文件的要求;

(6) 投标文件附有招标人不能接受的条件;

(7) 不符合招标文件中规定的其他实质性要求。

投标文件有上述情形之一的,为未能对招标文件作出实质性响应,并按规定作废标处理。

细微偏差是指投标文件在实质上响应招标文件要求,但在个别地方存在漏项或者提供了不完整的技术信息和数据等情况,并且补正这些遗漏或者不完整不会对其他投标人造成不公平的结果。

5) 投标文件作废标处理的其他情况

投标文件有下列情形之一的,由评标委员会初审后按废标处理:

(1) 无单位盖章并无法定代表人或法定代表人授权的代理人签字或盖章的;

(2) 未按规定的格式填写,内容不全或关键字迹模糊、无法辨认的;

(3) 投标人递交两份或多份内容不同的投标文件,或在一份投标文件中对同一招标项目报有两个或多个报价,且未声明哪一个有效,但按招标文件规定提交备选投标方案的除外;

(4) 投标人名称或组织机构与资格预审时不一致的;

(5) 未按招标文件要求提交投标保证金的;

(6) 联合体投标未附联合体各方共同投标协议的。

2. 详细评审

详细评审是指在初步评审的基础上,对经初步评审合格的投标文件,按照招标文件确定的评标标准和方法,对其技术部分(技术标)和商务部分(经济标)进一步审查,评定其合理性,以及合同授予该投标人在履行过程中可能带来的风险的过程。

3. 对投标文件的澄清

先以口头形式询问并解答,随后在规定的时间内投标人以书面形式予以确认作出正式答复。但澄清或说明的问题不允许更改投标价格或投标书的实质性内容。

投标文件中的大写金额和小写金额不一致的,以大写金额为准;总价金额与单价金额不一致的,以单价金额为准,但单价金额小数点有明显错误的除外;对不同文字文本投标文件的解释发生异议的,以中文文本为准。

问题澄清通知格式如下。

问题澄清通知
编号:

_____(投标人名称):

_____(项目名称)_____标段施工招标的评标委员会,对你方的投标文件进行了仔细的审查,现需你方对下列问题以书面形式予以澄清:

1.

2.

……

请将上述问题的澄清于_____年_____月_____日_____时前递交至_____(详细地址)或传真至_____(传真号码)。采用传真方式的,应在_____年_____月_____日_____时前将原件递交至_____(详细地址)。

评标工作组负责人:_____(签字)
_____年_____月_____日

四、建设工程施工评标主要方法

我国目前常用的评标方法有经评审的最低投标价法和综合评估法等。

1. 经评审的最低投标价法

1) 适用情况

经评审的最低投标价法一般适用于具有通用技术、性能标准或者招标人对其技术、性能没有特殊要求的招标项目。

2）评标程序及原则

（1）评标委员会根据招标文件中评标办法规定对投标人的投标文件进行初步评审。有一项不符合评审标准的，作废标处理。

（2）评标委员会应当根据招标文件中规定的评标价格调整方法，对所有投标人的投标报价及投标文件的商务部分做必要的价格调整。

（3）评标委员会应当拟定一份"标价比较表"，连同书面评标报告提交招标人。标价比较表应当注明投标人的投标报价、对商务偏差的价格调整和说明及经评审的最终投标价。

（4）除招标文件中授权评标委员会直接确定中标人外，评标委员会按照经评审的价格由低到高的顺序推荐中标候选人。

3）评标方法

评标委员会对满足招标文件实质要求的投标文件，根据规定的量化因素及量化标准进行价格折算，按照经评审的投标价由低到高的顺序推荐中标候选人，或者根据招标人授权直接确定中标人，但投标报价低于其成本的除外。经评审的最终投标价相等的，投标报价低的优先；投标报价也相等的，由招标人自行确定。

4）评审标准

（1）初步评审标准：① 形式评审标准，见评标办法前附表（形式如表 6-3 所示）；② 资格评审标准，未进行资格预审的见评标办法前附表（形式如表 6-3 所示），已进行资格预审的见资格预审文件即《资格审查办法》详细审查标准（形式如表 6-3 所示）；③ 响应性评审标准，见评标办法前附表（形式如表 6-3 所示）；④ 施工组织设计和项目管理机构评审标准，见评标办法前附表（形式如表 6-3 所示）。

（2）详细评审标准，见评标办法前附表（形式如表 6-3 所示）。

表 6-3　评标办法前附表（经评审的最低投标价法）

条款号		评审因素	评审标准
2.1.1	形式评审标准	投标人名称	与营业执照、资质证书、安全生产许可证一致
		投标函签字盖章	有法定代表人或其委托代理人签字或加盖单位章
		投标文件格式	符合投标文件格式的要求
		联合体投标人	提交联合体协议书，并明确联合体牵头人（如有）
		报价唯一	只能有一个有效报价
		……	……
2.1.2	资格评审标准	营业执照	具备有效的营业执照
		安全生产许可证	具备有效的安全生产许可证
		资质等级	符合投标人须知中资质等级规定
		财务状况	符合投标人须知中财务状况规定
		类似项目业绩	符合投标人须知中类似项目业绩规定
		信誉	符合投标人须知中信誉规定
		项目经理	符合投标人须知中项目经理规定
		其他要求	符合投标人须知中其他要求规定
		联合体投标人	符合投标人须知中国联合体投标人规定（如有）
		……	……

续表

条款号		评审因素	评审标准
2.1.3	响应性评审标准	投标内容	符合投标人须知中投标内容规定
		工期	符合投标人须知中工期规定
		工程质量	符合投标人须知中工程质量规定
		投标有效期	符合投标人须知中投标有效期规定
		投标保证金	符合投标人须知中投标保证金规定
		权利、义务	符合合同条款及格式中权利义务规定
		已标价工程量清单	符合工程量清单给出的范围及数量
		技术标准和要求	符合技术标准和要求规定
		……	……
2.1.4	施工组织设计和项目管理机构评审标准	施工方案与技术措施	……
		质量管理体系与措施	……
		安全管理体系与措施	……
		环境保护管理体系与措施	……
		工程进度计划与措施	……
		资源配备计划	……
		技术负责人	……
		其他主要人员	……
		施工设备	……
		试验、检测仪器设备	……
		……	……

条款号		量化因素	量化标准
2.2	详细评审标准	单价遗漏	……
		付款条件	……
		……	……

5）评标程序

（1）初步评审。

对于未进行资格预审的，评标委员会可以要求投标人提交投标人须知规定的有关证明和证件的原件，以便核验。评标委员会依据规定的标准对投标文件进行初步评审。有一项不符合评审标准的，作废标处理。

对于已进行资格预审的，评标委员会依据规定的标准对投标文件进行初步评审。有一项不符合评审标准的，作废标处理。当投标人资格预审申请文件的内容发生重大变化时，评标委员会依据规定的标准对其更新资料进行评审。

废标处理办法同前。

投标报价有算术错误的,处理办法同前。

(2) 详细评审。

评标委员会按规定的量化因素和标准进行价格折算,计算出评标价,并编制价格比较一览表。

●某项目标价比较表

标价比较表

招标编号: 　　　　　　　　评标时间: 　　　年　　月　　日

公司名称或代码	投标总价	对商务偏差的价格调整和说明	经评审的最终报价

评委签名:

评标委员会发现投标人的报价明显低于其他投标报价,或者在设有标底时明显低于标底,使得其投标报价可能低于其成本的,应当要求该投标人作出书面说明并提供相应的证明材料。投标人不能合理说明或者不能提供相应证明材料的,由评标委员会认定该投标人以低于成本报价竞标,其投标作废标处理。

(3) 投标文件的澄清和补正。

① 在评标过程中,评标委员会可以书面形式要求投标人对所提交的投标文件中不明确的内容进行书面澄清或说明,或者对细微偏差进行补正。评标委员会不接受投标人主动提出的澄清、说明或补正。

② 澄清、说明和补正不得改变投标文件的实质性内容(算术性错误修正的除外)。投标人的书面澄清、说明和补正属于投标文件的组成部分。

③ 评标委员会对投标人提交的澄清、说明或补正有疑问的,可以要求投标人进一步澄清、说明或补正,直至满足评标委员会的要求。

2. 综合评估法

综合评估法是对价格、施工组织设计(或施工方案)、项目经理的资历和业绩、质量、工期、信誉和业绩等各方面因素进行综合评价,从而确定中标人的评标定标方法。它是适用最广泛的评标定标方法。

评标委员会对满足招标文件实质性要求的投标文件,按照规定的评分标准进行打分,并按得分由高到低的顺序推荐中标候选人,或根据招标人授权直接确定中标人,但投标报价低于其成本的除外。综合评分相等的,以投标报价低的优先;投标报价也相等的,由招标人自行确定。

综合评估法的主要特点是要量化各评审因素。从理论上讲,评审因素指标的设置和评审标准分值的分配,应充分体现企业的整体素质和综合实力,准确反映公开、公平、公正的竞标法则,使质量好、信誉高、价格合理、技术强、方案优的企业能中标。

1) 评审标准

评审标准见评标办法前附表(形式如表6-4所示)。

表6-4 评标办法前附表(综合评估法)

条款号		评审因素	评审标准
2.1.1	形式评审标准	投标人名称	与营业执照、资质证书、安全生产许可证一致
		投标函签字、盖章	有法定代表人或其委托代理人签字或加盖单位章
		投标文件格式	符合投标文件格式的要求
		联合体投标人	提交联合体协议书,并明确联合体牵头人
		报价唯一	只能有一个有效报价
		……	……
2.1.2	资格评审标准	营业执照	具备有效的营业执照
		安全生产许可证	具备有效的安全生产许可证
		资质等级	符合投标人须知资质等级规定
		财务状况	符合投标人须知财务状况规定
		类似项目业绩	符合投标人须知类似项目业绩规定
		信誉	符合投标人须知信誉规定
		项目经理	符合投标人须知项目经理资质规定
		其他要求	符合投标人须知其他相关规定
		联合体投标人	符合投标人须知联合体投标人规定
		……	……
2.1.3	响应性评审标准	投标内容	符合投标人须知投标内容规定
		工期	符合投标人须知工期规定
		工程质量	符合投标人须知工程质量规定
		投标有效期	符合投标人须知投标有效期规定
		投标保证金	符合投标人须知投标保证金规定
		权利、义务	符合合同条款及格式中权利义务规定
		已标价工程量清单	符合工程量清单给出的范围及数量
		技术标准和要求	符合技术标准和要求规定
		……	……
条款号		条款内容	编列内容
2.2.1		分值构成 (总分100分)	施工组织设计:_____分 项目管理机构:_____分 投标报价:_____分 其他评分因素:_____分
2.2.2		评标基准价计算方法	
2.2.3		投标报价的偏差率计算公式	偏差率=100%×(投标人报价-评标基准价)/评标基准价

条款号		评审因素	评审标准
2.2.4 (1)	施工组织设计评分标准	内容完整性和编制水平	……
		施工方案与技术措施	……
		质量管理体系与措施	……
		安全管理体系与措施	……
		环境保护管理体系与措施	……
		工程进度计划与措施	……
		资源配备计划	……
		……	……
2.2.4 (2)	项目管理机构评分标准	项目经理任职资格与业绩	……
		技术负责人任职资格与业绩	……
		其他主要人员	……
		……	……
2.2.4 (3)	投标报价评分标准	偏差率	……
		……	……
2.2.4 (4)	其他因素评分标准	……	……

2）分值构成与评分标准

关于分值构成与评分标准，每个项目会不同，表 6-5、表 6-6 所示为某项目的分值构成与评分标准。

例：某工程项目分值构成与评分标准

表 6-5　技术标评分标准（满分 100 分，占 20%）

项目		满分	评分标准
总体概述		5	对工程整体有深刻认识，表述完整、清晰，措施先进，施工段划分清晰、合理，符合规范要求，0～5 分
施工组织设计（满分 68 分）	施工进度计划和进度保证措施	25	（1）所报工期符合招标文件要求，否则投标无效； （2）网络计划编排合理、可行，关键路线清晰、准确、无错误，0～15 分； （3）进度保证措施可靠，冬、雨季施工措施具体可行，农忙保勤措施可信、可行，0～5 分； （4）已完工程保护措施是否完善，0～5 分
	劳动力、材料、机械设备投入计划及保证措施	5	投入计划与进度计划相呼应，满足工程施工需要，投入计划合理准确，0～5 分

续表

项目		满分	评分标准
施工组织设计（满分68分）	施工总平面图	5	总平面图内容齐全、有针对性、合理、符合安全文明生产要求,满足施工需要,0～5分
	针对项目实际,对关键施工技术、工艺及工程项目实施的重点、难点,分析和解决方案	18	(1) 对关键技术、工艺有深入表述,0～8分; (2) 对重点、难点的解决方案完整、安全、经济、切实可行、措施得力,0～10分
	安全文明施工	5	针对项目实际情况,采用规范正确,有具体完整的措施和应急救援预案,措施齐全、预案可行(防洪、防火、防触电、防坠落、防倒塌等),0～5分
	质量保证	10	(1) 所报质量等级必须符合招标文件要求,否则投标无效; (2) 有完整的质量体系,针对项目实际情况,有先进、可行、具体的保证措施,0～5分; (3) 有针对本工程的通病治理措施,0～5分
项目机构组成（满分21分）	项目经理	10	(1) 项目经理近3年内具有同类工程业绩的,每一个业绩得1分,最多加3分; (2) 项目经理为国家一级注册建造师得2分,是高级职称得2分,中级职称得1分,其余不得分; (3) 项目经理承担的工程获得省级优良加1分,有效期3年;获国家级优良加2分,有效期3年,最高加2分; (4) 对于投标项目负责人承担的工程获得省级以上建设工程行政主管部门评定的"安全文明示范工地"奖项的加分,其中:省级最高加0.5分;获国家级最高加1分,有效期均为3年。加分时只针对上述奖项中的一个最高奖计分
	技术负责人	5	(1) 技术负责人具有高级职称得2分,中级职称得1分,其余不得分; (2) 近3年曾担任过同类项目技术负责人的,每一项加1分,最多加3分
	项目部配备	6	(1) 项目班子管理人员及技术人员配备合理,组织机构设置合理科学,满足招标文件要求,0～5分; (2) 有资料专管人员,1分
企业信誉及业绩（满分6分）	质量	2	企业近3年获国家"鲁班奖"(或同等级别质量奖)的加2分,获"泰山杯"(或同等级别奖)的加1分; 同一工程以获最高奖计,不重复计分
	安全	2	企业近3年承建的建筑工程获省部级及其以上安全文明示范工地奖的,加2分
	业绩	2	企业近3年具有类似工程业绩的,加2分
合　计		100	

表 6-6　商务标评分标准(满分 100 分,占 80%)

项目			满分	评分标准
总报价			36	各投标人总报价与评标基准值 A 值相等的,得基本分 36 分;高出 A 值后,每再高于 A 值 1%(商值)时,在基本分基础上减 0.4 分,减完为止;低于 A 后,每再低于 A 值 1%(商值)时,在基本分基础上减 0.2 分,减完为止。(不足 1%的,按插入法计算保留小数点后两位有效数字)
主要项目综合单价报价			40	(1) 从所有清单项目中由造价专家按 1:3(或 1:2)的比例随机选取占工程造价权重较大的 N 个子项的综合单价进行比较;在监督人员监督下,由专家成员随机抽取其中的 N/3(或 N/2)项作为评分依据,由工作人员现场宣读项目编码、项目名称、工程量等并由专家组成员签字确认。 (2) 抽出的每个项目中,各投标人所报单价与评标基准价 A 值相等时得 40/N 分,每高出 A 值 1%(商值)减 0.1 分,减完为止;每低于 A 值 1%(商值)减 0.05 分,减完为止(不足 1% 的,按插入法计算保留小数点后两位有效数字)。 (3) 本项得分等于抽出的每个单项综合单价报价得分之和
措施项目报价			10	各投标人的措施项目报价与评标基准值 A 值相等的,得基本分 10 分,每高出 A 值 1%(商值)时,在基本分基础上减 0.5 分,减完为止;每低于 A 值 1%(商值)时,在基本分基础上减 0.25 分,减完为止(不足 1%的,按插入法计算保留小数点后两位有效数字)
综合单价合理性分析			1	综合单价组成及分析是否符合清单计价规范,0~1 分
总包服务费率			2	各投标人的总包服务费报价与评标基准值 A 值相等的,得基本分 2 分,每高出 A 值 1%(差值)时,在基本分基础上减 0.2 分,减完为止;每低于 A 值 1%(差值)时,在基本分基础上减 0.1 分,减完为止(不足 1%的,按插入法计算保留小数点后两位有效数字)
计日工			1	投标单位所报单价与评标基准值 A 值相同者得满分;比 A 值每高 1 元扣 0.2 分,扣完为止;比 A 值每低 1 元扣 0.1 分,扣完为止
人工单价			1	投标单位所报单价与评标基准值 A 值相同者得满分;比 A 值每高 1 元扣 0.2 分,扣完为止;比 A 值每低 1 元扣 0.1 分,扣完为止
清单以外项目费率竞报	施工管理费费率(满分 3 分)	建筑企业管理费费率	1	凡所报费率等于评标基准值 A 值的得 1 分。所报费率每高于 A 值 1%(差值)减 0.01 分,所报费率每低于 A 值 1%(差值)减 0.05 分,减完为止
		装饰企业管理费费率	1	凡所报费率等于评标基准值的 A 值的得 1 分。所报费率每高于 A 值 10%(差值)减 0.1 分,所报费率每低于 A 值 10%(差值)减 0.05 分,减完为止
		安装企业管理费费率	1	凡所报费率等于评标基准值 A 值的得 1 分。所报费率每高于 A 值 5%(差值)减 0.1 分,所报费率每低于 A 值 5%(差值)减 0.05 分,减完为止

续表

	项目		满分	评分标准
清单以外项目费率竞报	利润率费率（满分3分）	建筑利润率	1	凡所报利润率等于评标基准值A值的得1分。所报利润率每高于A值1%（差值）减0.1分，所报利润率每低于A值1%（差值）减0.05分，减完为止
		装饰利润率	1	凡所报利润率等于评标基准值A值的得1分。所报利润率每高于A值10%（差值）减0.1分，所报利润率每低于A值10%（差值）减0.05分，减完为止
		安装利润率	1	凡所报利润率等于评标基准值A值的得1分。所报利润率每高于A值5%（差值）减0.1分，所报利润率每低于A值5%（差值）减0.05分，减完为止
	措施费费率（满分3分）	建筑措施费费率	1	凡所报费率等于评标基准值A值的得1分。所报费率每高于A值1%（差值）减0.1分，所报费率每低于A值1%（差值）减0.05分，减完为止
		装饰措施费费率	1	凡所报费率等于评标基准值A值的得1分。所报费率每高于A值10%（差值）减0.1分，所报费率每低于A值10%（差值）减0.05分，减完为止
		安装措施费费率	1	凡所报费率等于评标基准值A值的得1分。所报费率每高于A值5%（差值）减0.1分，所报费率每低于A值5%（差值）减0.05分，减完为止
合 计			100	

注：1. 评标基准值 A 的确定：

当投标人 $N<5$ 家时，则所有投标人的有效投标报价算术平均值为 A 值；

当投标人 $5{\leqslant}N<7$ 家时，则所有投标人的有效投标报价去掉一个最高，一个最低后的算术平均值为 A 值；

当投标人 $7{\leqslant}N<9$ 家时，则所有投标人的有效投标报价去掉二个最高，一个最低后的算术平均值为 A 值；

当投标人 $9{\leqslant}N<11$ 家时，则所有投标人的有效投标报价去掉三个最高，二个最低后的算术平均值为 A 值；

当投标人 $11{\leqslant}N<13$ 家时，则所有投标人的有效投标报价去掉四个最高，三个最低后的算术平均值为 A 值；（以此类推）

当投标人 $N{\geqslant}17$ 家以上时，则所有投标人的有效投标报价去掉六个最高，五个最低后的算术平均值为 A 值。

2. 业绩证明。提供施工合同原件或中标通知书（对于项目经理和技术负责人类似工程业绩，需要提供能够体现所报项目经理或技术负责人担任对应职务负责完成的项目的施工合同，合同中未载明项目经理、技术负责人的，不予计分），一级建造师证及职称证、技术负责人职称证、与评分相关的获奖证书，供招标人进行核验原件，再由专家确认计分。

3. 近三年是指从开标时间上溯三年内。

4. 类似工程应在招标文件中做详细注明。

5. 项目经理与企业所报质量、安全、业绩重复的，只计项目经理得分。

6. 所有证件必须为原件，真实、有效，证书应明确颁发日期，合同应明确签订日期，否则不得分

3）评标程序

（1）初步评审。

对于未进行资格预审的，评标委员会可以要求投标人提交投标人须知规定的有关证明和证件的原件，以便核验。评标委员会依据规定的标准对投标文件进行初步评审。有一项不符合评审标准的，作废标处理。

对于已进行资格预审的，评标委员会依据规定的评审标准对投标文件进行初步评审。有一

项不符合评审标准的,作废标处理。当投标人资格预审申请文件的内容发生重大变化时,评标委员会依据规定的标准对其更新资料进行评审。

废标处理方法同前。

投标报价有算术错误的,处理方法同前。

(2) 详细评审。

评标委员会按规定的量化因素和分值进行打分,并计算出综合评估得分。

评标委员会发现投标人的报价明显低于其他投标报价,或者设有标底时明显低于标底,使得其投标报价可能低于其个别成本的,应当要求该投标人做出书面说明并提供相应的证明材料。投标人不能合理说明或者不能提供相应证明材料的,由评标委员会认定该投标人以低于成本报价竞标,其投标作废标处理。

(3) 投标文件的澄清和补正。

投标文件的澄清和补正前文已讲述,此处不再赘述。

五、评标报告

评标委员会在完成评标后,应向招标人提出书面评标结论性报告,并抄送有关行政监督部门。

评标报告应当如实记载以下内容:① 基本情况和数据表;② 评标委员会成员名单;③ 开标记录;④ 符合要求的投标一览表;⑤ 配表情况说明;⑥ 评标标准、评标方法或者评标因素一览表;⑦ 经评审的价格或者评分比较一览表;⑧ 经评审的投标人排序;⑨ 推荐的中标候选人名单与签订合同前要处理的事宜;⑩ 澄清、说明、补正事项纪要。

评标报告由评标委员会全体成员签字。评标委员会应当对此做出书面说明并记录在案。评标委员会推荐的中标候选人应当限定在1~3人,并标明排列顺序。

向招标人提交书面评标报告后,评标委员会即告解散。

案例 某项目评标报告

××工程项目招标评标报告

一、项目简介

受××××××工程建设管理办公室委托,××××××工程管理(集团)有限公司组织了××××××工程建设项目公开招标工作,本项目采用资格后审形式。

二、招标过程简介

××××××工程建设项目依照相关法律规定,采用国内公开招标方式,于××××年××月在国家和省指定的招标公告发布媒介发布招标公告,××月××日至××日有8个符合公告要求的投标人前来登记并购买了招标文件。

投标截止时间为××××年××月××日上午9时整,共有4个投标人在投标截止时间前递交了投标文件,这4个投标人分别是A建筑工程有限责任公司、B建筑工程有限责任公司、C建筑工程有限责任公司、D建筑工程有限责任公司。

开标一览表附后。

三、评标委员会组成情况

评标委员会由技术、经济专家共 5 人组成，他们是×××、×××、×××、×××、×××。本次评标的专家是在××市评标专家库××子库中随机抽取的，负责本项目的评审工作，评标委员会推荐×××担任评标委员会主任。

为协助做好评标工作，招标代理人确定 3 名工作人员，负责管理招标、投标和评标文件、资料及评标工作使用的表格，完成评标委员会指定的统计、计算、填表、核实、监督等工作，无评议权和投票权。

四、评标程序及情况

4.1 初步评审

评标委员会对投标文件进行了形式评审、资格评审、响应性评审。

本次评标对投标文件进行了形式评审，标准有(有不符合下列情况之一的投标文件作为废标处理，不能进入下一阶段的评标)：① 投标人名称与营业执照、资质证书、安全生产许可证一致；② 投标函有法定代表人或其委托代理人签字或加盖单位章；③ 投标文件格式符合投标文件格式的要求；④ 报价唯一，只能有一个有效报价；⑤ 投标文件的正副本数量为一份正本、四份副本(另有完整投标文件电子版 2 份，投标报价电子版(Excel 2003 版)2 份；⑥ 投标文件的印制和装订，投标文件的正本与副本应采用 A4 纸印刷(图表页可例外)，分别装订成册，编制目录和页码，并不得采用活页装订；⑦ 形式评审其他标准。

本次评标对投标人进行了资格评审，标准有(有不符合下列情况之一的投标文件作为废标处理，不能进入下一阶段的评标)：① 营业执照，具备有效的营业执照；② 安全生产许可证，具备有效的安全生产许可证；③ 资质要求，水利水电工程施工总承包二级及以上；④ 财务要求，近两年财务状况良好(无亏损情况)；⑤ 业绩要求，近两年(2009 年 1 月至 2010 年 11 月，以施工承包合同签订日期为准)共承接××类似工程合同额达到 6 000 万元以上；⑥ 信誉要求，根据××省××厅《关于开展××工程投标企业信誉登记工作的通知》要求，投标企业须获××省××厅信用等级认证并签署承诺书，在××市××局备案；⑦ 项目经理资格，在投标单位注册的二级及以上项目经理或二级及以上××工程类注册建造师；⑧ 技术负责人资格，高级工程师；⑨ 其他要求，需取得建设行政主管部门颁发的安全生产许可证(并在有效期以内)；⑩ 企业主要负责人安全生产考核合格证，具备有效的安全生产考核证。

本次评标对投标人进行了响应性评审，标准有(有不符合下列情况之一的投标文件作为废标处理，不能进入下一阶段的评标)：① 招标范围，本项目为建筑及安装工程；② 计划工期为 150 日历天；③ 质量要求，满足设计要求，达到合格标准；④ 投标有效期，投标截止日期后的 90 天(日历天)；⑤ 投标保证金，本招标项目投标保证金金额为人民币贰拾万元整，缴纳截止时间为×××年××月××日上午 9 时 00 分前(投标文件递交截止时间前，以到账时间为准)，投标保证金需交到××市综合招投标中心专用账户，投标人交纳投标保证金必须从投标人的基本账户以实时电汇的方式，不接受其他方式交纳；⑥ 权利义务，符合招标文件第四章合同条款及格式规定；⑦ 已标价工程量清单，符合招标文件第五章工程量清单给出的范围及数量；⑧ 技术标准和要求，符合招标文件第七章技术标准和要求规定；⑨ 签署与递交投标文件及参加开标大会的投标人代表(投标委托代理人)，必须是投标人法定代表人或拟任本招标工程的项目经理(投标人法定代表人授权的注册建造师或符合招标文件要求的项目经理),且对投标人代表的资格须进行原件与其复印件的一致性审查,否则,投标文件将被拒收或视为无效投标文件,拟任本招标工程的项目经理的身份证明包括身份证、建造师注册证书(或符合招标文件要求的项目经理证书)、社会保险证明;⑩ 招标文件涉及的投标人资格、信誉、业绩、能力及相关人员证件等证明文件的复印件,须进行原件审查,只有原件与其复印件一致且符合评分标准要求的才为有效证明文件,否则为无效证明文件;⑪ 招标人不提供标底而采用最高和最低限价的,投标总价(包括按招标文件要求进行算术修正后的投标总价)超过最高限价或低于最低限价的,其投标文件作废标处理。

经评标委员评定本次投标的 4 家投标人均通过初步评审。初步评审表附后。

4.2 详细评审

其内容由施工组织设计、项目管理机构、投标报价、其他评分因素共四部分组成,总分值为100 分。

4.2.1 施工组织设计(内容略)。

4.2.2 项目管理机构(内容略)。

4.2.3 投标报价。

(1) 投标总价(内容略)。

(2) 投标报价的合理性分(内容略)。

4.2.4 其他评标因素(内容略)。

4.2.5 其他(略)。

投标人最终得分计算方法,投标人的最终得分为所有评委的综合评分去掉一个最高分和一个最低分之后的算术平均值(保留小数点后两位,第三位小数四舍五入)。

定标原则如下。

(1) 招标人将按照评标委员会推荐的中标候选人,按排名顺序依次确定中标人。排名第一的中标候选人放弃中标、因不可抗力提出不能履行合同或在规定的时间内因自身原因未能与招标人签订合同,招标人可以确定排名第二的中标候选人为中标人。排名第二的中标候选人由于上述的同样原因不能签订合同的,招标人可以确定排名第三的中标候选人为中标人。

(2) 当出现两名及以上排名第一的中标候选人得分相同时,选定投标总报价相对较低的为中标人。

(3) 当出现两名及以上排名第一的中标候选人得分相同且投标总报价相同时,选定分部工程投标报价得分较高的为中标人。

此次本项目的招标有 4 个投标人放弃了投标资格,分别是 E 工程有限公司、F 实业有限责任公司、G 建设有限责任公司、H 建设有限责任公司。

五、评标结论及推荐建议

评标委员会决定按上述推荐的中标候选人排序结果上报××建设项目办公室,由××建设项目办公室最终确定首选预中标人和备选预中标人。

推荐中标候选人排序表

项目 ＼ 投标单位			
得分排序	1	2	3
投标报价(人民币/元)			

评标委员会主任签字:

评标委员会成员签字:

监督人签字:

×××× 年 ×× 月 ×× 日

项目 3　建设工程施工定标及签订合同

一、建设工程施工定标

定标亦称决标,是指招标人最终确定中标的单位。除特殊情况外,评标和定标应当在投标有效期结束日 30 个工作日前完成。招标文件应当载明投标有效期。投标有效期从提交投标文件截止日起计算。

评标完成后,评标委员会应当向招标人提交书面评标报告和中标候选人名单。中标候选人应当不超过 3 个,并标明排序。

评标报告应当由评标委员会全体成员签字。对评标结果有不同意见的评标委员会成员应当以书面形式说明其不同意见和理由,评标报告应当注明该不同意见。评标委员会成员拒绝在评标报告上签字又不书面说明其不同意见和理由的,视为同意评标结果。

依法必须进行招标的项目,招标人应当自收到评标报告之日起 3 日内公示中标候选人,公示期不得少于 3 日。

投标人或者其他利害关系人对依法必须进行招标的项目的评标结果有异议的,应当在中标候选人公示期间提出。招标人应当自收到异议之日起 3 日内作出答复;作出答复前,应当暂停招标投标活动。

国有资金占控股或者主导地位的,依法必须进行招标的项目,招标人应当确定排名第一的中标候选人为中标人。排名第一的中标候选人放弃中标,因不可抗力不能履行合同,不按照招标文件要求提交履约保证金,或者被查实存在影响中标结果的违法行为等情形,不符合中标条件的,招标人可以按照评标委员会提出的中标候选人名单排序依次确定其他中标候选人为中标人,也可以重新招标。

中标候选人的经营、财务状况发生较大变化或者存在违法行为,招标人认为可能影响其履约能力的,应当在发出中标通知书前由原评标委员会按照招标文件规定的标准和方法审查确认。

招标人和中标人应当依照《中华人民共和国招标投标法》规定签订书面合同,合同的标的、价款、质量、履行期限等主要条款应当与招标文件和中标人的投标文件的内容一致。招标人和中标人不得再行订立背离合同实质性内容的其他协议。

招标人最迟应当在书面合同签订后 5 日内向中标人和未中标的投标人退还投标保证金及银行同期存款利息。

根据《中华人民共和国招标投标法》及其配套法规和有关规定,定标应满足下列要求。

(1) 评标委员会经评审,认为所有投标都不符合招标文件要求的,可以否决所有投标。且招标人应当依照《中华人民共和国招标投标法》重新招标。

(2) 在确定中标人前,招标人不得与投标人就投标价格、投标方案等实质性内容进行谈判。

(3) 评标委员会推荐的中标候选人应该为 1~3 人,并且要排列先后顺序,招标人优先确定排名第一的中标候选人作为中标人。

(4) 依法必须进行招标的项目,招标人应当自确定中标人之日起 15 日内,向工程所在地县级以上建设行政主管部门提交招标投标情况的书面报告。

(5) 中标人确定后,招标人应当向中标人发出中标通知书,并同时将中标结果通知所有未中标的投标人并退还其投标保证金或保函。中标通知书发出即生效,且对招标人和中标人都具有法律效力,招标人改变中标结果或中标人拒绝签订合同均要承担相应的法律责任。

(6) 招标人和中标人应当自中标通知书发出之日起 30 日内,按照招标文件和中标人的投标文件订立书面合同。

(7) 中标人应当按照合同约定履行义务,完成中标项目。中标人不得向他人转让中标项目,也不得将中标项目肢解后分别向他人转让。

(8) 定标时,应当由业主行使决策权。

(9) 中标人的投标应当符合下列条件之一:

① 能够最大限度地满足招标文件中规定的各项综合评价标准;

② 能够满足招标文件的各项要求,并经评审的价格最低,但投标价格低于成本的除外。

(10) 投标有效期是招标文件规定的从投标截止日起至中标人公布日止的期限。一般不能延长,因为它是确定投标保证金有效期的依据。不能在投标有效期结束日 30 个工作日前完成评标和定标的,招标人应当通知所有投标人延长投标有效期。拒绝延长投标有效期的投标人有权收回投标保证金。

(11) 退回招标文件押金。公布中标结果后,未中标的投标人应当在发出中标通知书后的 7 日内退回招标文件和相关的图样资料,同时招标人应当退回未中标人的投标文件和发放招标文件时收取的押金。

二、发出中标通知书

中标人确定后,招标人应当向中标人发出中标通知书,同时通知未中标人,并与中标人在 30 个工作日之内签订合同。中标通知书对招标人和中标人具有法律约束力。

招标人迟迟不确定中标人或者无正当理由不与中标人签订合同的,给予警告,根据情节可处 1 万元以下的罚款;造成中标人损失的,应当赔偿损失。

中标通知书样式如下。

中标通知书

_____（中标人名称）：

你方于_____（投标日期）所递交的_____（项目名称）_____标段施工投标文件已被我方接受,被确定为中标人。

中标价：_____元。

工期：_____日历天。

工程质量：符合_____标准。

项目经理：_____（姓名）。

请你方在接到本通知书后的____日内到_____（指定地点）与我方签订施工承包合同,在此之前按招标文件第二章投标人须知第 7.3 款规定向我方提交履约担保。

特此通知。

招标人：_____（盖单位章）

法定代表人：_____（签字）

年　　月　　日

三、签订合同

1. 签订合同

招标人和中标人应当在中标通知书发出 30 日内,按照招标文件和中标人的投标文件订立书面合同。招标人与中标人不得再行订立背离合同实质性内容的其他协议。

2. 投标保证金和履约保证金

1) 投标保证金的退还

招标人与中标人签订合同后 5 个工作日内,应当向中标人和未中标的投标人退还投标保证金。

2) 提交履约保证金

招标文件要求中标人提交履约保证金的,中标人应当提交。若中标人不能按时提交履约保证金,可以视为投标人违约,没收其投标保证金,招标人再与下一位候选中标人签订合同。当招标文件要求中标人提供履约保证时,招标人也应当向中标人提供工程款支付担保。

1. 开标时作为无效投标文件的情形有哪些?

2. 简述评标的程序。

3. 建设工程评标方法主要有哪几种?并分别解释。

4. 建设工程中标人一经确定就可以签订建设工程承发包合同吗?

5. 评标报告应包括哪些内容?

6. 废标的情况有哪些?

7. 背景:

某大型工程,由于技术难度大,对施工单位的施工设备和同类工程施工经验要求高,而且对工期的要求也比较紧迫。业主在对有关单位和在建工程考察的基础上,仅邀请了3家国有一级施工企业参加投标,并预先与咨询单位和该3家施工单位共同研究确定了施工方案。业主要求投标单位将技术标和商务标分别装订报送。经招标领导小组研究确定的评标规定如下。

(1) 技术标共30分,其中施工方案10分(因已确定施工方案,各投标单位均得10分)、施工总工期10分、工程质量10分。满足业主总工期(36个月)要求者得4分,每提前1个月加1分,不满足者不得分;自报工程质量合格者得4分,自报工程质量优良者得6分(若实际工程质量未达到优良将扣罚合同价的2%),近三年内获鲁班工程奖的每项加2分,获省优工程奖的每项加1分。

(2) 商务标共70分。报价不超过标底(35 500万元)的5%者为有效标,超过者为废标。报价为标底的98%者得满分(70分),在此基础上,报价比标底每低1%,扣1分,每高1%,扣2分(计分按四舍五入取整)。

各投标单位的有关情况见表6-7。

表6-7 投标单位的有关情况

投标单位	报价/万元	总工期/月	自报工程质量	鲁班工程奖	省优工程奖
A	35 642	33	优良	1	1
B	34 364	31	优良	0	2
C	33 867	32	合格	0	1

[问题]

(1) 该工程采用邀请招标方式且仅邀请3家施工单位投标,是否违反有关规定?为什么?

(2) 请按综合得分最高者中标的原则确定中标单位。

(3) 若改变该工程评标的有关规定,将技术标增加到40分,其中施工方案20分(各投标单位均得 20 分),商务标减少为 60 分,是否会影响评标结果? 为什么? 若影响,应由哪家施工单位中标?

8. 计算题

某工程某标段报价得分和报价合理性得分计算。

资料:投标报价评分标准如下。

(1) 投标总价(0~48 分)

$$F_i = \begin{cases} 48 - 1.0 \times 100 \times \left| \dfrac{B_i - C}{C} \right| & (\text{当 } B_i \leqslant C \text{ 时}) \\[3mm] 48 - 1.5 \times 100 \times \left| \dfrac{B_i - C}{C} \right| & (\text{当 } B_i > C \text{ 时}) \end{cases}$$

式中:F_i 为第 i 个有效报价的投标人的得分(保留两位小数,小数点后第三位四舍五入);B_i 为第 i 个有效报价($i = 1, 2, 3, \cdots, n$);C 为评标基准价;n 为有效投标文件的投标人总计数。

如果投标总价得分计算后小于或等于 0 分,则按 0 分计。

投标总价得分可由评标工作人员计算,在评委对其他详细评审项目评审结束后由评标委员会复核。

(2) 投标报价的合理性(0~10 分)。

分别计算各项目编号对应的投标人已标价工程量清单中的单价 W_{ij} 合理性得分,然后计算投标报价合理性得分 S_i 单价 W_{ij} 合理性得分计算式为

$R_{ij} = 10/J_m - 0.05 \times 100 \times |W_{ij} - Q_j| / Q_j$ ($0 \leqslant R_{ij} \leqslant 10/J_m$;保留一位小数,第二位小数四舍五入)

投标报价合理性得分计算式为

$$S_i = \sum R_{ij} + P_i \quad (0 \leqslant S_i \leqslant 10)$$

以上两式中:j 为从招标文件工程量清单中在评标委员会规定的范围内随机抽取的项目编号的顺序号,其值为 $1, 2, \cdots, J_m$。

J_m 为从招标文件工程量清单中在评标委员会规定的范围内随机抽取的项目编号的顺序号 j 的最大值。当工程量清单中的项目数大于 5 时,J_m 为 5;当工程量清单中的项目数小于或等于 5 且大于 1 时,J_m 为 2;当工程量清单中的项目数等于 1 时,J_m 为 1。

H_j 为第 j 个从招标文件工程量清单中在评标委员会规定的范围内随机抽取的项目编号。从招标文件工程量清单中随机抽取 J_m 个项目编号 H_j 应在对投标文件进行详细评审前按本评分标准附件规定的方法进行。

R_{ij} 为第 i 个投标人及其已标价工程量清单中第 j 个项目编号为 H_j 的单价 W_{ij} 的合理性得分。

W_{ij} 为第 i 个投标人及其已标价工程量清单中第 j 个项目编号为 H_j 的单价。

i 同前。

Q_j 为 j 相同的所有投标人的 W_{ij} 的算术平均值(保留四位小数,第五位小数四舍五入)。

S_i 为第 i 个投标人投标报价合理性得分。

P_i 为抽取的单价分析表中的单价与已标价工程量清单中对应的单价不一致或投标总价与已标价工程量清单合价的总计不一致时,除按招标文件规定对投标报价进行修正外,每一处不一致扣 0.5 分的合计负值。

单价 W_{ij} 合理性得分可由评标工作人员计算,评标委员会核定。

(3) 投标报价的一致性(0～2分):单价分析表中的单价与投标报价汇总表中对应的单价完全一致时得2分,否则在大于或等于0且小于2分之间得分(每一处不一致少得0.5分。同时还应按招标文件规定对投标报价进行修正)。

评标基准价 C 计算。

招标人不提供标底而采用最高和最低限价,最高限价于××××年××月××日在××市招标投标信息网上发布,最低限价为最高限价的85%。计算公式:

$$C=\begin{cases} \dfrac{B_1+B_2+\cdots+B_n-M-L}{n-2}\times(1-K) & (n\geq 5) \\[2mm] \dfrac{B_1+B_2+\cdots+B_n}{n}\times(1-K) & (n\leq 4) \end{cases}$$

式中:C 为评标基准价(以万元为单位,保留四位小数,小数点后第五位四舍五入);B_i 为投标人的有效报价($i=1,2,\cdots,n$);n 为有效报价的投标人个数;M 为最高的投标人有效报价;L 为最低的投标人有效报价;K 为评标基准价下降比例值。K 值为 0、0.5%、1%、1.5%、2%、2.5%、3% 等7个值的任意之一。具体数值由投标人代表在开标前,在监督人和其他投标人监督下,在开标现场当众随机抽取。

注:有效投标报价是指初步评审合格、符合招标文件实质性要求的投标文件的投标总价(包括按招标文件要求进行算术修正后的投标总报价;评标过程中投标文件被废标的,其投标总价不作为有效报价)。

投标人最终得分计算方法。投标人的最终得分为所有评委的综合评分去掉一个最高分和一个最低分之后的算术平均值(保留小数点后两位,第三位小数四舍五入)。

根据评分方法分别填入表6-8和表6-9中的空白部分。

表6-8　投标总报价得分计算表

项目名称:××××建设项目施工招标　　　　　　时间:××××年××月××日

序号	投标人名称	投标总报价/万元	已发布的投标价/万元	投标报价是否在有效范围内	随机抽取的 K 值	评标基准价/万元	是否大于评标基准价	得分
(0)	(1)	(2)	(3)	(4)	(5)	(6)	(7)	(8)
1	A建筑工程有限责任公司	290.000 0		是				
2	B建筑工程有限责任公司	296.000 0		是				
3	C建筑工程有限责任公司	291.000 0		是				
4	D建筑工程有限责任公司	291.500 0	无	是	0	291.340 0		
5	E建筑工程有限责任公司	292.000 0		是				
6	F建筑工程有限责任公司	290.500 0		是				
7	G建筑工程有限责任公司	291.700 0		是				

表6-9 投标报价合理性得分统计表

合同名称：

合同编号：

序号	投标人	合计得分 S_i	是否有效投标文件	是否有漏项	扣分 P_i	随机抽取的项目编号 H_i									
						3		5		6		8		11	
						××		××		××		××		××	
	项目名称														
	平均单价 Q_i					单价 W_{i1}	得分 R_{i1}	单价 W_{i2}	得分 R_{i2}	单价 W_{i3}	得分 R_{i3}	单价 W_{i4}	得分 R_{i4}	单价 W_{i5}	得分 R_{i5}
(0)	(1)	(2)	(3)	(4)	(5)	(6)	(7)	(8)	(9)	(10)	(11)	(12)	(13)	(14)	(15)
1	A建筑工程有限责任公司		是	无	0.00	500.00		23.00		56.00		110.00		33.00	
2	B建筑工程有限责任公司		是	无	0.00	501.00		23.50		56.10		111.00		32.00	
3	C建筑工程有限责任公司		是	无	0.00	500.50		23.60		56.30		112.00		23.00	
4	D建筑工程有限责任公司		是	无	0.00	500.70		23.70		57.00		113.00		34.00	
5	E建筑工程有限责任公司		是	无	0.00	500.90		23.40		59.00		112.00		23.00	
6	F建筑工程有限责任公司		是	无	0.00	499.70		22.80		58.00		112.00		24.00	
7	G建筑工程有限责任公司		是	无	0.00	499.80		22.90		60.00		111.00		24.00	

单元 7 其他主要类型招投标工作实务

○ ○ ○

知识目标：

- 了解建设工程勘察、设计招投标的概念、特点；
- 了解建设工程材料、设备招投标的概念、特点；
- 了解建设工程监理招投标的概念、特点；
- 掌握相关文件的编制和评标、定标的方法。

能力目标：

- 能编制其他主要类型招投标的招标文件；
- 能编制其他主要类型招投标的投标文件。

项目 1 建设工程勘察、设计招投标

建设项目立项报告批准后，进入实施阶段的第一项工作就是建设工程勘察、设计招投标。勘察、设计质量的优劣对工程建设能否顺利进行起着至关重要的作用。

建设工程勘察、设计招标是指招标人在实施工程勘察、设计工作之前，以公开招标或邀请招标的方式提出招标项目的指标要求、投资限额和实施条件等，由愿意承担勘察、设计任务的投标人按照招标文件的条件和要求，分别填报工程项目的构思方案和实施计划，然后由招标人通过开标、评标确定中标人的过程。凡是具有国家批准的勘察、设计许可证，并具有经有关部门核准的资质等级证的勘察、设计单位，都可以按照其业务范围参加投标。

建设工程勘察、设计的招投标双方都具有法人资格，招标和投标是法人之间的经济活动，受国家法律的保护和监督。建设工程勘察、设计的招标和投标，不受部门、地区限制，招标部门不能厚此薄彼，对于外部门、外地区的中标单位，要提供方便，不得借故设置障碍。对于勘察、设计单位来说，实行投标设计要遵循优质优价、按质论价的原则进行收费。

一、勘察、设计招标概述

1. 勘察、设计招标范围

凡符合《工程建设项目招标范围和规模标准规定》（原国家计委令第 3 号）规定的范围和标准的，必须进行招标。

2. 勘察、设计招标方式

工程建设项目勘察、设计招标分为公开招标和邀请招标两类。

全部使用国有资金投资或者国有资金投资占控股或者主导地位的工程建设项目,以及国务院发展和改革委员会确定的国家重点项目和省、自治区、直辖市人民政府确定的地方重点项目,除具备以下条件并依法获得批准外,应当公开招标:

(1) 项目的技术性、专业性较强,或者环境资源条件特殊,符合条件的潜在投标人数量有限的;

(2) 如果采用公开招标,所需费用占工程建设项目总投资的比例过大的;

(3) 建设条件受自然因素限制,如果采用公开招标,将影响项目实施时机的。

招标人采用邀请招标方式的,应保证有三个以上具备承担招标项目勘察、设计的能力,并具有相应资质的特定法人或者其他组织参加投标。

3. 勘察、设计招标应具备的条件

依法必须进行勘察、设计招标的工程建设项目,招标时应当具备下列条件:

(1) 按照国家有关规定需要履行项目审批手续的,已履行审批手续,获得批准;

(2) 勘察、设计所需资金已经落实;

(3) 所必需的勘察、设计基础资料已经收集完成;

(4) 法律法规规定的其他条件。

二、勘察、设计招标与投标

1. 勘察、设计招标与投标程序

各建设项目的规模和招标方式不同,其勘察、设计的程序繁简程度也会不同,招标投标程序也不尽相同。根据《中华人民共和国招标投标法》《工程建设项目勘察设计招标投标办法》规定,建设工程勘察、设计公开招标的一般程序如下:

(1) 招标人编制招标文件;

(2) 招标人发布招标公告;

(3) 投标人登记,填写资格预审文件;

(4) 招标人对投标人进行资格审查;

(5) 投标人购买或领取招标文件;

(6) 招标人组织投标人踏勘现场;

(7) 招标人组织招标预备会,解答投标人对招标文件的疑问;

(8) 投标人编制投标文件;

(9) 投标人密封、报送投标文件;

(10) 招标人组织开标、评标,确定中标单位,发出中标通知书;

(11) 招标人与中标人签订合同。

2. 勘察、设计招标准备工作

1) 招标的准备工作

招标准备阶段需要确定招标范围、招标形式及办理招标审批手续。

(1) 勘察、设计招标范围的确定。

招标人可以依据工程建设项目的不同特点,实行勘察、设计一次性总体招标;也可以在保证项目完整性、连续性的前提下，按照技术要求实行分段或分项招标。依法必须招标的工程建设项目，招标人可以对项目的勘察、设计、施工及与工程建设有关的重要设备、材料的采购，实行总承包招标。

（2）招标形式的确定。

招标人应按照《中华人民共和国招标投标法》《工程建设项目勘察设计招标投标办法》及其他相关法律法规的规定及建设项目特点确定招标方式。

（3）办理招标备案手续。

招标人具有编制招标文件和组织评标能力的，可以自行办理招标事宜。

招标人自行办理招标的，招标人在发布招标公告或投标邀请书5日前，应向建设行政主管部门办理招标备案，建设行政主管部门自收到备案资料之日起5个工作日内没有异议的，招标人可以发布招标公告或投标邀请书；不具备招标条件的，责令其停止办理招标事宜。

办理招标备案应提交材料主要有：①《招标人自行招标条件备案表》；② 专门的招标组织机构和专职招标业务人员证明材料；③ 专业技术人员名单、职称证书或执业资格证书及其工作经历的证明材料。

2）招标文件的准备与编制

为了使投标人能够正确地进行投标，勘察、设计招标文件应包括以下几个方面内容：① 投标须知；② 投标文件格式及主要合同条款；③ 项目说明书，包括资金来源情况；④ 勘察、设计范围，对勘察设计进度、阶段和深度的要求；⑤ 勘察设计基础资料；⑥ 勘察设计费用支付方式，对未中标人是否给予补偿及补偿的标准；⑦ 投标报价要求；⑧ 对投标人资格审查的标准；⑨ 评标的标准和方法；⑩ 投标有效期。

编制设计招标文件的注意事项如下。

（1）编制设计招标文件的基本原则。编制设计招标文件应兼顾三个方面：严格性，文字表达应清楚不被误解；完整性，任务要求全面不遗漏；灵活性，要为投标人发挥设计创造性留有充分的自由度。

（2）提供设计资料尽可能完整。招标阶段要求投标人提供的设计方案时间较短，在招标文件中可以以附件的形式尽可能提供较详细的编制方案基础资料和数据，减少投标人调研这些数据的时间，以便集中精力考虑投标方案。当招标范围不包括勘察任务时，应提供项目所在地的工程地质、水文地质、气象、测量、周围环境等基础资料，详细程度满足对招标内容深度的要求。可研招标和初步设计招标由于前期准备工作不同，可能提供资料的内容和详细程度差异很大。

（3）设计招标的主要特点。设计招标不同于其他类型的招标，其特点表现为承包任务是投标人通过自己的智力劳动，将投标人对建设项目的设想变为可实施的蓝图。因此，设计招标文件对投标人所提出的要求不那么明确、具体，只是简单介绍工程项目的实施条件、预期达到的技术经济指标、投资限额、进度要求等。投标人按规定分别报出工程项目的构思方案、实施计划和报价。

招标人通过开标、评标程序对方案进行比较、选择后确定中标人。鉴于设计任务本身的特点，设计招标应采用设计方案竞选的方式招标。

3. 招标人对投标人资格审查

招标人对投标人的审查主要包括资质审查、能力审查、经验审查。

资质审查主要是检查投标人的资质等级和其可承接项目的范围。检查投标人所持有的勘察和设计资质证书等级是否与拟建工程项目级别一致,不允许无资质证书或低资质单位越级承担工程勘察、设计任务。

能力审查包括对投标人设计人员的技术力量和所拥有的技术、设备量方面的审查。设计人员的技术力量主要考察设计负责人的资质能力和各类设计人员的专业覆盖面、人员数量、各级职称人员的比例等是否满足完成设计任务的需要。设备能力主要审查开展正常勘察、设计任务所需的器材、设备的种类和数量是否满足要求。

经验审查主要审查投标人报送的近年完成的工程项目,包括项目名称、规模、标准、结构形式、设计期限等内容,考察投标人已完成的设计项目与招标工程在规模、性质、形式上是否适应,判断投标人有无此类工程的设计经验。

招标人对其他关注的问题,也可以要求投标人报送有关材料作为资格预审的内容,资格预审合格的投标人可以参加设计投标竞争,对于不合格者,招标人需要向投标人发出资格预审未通过的通知。

4. 编写投标文件

投标人应严格按照招标文件的规定编制投标文件,并在规定的时间之前,送达至规定地点。

设计投标文件一般包括以下几个方面内容。

(1) 方案设计综合说明书,对总体方案构思、意图做详尽的文字阐述。列出总用地面积、总建筑面积、建筑占地面积、建筑层数、建筑高度、建筑容积率、绿化率等技术经济指标表。

(2) 方案设计的内容和图样(可以是总体平面布置图,单体工程的平面、立面、剖面,透视渲染表现图等,必要时可以提供模型或沙盘)。

(3) 工程投资估算和经济分析投资估算包括估算的编制说明及投资估算表,投资估算编制说明的内容应包括:编制依据,不包括的工程项目和费用,其他必要说明的问题。投资估算表是反映一个建设项目所需全部建筑安装工程投资的总文件,它是由各单位工程为基本组成基数的投资估算(如土方、道路、围墙大门、室外管线等)并考虑预备费后汇总承建该项目的总投资。

(4) 项目建设工期。

(5) 主要施工要求和施工组织方案。

(6) 设计进度计划。

(7) 设计费报价。

5. 开标、评标、定标

开标应当在招标文件确定的提交招标文件截止日期的同一时间公开进行。开标地点应当为招标文件预先确定的地点。招标人邀请所有投标人参加。开标由招标人主持,由监督机关和投标人代表共同监督。

勘察、设计招标所得到的标是勘察、设计文件,其性质是技术服务,在进行评标的综合打分环节,勘察、设计费用报价所占综合评分比例较小,这是由技术招标特性决定的。评标委员会在评标后需要向招标人提供综合评标报告,并推荐出第一、二、三名中标候选人,招标人根据评标报告,可分别与候选人进行谈判,就评标时发现的问题应如何解决、如何改进或补充原设计方案,或将其他投标人的某些设计特点融于该设计方案中的可能性进行探讨、协商,最终选定中标单位。为了保护未中标单位的合法权益,如果使用未中标单位的技术成果,须征得其同意后才能实行,同时还需要支付一定的费用。

中标人收到中标通知书后,招标人与中标人应当自中标通知书发出之日起 30 天内,按照招标文件和中标人的投标文件正式签订书面合同。

三、设计方案的竞选

(1) 凡符合下列条件之一的城市建筑项目的设计,均要实行方案竞选:

① 按建设部建设项目分类标准规定的特级、一级的建筑项目;

② 按国家或地方政府规定的重要地区或重要风景工程的主体建筑项目;

③ 建筑面积 100 000 m² 以上(含 100 000 m²)的住宅小区;

④ 当地建设主管部门划定范围的建设项目;

⑤ 建设单位要求进行竞选的建设项目。

(2) 组织方案竞选的建设单位或受建设单位委托的中介机构应当具备下列条件:

① 是法人或依法成立的董事会机构;

② 有相应的工程技术、经济管理人员;

③ 有组织编制方案竞选文件的能力;

④ 有组织方案设计竞选、评定的能力。

(3) 实行方案设计竞选的建设项目应具备下列条件:

① 具有经过审批机关批复的项目建议书或可行性研究报告;

② 具有规划管理部门确定的项目建设地点、规划控制条件、设计要点和用地红线图;

③ 有符合要求的地形图(建设场地的工程地质、水文地质初勘资料或有参考价值的场地附近工程地质、水文地质详勘资料,水、电、燃气、供热、环保、通信、市政道路和交通等方面的基础资料);

④ 有设计要求说明书。

(4) 对设计方案竞选者的要求:凡有国家颁布有效的建筑工程设计证书、收费证书和营业执照的设计单位盖章的,并经具有相应资格的注册建筑师签字(注册制度实施前暂由具有中级以上职称的建设项目方案设计负责人签字)的方案方可参加竞选。

境外设计事务所参加境内工程项目方案设计竞选,在注册建筑师资格尚未相互确认前,其方案必须经持有中国政府颁发有效的建筑工程设计证书、收费证书和营业执照的设计单位咨询并由中国一级注册建筑师签字,方为有效。

参加竞选单位应按竞选文件做好方案和编制有关文件,经具有相应资格的注册建筑师签字,并加盖单位法定代表人或法定代表人委托的代理人的印鉴,在规定的日期内,密封送达组织竞选单位。如果发现原文件有误,需在截止日期前用正式函件更正,否则以原文件为准。

(5) 方案设计竞选文件应包括下列内容:

① 工程综合说明,包括工程名称、地址、竞选项目、占地范围、建筑面积、竞选方式等;

② 经批准的项目建议书或可行性研究报告及其他文件的复印件;

③ 项目说明书;

④ 合同的主要条件和要求;

⑤ 提供设计基础资料的内容、方式和期限;

⑥ 踏勘现场、竞选文件答疑的时间和地点;

⑦ 截止日期和评定时间；

⑧ 文件编制要求及评定原则；

⑨ 其他需要说明的事项。

（6）设计竞选文件的发放。竞选文件一经发出，组织竞选活动的单位不得擅自变更其内容或附加条件。确需变更和补充的应在截止日期 7 天前通知所有参加竞选的单位。发出竞选文件至竞选截止时间，小型项目不少于 15 天，大中型项目不少于 30 天。

（7）招标人应邀请有关单位专家参加评定会议，在公证机关公证下当众宣布评定办法，启封各参加竞选单位的文件和补充函件，公布其主要内容。评定小组由组织竞选单位的人员和有关专家组成，一般为 7～11 人，其中技术专家人数应占 2/3 以上。参加竞选单位和方案设计者不得参加评定小组。评定应采用科学方法，按适用、经济、美观的原则，以及技术先进、结构合理、满足建筑节能和环境等要求，综合评价设计方案优劣，择优确定中选方案。

有下列情况之一者，参加竞选文件宣布作废：

① 未经密封；

② 无相应资格的注册建筑师签字（注册制度实施前，无方案设计负责人签字），无单位和法定代表人或法定代表人委托的代理人的印鉴；

③ 未按规定的格式填写，内容不全或字迹模糊、辨认不清，以及被评委会认定文件有编制技术错误者；

④ 逾期送达。

（8）对中选单位和未中选单位的有关规定如下。

自评定会议后至确定中选单位的期限一般应不超过 15 天。确定中选单位后，组织竞选单位应于 7 天内发出中选通知书，同时抄送各未中选单位，未中选单位应在接到通知后 7 天内取回有关资料。

对未中选的单位，采用公开方式的，是否给补偿费由组织者决定。采用邀请方式的，应付给未中选单位补偿费，如方案设计达到《城市建筑方案设计文件编制深度规定》要求，一般补偿费金额不低于该项目方案设计费的 40%。补偿费在工程设计费中列支。

中选单位使用未中选单位的方案成果时，须征得该单位的同意，并实行有偿转让，转让费由中选单位承担。

中选通知书发出 30 天内，建设单位应优先与中选单位依据有关规定签订工程设计承发包合同。如果建设单位另择设计单位承担初步设计和施工图设计，则应付给中选单位方案设计费，金额不低于该项目标准设计费的 30%。

项目 2　建设工程材料、设备采购招投标

一、概述

工程项目的建设有大量的物资需要通过招标的方式进行采购，这些物资通常包括建筑材料、通用性较强的设备、施工机具、工业生产设备及加工制造非标准部件等。

1. 建筑材料和通用设备采购招标的特点

招标采购建筑材料和定型生产的中小型设备的供货合同,属于买卖合同,其主要特点表现为以下几点。

(1) 合同标的数量较大。工程项目建设所需的建筑材料数额较大,且招标时一次订购但合同履行过程中可以分批交货。招标采购的通用设备往往数量多、品种与型号繁多。

(2) 合同中权利和义务的内容不涉及标的物质的生产过程。买卖双方签订的合同内的权利和义务的重点在货物的交付期间,而供货方如何生产或如何组织货源不属于合同内容。

(3) 质量标准明确。建筑材料和通用设备的生产工艺均属于定型的工业化流水生产,合同的质量要求仅按国家制定的质量规范约定即可。

2. 大型工业设备采购招标的特点

大型工业设备由于生产技术复杂、标的物质的金额较高,通常是投标中标后才去按买方要求加工制作,因此应属于承揽合同的范畴。

(1) 标的物的数量少、金额大。对于成套设备,为了保证零配件的标准化和机组连接性能,最好只划分为一个合同包,由某一供货商来承包或联合体承包。

(2) 合同中权利和义务的内容涉及期限较长。与买卖合同不同,大型工业设备订购合同中的权利和义务的约定是从使用的制造材料开始,直至设备生产运行后的保修期满为止。

(3) 质量约定较为复杂。由于合同的内容是从产生标的物开始,至设备生命期终止为止,因此质量约定的内容非常复杂。

(4) 买方关注生产进度。材料采购合同买方只要求供货方按时交货即可,而设备订购合同除了合同内约定交货期限之外,买方还要关注设备制造的生产进程,以便与土建施工合同配合协调。

(5) 产品的标准化。大型工程项目的生产设备由于专业性较强,因此通用化、标准化程度较差。

3. 建设工程材料、设备采购的范围和特点

建设工程材料、设备采购的范围主要包括建设工程中所需要的大量建材、机械设备、电气设备等,这些材料设备占工程合同总价的 60% 以上,大致可以划分为以下几个方面。

(1) 工程用料,包括土建、水电设施及一切其他专业工程的用料。

(2) 暂设工程用料,包括工地的活动房屋或固定房屋的材料、临时水电和道路工程及临时生产加工设施的用料。

(3) 施工用料,包括一切周转使用的模板、脚手架、工具、安全防护网等,以及消耗性的用料,如焊条、电石、氧气、铁丝、钉类等。

(4) 工程机械,包括各类土方机械、打桩机械、混凝土搅拌机械、起重机械及其维修备件等。

(5) 正式工程中的机械设备,包括一般建筑工程中常见的电梯、自动扶梯、备用电机、气调节设备、水泵等(生产型的机械设备,例如加工生产线等,则需根据专门的工艺设计组织成套设备供应、安装、调试、投产和培训)。

(6) 其他辅助办公和试验设备等,包括办公家具、器具和昂贵仪器等。

由于材料、设备招投标标准涉及物资的最终使用者不仅是业主，还包括承包商使用的设备，因此建设工程材料、设备的采购主体可以是业主，也可以是承包商或分包商。

对以上所述材料、设备，应当进一步划分，决定哪些由承包商自己采购供应，哪些拟交给分包商供应，哪些将由业主自行供给。属于承包商应予供应范围的，再进一步研究哪些可由其他工地调运（例如某些大型的施工机具设备、仪器，甚至部分暂设工棚等），哪些要由本工程采购，这样才能最终确定由各方采购的材料、设备的范围。

4. 建设工程材料、设备的采购方式

为工程项目采购材料、设备而选择供货商并与其签订物资购销合同或加工订购合同，多采用如下三种方式之一。

1）招标选择供货商

这种方式适用于大宗的材料和较重要或较昂贵的大型机具设备，或工程项目中的生产和辅助设备。承包商或业主根据项目的要求，详细列出采购物资的品名、规格、数量、技术性能要求；承包商或业主自己选定的交货方式、交货时间、支付货币和支付条件，以及品质保证、检验、罚则、索赔和争议解决等合同条件和条款作为招标文件，邀请有资格的制造厂家或供应商参加投标（也可采用公开招标方式），通过竞争择优签订购货合同，这种方式实际上是将询价和签合同连在一起进行的，在招标程序上与施工招标基本相同。

2）询价选择供货商

这种方式是采用询价—报价—签订合同程序，即采购方对三家以上的供货商就采购的标的物进行询价，经过比较其报价后选择其中一家与其签订供货合同。这种方式实际上是一种议标的方式，无须采用复杂的招标程序，又可以保证价格有一定的竞争性，一般适用于建筑材料或价值较小的标准规格产品。

3）直接订购

直接订购方式由于不能进行产品的质量和价格比较，因此是一种非竞争性采购方式。

5. 建设工程材料、设备的采购招标的范围

工程建设项目符合《工程建设项目招标范围和规模标准规定》（原国家计委令第3号）规定的范围和标准的，必须通过招标选择建设工程材料、设备供应单位。

工程建设项目招标人对项目实行总承包招标时，未包括在总承包范围内的材料、设备达到国家规定规模标准的，应当由工程建设项目招标人依法组织招标。工程建设项目招标人对项目实行总承包招标时，以暂估价形式包括在总承包范围内的材料、设备达到国家规定规模标准的，应当由总承包中标人和工程建设项目招标人共同依法组织招标。双方当事人的风险和责任承担由合同约定。工程建设项目招标人或者总承包中标人可委托依法取得资质的招标代理机构承办招标代理业务。招标代理服务收费实行政府指导价。招标代理服务费用应当由招标人支付；招标人、招标代理机构与投标人另有约定的，从其约定。

依法必须招标的工程建设项目，应当具备下列条件才能进行材料、设备招标：

（1）招标人已经依法成立；

（2）按照国家有关规定应当履行项目审批、核准或者备案手续的，已经审批、核准或者备案；

（3）有相应资金或者资金来源已经落实；

（4）能够提出材料、设备的使用与技术要求。

依法必须进行招标的工程建设项目，按国家有关投资项目审批管理规定，凡应报送项目审批部门审批的，招标人应当在报送的可行性研究报告中将材料、设备招标范围、招标方式（公开招标或邀请招标）、招标组织形式（自行招标或委托招标）等有关招标内容报项目审批部门核准。项目审批部门应当将核准招标内容的意见抄送有关行政监督部门。企业投资项目申请政府财政性资金的，招标内容由资金申请报告审批部门依法在批复中确定。

6. 建设工程材料、设备采购招标的方式

建设工程材料、设备招标分为公开招标和邀请招标两类。

国务院发展改革部门确定的国家重点建设项目和各省、自治区、直辖市人民政府确定的地方重点建设项目，其材料、设备采购应当公开招标；有下列情形之一的，经批准可以进行邀请招标：

（1）材料、设备技术复杂或有特殊要求，只有少量几家潜在投标人可供选择的；

（2）涉及国家安全、国家秘密或者抢险救灾，适宜招标但不宜公开招标的；

（3）拟公开招标的费用与拟公开招标的节资相比，得不偿失的；

（4）法律、行政法规规定不宜公开招标的。

国家重点建设项目材料、设备的邀请招标，应当经国务院发展改革部门批准；地方重点建设项目材料、设备的邀请招标，应当经省、自治区、直辖市人民政府批准。

7. 建设工程材料、设备采购招标程序

建设工程材料、设备采购招标的一般程序如下：

（1）办理招标委托；

（2）确定招标类型和方式；

（3）编制实施计划筹建项目评标委员会；

（4）编制招标文件；

（5）刊登招标公告或发出投标邀请函；

（6）资格预审；

（7）发售招标文件；

（8）投标；

（9）开标、评标、定标；

（10）签订合同；

（11）项目总结归档，标后跟踪服务。

8. 建设工程材料、设备采购招标的招标人和投标人

建设工程材料、设备招标人是依法提出招标项目、进行招标的法人或者其他组织。总承包中标人共同招标时，也为招标人。

建设工程材料、设备投标人是响应招标、参加投标竞争的法人或者其他组织。法定代表人为同一个人的两个及两个以上法人，母公司、全资子公司及其控股公司，都不得在同一货物招标

中同时投标。一个制造商对同一品牌同一型号的货物,仅能委托一个代理商参加投标,否则应作废标处理。

二、材料、设备采购招投标工作内容

1. 招标前的准备工作

招标前的准备工作主要是根据项目对材料、设备的要求,开展信息咨询,收集各方面的有关资料,做好准备工作。

2. 招标前的分标工作

由于材料、设备的种类多,不可能由一个供应商提供项目所需的材料,因此在招标之前要对材料、设备分成不同的标段。分标的原则:有利于吸引更多的投标人参加投标,以发挥供应商的专长,降低材料、设备的价格,保证供货时间和质量,同时还要考虑便于招标管理的原则。

材料、设备分标时主要考虑招标项目的规模、材料设备的性质和质量要求、工程进度与供货时间、供货地点、市场供应情况、货款来源等因素。

3. 招标文件的编写

1)招标公告或投标邀请书的编写

招标公告或投标邀请书应当载明下列内容:① 招标人的名称和地址;② 招标货物的名称、数量、技术规格、资金来源;③ 交货的地点和时间;④ 获取招标文件或者资格预审文件的地点和时间;⑤ 对招标文件或者资格预审文件收取的费用;⑥ 提交资格预审申请书或者投标文件的地点和截止日期;⑦ 对投标人的资格要求。

2)资格预审文件的编写

资格预审文件一般包括下列内容:① 资格预审邀请书;② 申请人须知;③ 资格要求;④ 其他业绩要求;⑤ 资格审查标准和方法;⑥ 资格预审结果的通知方式。

3)招标文件的编写

招标文件一般包括下列内容:① 投标邀请书;② 投标人须知,主要包括工程概况介绍、本次招标的采购范围、投标人的资格要求、投标程序的有关规定和注意事项;③ 投标文件格式;④ 技术规格、参数及其他要求;⑤ 评标标准和方法;⑥ 合同主要条款(主要包括合同标的、合同价格、交货时间、交货数量、质量标准、费用结算、违约责任、合同争议解决的方式等内容)。

招标人应当在招标文件中规定实质性要求和条件,说明不满足其中任何一项实质性要求和条件的投标将被拒绝,并用醒目的方式标明;没有标明的要求和条件在评标时不得作为实质性要求和条件。对于非实质性要求和条件,应规定允许偏差的最大范围、最高项数,以及对这些偏差进行调整的方法。国家对招标货物的技术、标准、质量等有特殊要求的,招标人应当在招标文件中提出相应特殊要求,并将其作为实质性要求和条件。

招标人可以要求投标人在提交符合招标文件规定要求的投标文件外,提交备选投标方案,但应当在招标文件中做出说明。不符合中标条件的投标人的备选投标方案不予考虑。

招标文件规定的各项技术规格应当符合国家技术法规的规定。招标文件中规定的各项技术规格均不得要求或标明某一特定的专利技术、商标、名称、设计、原产地或供应者等,不得含有倾向或者排斥潜在投标人的其他内容。如果必须引用某一供应者的技术规格才能准确或清楚地说明拟招标货物的技术规格时,则应当在参照后面加上"或相当于"的字样。

招标文件应当明确规定评标时包含价格在内的所有评标因素,以及据此进行评估的方法。在评标过程中,不得改变招标文件中规定的评标标准、方法和中标条件。

招标人可以在招标文件中要求投标人以自己的名义提交投标保证金。投标保证金除现金外,可以是银行出具的银行保函、保兑支票、银行汇票或现金支票,也可以是招标人认可的其他合法担保形式。投标保证金一般不得超过投标总价的2%,最高不得超过80万元人民币。投标保证金有效期应当与投标有效期一致。投标人应当按照招标文件要求的方式和金额,在提交投标文件截止之日前将投标保证金提交给招标人或其招标代理机构。投标人不按招标文件要求提交投标保证金的,该投标文件作废标处理。

招标文件应当规定一个适当的投标有效期,以保证招标人有足够的时间完成评标和与中标人签订合同。投标有效期从招标文件规定的提交投标文件截止之日起计算。在原投标有效期结束前,出现特殊情况的,招标人可以书面形式要求所有投标人延长投标有效期。投标人同意延长的,不得要求或被允许修改其投标文件的实质性内容,但应当相应延长其投标保证金的有效期;投标人拒绝延长的,其投标失效,但投标人有权收回其投标保证金。同意延长投标有效期的投标人少于三个的,招标人应当重新招标。

4. 标底文件的编写

标底文件由招标单位编写,非标准设备招标的标底文件应报招投标管理机构审查,其他设备招标的标底文件报招投标管理机构备案。

标底文件应当依据设计单位出具的设计概算和国家、地方发布的有关价格政策编制,标底价格应当以编制标底文件时的全国机电设备市场的平均价格为基础,并包括不可预见费、技术措施费和其他有关政策规定的应计算在内的各种费用。

5. 资格预审

根据材料、设备的特点和需要,对潜在投标人的资格审查可以分为资格预审和资格后审两种。资格预审是指招标人出售招标文件或者发出投标邀请书前对潜在投标人进行的资格审查。资格预审一般适用于潜在投标人较多或者大型、技术复杂货物的公开招标,以及需要公开选择潜在投标人的邀请招标。资格后审是指在开标后对投标人进行的资格审查。资格后审一般在评标过程中的初步评审开始时进行。

资格审查主要包括投标人资质审查和投标人提交材料、设备的合格性审查。投标人资质审查主要表明投标人有资格参加投标和具有履约能力。材料、设备合格性审查主要审查提供的材料、设备货物的技术指标,以及为保证材料、设备正常连续使用的零配件清单等方面。

6. 解答招标文件疑问

对于投标人关于招标文件的疑问,招标人需要以书面或者以召开投标预备会的形式予以解答,解答的文件需要向所有的潜在投标人提供。解答内容作为招标文件的一部分,和招标文件具有同等效力。

7．投标人编制投标文件

投标人应当按照招标文件的要求编制投标文件。投标文件应当对招标文件提出的实质性要求和条件作出响应。

投标文件一般包括下列内容：① 投标函；② 投标一览表；③ 技术性能参数的详细描述；④ 商务和技术偏差表；⑤ 投标保证金；⑥ 有关资格证明文件；⑦ 招标文件要求的其他内容。

投标人根据招标文件载明的货物实际情况，拟在中标后将供货合同中的非主要部分进行分包的，应当在投标文件中载明。

8．开标、评标、定标

在招标文件规定的时间、地点由招标人主持开标会，邀请所有的投标人参加。当场宣读投标人的名称、报价等情况。

评标工作由招标单位组织评标委员会或评标小组秘密进行。评标委员会应具有一定的权威性，一般由不少于评标委员会总人数三分之二的技术、经济、合同等方面的专家及招标方代表组成，评标委员会人数一般是5人以上的单数。评标委员会在评标结束后需向招标人提供1～3名中标候选人。招标人需要在评标委员会推荐的候选人中确定中标人。招标人可以依次与中标候选人接触、协商。材料、设备的评标工作一般不超过10天，大型项目设备承包的评标工作不超过30天。

9．签订合同

招标人和中标人应在中标通知书发出30日之内，按照招标文件和投标文件订立书面合同。招标人和中标人不得再订立背离合同实质性内容的其他协议。招标人要求中标人提交履约保证金或其他形式的履约担保的，中标人应按照要求提交，拒绝提交的，视为放弃中标项目。

招标人和中标人签订合同后5个工作日内，应当向中标人和未中标的投标人一次性退还投标保证金。

依法必须进行招标的材料、设备项目，招标人应当在确定中标人15日内，向有关行政监督部门提交有关招投标情况说明的书面报告。

项目3　建设工程监理招投标

一、建设工程监理概述

1．建设工程监理概念

建设项目实行监理制度，是现行建筑市场规范化管理，并与国际建设项目管理接轨的一项重要制度。建设工程监理是指业主聘请监理单位，对项目的建设活动进行咨询、顾问，并将业主与承包商为实施项目建设所签订的各类合同履行过程，交予其负责管理。

推行建设工程监理制度，业主仅需派出少量人员直接负责项目建设的管理工作，从较为宏观的角度对项目建设过程进行控制,例如对总工期和重要阶段工期(里程碑工期)、总投资和重大合同外价款支付、最终建筑产品和重要工程部位质量等方面进行控制。具体的实施过程,由监理单位派人对承包商履行合同义务的工作加以控制、监督和管理。这种管理模式一方面可以由专业化的监理单位对项目的实施过程进行管理,保证项目的建设达到预期目的;另一方面也可以使业主将更多的精力投入到后续工作的规划、决策中,搞好保证建设项目顺利实施的外部协调工作。

2. 建设工程监理招投标适用范围

对大部分建设工程来说,实施建设工程监理制度是必要的。建设部颁布的《建设工程监理范围和规模标准规定》,下列建设工程必须实行监理:

(1) 国家重点建设工程,依据《国家重点建设项目管理办法》所确定的对国民经济和社会发展有重大影响的骨干项目;

(2) 大中型公用事业工程,即指项目总投资额在 3 000 万元以上的供水、供电、供气、供热等市政工程项目,科技、教育、文化等项目,体育、旅游、商业等项目,卫生、社会福利等项目,其他公用事业项目;

(3) 成片开发建设的住宅小区工程,建筑面积在 50 000 m² 以上的住宅建设工程必须实行监理;50 000 m² 以下的住宅建设工程,可以实行监理,具体范围和规模标准由省、自治区、直辖市人民政府建设行政主管部门规定,为了保证住宅质量,对高层住宅及地基、结构复杂的多层住宅应当实行监理;

(4) 利用外国政府或者国际组织贷款、援助资金的工程,包括使用世界银行、亚洲开发银行等国际组织贷款资金的项目、使用国外政府及其机构贷款资金的项目、使用国际组织或者国外政府援助资金的项目;

(5) 国家规定必须实行监理的其他工程,项目总投资额在 3 000 万元以上关系社会公共利益、公众安全的煤炭、石油、化工、天然气、电力、新能源等项目,铁路、公路、管道、水运、民航及其他交通运输业等项目,邮政、电信枢纽、通信、信息网络等项目,防洪、灌溉、排涝、发电、引(供)水、滩涂治理、水资源保护、水土保持等水利建设项目,道路、桥梁、地铁和轻轨交通、污水排放及处理、垃圾处理、地下管道、公共停车场等城市基础设施项目,生态环境保护项目,其他基础设施项目,学校、影剧院、体育场馆项目。

3. 建设工程监理招标的方式

建设工程监理招标有公开招标和邀请招标两种方式。

招标人采用公开招标方式时,招标公告应在指定报刊等媒介或在当地建设工程交易中心发布。

招标人采用邀请招标方式时,应向 3 家以上具备资质条件的监理单位发出投标邀请书。

4. 建设工程监理招标人

建设工程监理的招标人是建设单位,招标人可以自行组织建设工程监理招标,也可以委托具有相应资质的招标代理机构进行招标。任何单位和个人不得强制为招标人指定代理机构,必须进行监理招标的项目,招标人自行办理招标事宜的,应向招标管理部门备案。

招标代理机构的资质管理:国务院建设行政主管部门归口管理全国监理单位的资质管理工作。省、自治区、直辖市人民政府建设行政主管部门负责本行政区域地方监理单位的资质管理工作。国务院工业、交通等部门负责本部门直属监理单位的资质管理工作。

5. 建设工程监理投标人

建设工程监理的投标人是取得监理资质证书、具有独立法人资格的监理公司、监理事务所和兼承担监理业务的工程设计、科学研究及工程建设咨询的单位。监理单位资质,是指从事监理业务应当具备的人员素质、资金数量、专业技能、管理水平及监理业绩等。

6. 建设工程监理招投标程序

建设工程监理招标与投标应按下列程序进行。

(1)招标人组建项目管理班子,确定委托监理的范围,自行办理招标事宜的,应在招标投标管理办公室办理备案手续。

(2)编制招标文件。

(3)发布招标公告或发出邀请投标通知书。

(4)向投标人发出投标资格预审通知书,对投标人进行资格预审。

(5)招标人向投标人发出招标文件,投标人组织编写投标文件。

(6)招标人组织必要的答疑、现场勘察,解答投标人提出的问题,编写答疑文件或补充招标文件等。

(7)投标人递送投标书,招标人接受投标书。

(8)招标人组织开标、评标、决标。

(9)招标人确定中标单位后向招标投标管理机构提交招标投标情况的书面报告。

(10)招标人向投标人发出中标或者未中标通知书。

(11)招标人与中标单位进行谈判,订立委托监理书面合同。

(12)投标人报送监理规划,实施监理工作。

二、建设工程监理招标

1. 选择招标委托监理的内容

由于建设工程监理的工作内容遍布项目建设的全过程,因此,在选择监理单位前,应首先确定委托监理的工作内容和范围,既可以将整个建设过程监理委托一个单位来完成,也可以按不同阶段的工作内容或不同合同的内容分别交予几个监理单位来完成。在划分监理委托工作范围时,一般应考虑工程规模、项目的专业特点、合同履行的难易程度、业主的管理能力等方面。

2. 监理单位的资格预审

业主根据项目的特点确定委托监理的工作范围后,应开始选择合格的监理单位。由于监理单位是受业主委托进行工程建设的监理工作,用自己的知识和技能为业主提供技术咨询和服务工作,因此,衡量监理单位的能力应该是技术第一,其他因素应从属于技术标准。

目前国内工程监理招标较多采用邀请招标,业主的项目管理班子在招标过程中根据项目的需要和对有关咨询监理公司的了解,初选 3～10 家公司,并分别邀请每一家公司来进行委托监理任务的意向性洽谈,重要项目或大型项目才会核发资格预审文件。

监理资格预审是对邀请的监理单位的资质、能力是否与拟实施项目的专业特点相适应进行总体考查,而不是评定其实施该项目监理工作的建议是否可行、适用。因此,审查的重点应侧重于投标人的资质条件、监理经验、可用资源、社会信誉及监理能力等方面。

3. 监理招标文件的内容

(1) 工程概况,包括项目主要建设内容、规模、地点、总投资、现场条件和开竣工日期等。

(2) 招标方式。

(3) 委托监理的范围和要求。

(4) 工程合同主要条款,包括监理费报价、投标人的责任、对投标人的资质和现场监理人员的要求及招标人的交通、办公和食宿条件等。

(5) 投标须知。

4. 建设监理招标的开标、评标、决标

1) 开标

开标一般在统一的交易中心进行,由工程的招标人或其代理人主持,并邀请招标管理机构有关人员参加。

在开标中,属于下列情况之一的,按照无效标书处理。

(1) 招标人未按时参加开标会,或虽参加会议但无有效证件。

(2) 投标书未按规定的方式密封。

(3) 投标书未加盖单位公章和法定代表人印鉴。

(4) 唱标时弄虚作假,更改投标书内容。

(5) 投标书的字迹难以辨认。

(6) 监理费报价低于国家规定下限的。

2) 评标

监理招标的评标方法一般采用专家评审法和记分评审法。

3) 决标、签约

中标单位确定后,招标人应当向中标单位发出中标通知书,并同时将中标结果通知所有未中标的投标人。

三、建设工程监理投标

1. 接受资格预审

在接到投标邀请书或得到招标方公开招标的消息后,监理投标单位应主动与招标方联系,获得资格预审文件,按照招标人的要求,提供参加资格预审的资料。资格预审文件的内容应与

招标人资格预审的内容相符,一般包括下列文件:① 企业营业执照、资质等级证书和其他有效证明文件;② 企业简历;③ 主要检测设备一览表;④ 近 3 年来的主要监理业绩等。

资格预审文件制作完毕后,按规定的时间递送给招标人,接受招标人的资格预审。

2. 编制投标文件

在通过资格预审后,监理投标单位应向招标人购买招标文件,根据招标文件的要求,编制投标文件。

投标文件包括下列内容:① 投标书;② 监理大纲;③ 监理企业证明资料;④ 近 3 年来承担监理的主要工程;⑤ 监理机构人员资料;⑥ 反映监理单位自身信誉和能力的资料;⑦ 监理费用报价及其依据;⑧ 招标文件中要求提供的其他内容;⑨ 如委托有关单位对工程进行试验检测,须明示其单位名称和资质等级。

除以上主要内容外,还需提供下列附件资料:① 投标人企业营业执照副本;② 投标人监理资质证书;③ 监理单位近 3 年内所获国家及地方政府荣誉证书复印件;④ 投标人法定代表人委托书;⑤ 监理单位综合情况一览表;⑥ 监理单位近 3 年来已完成的单位工程____ m²(或总造价____万元)以上工程项目的业绩表;⑦ 拟派项目总监理工程师资格一览表;⑧ 拟派项目监理机构中监理工程师资格一览表;⑨ 拟在本项目中使用的主要仪器、检测设备一览表;⑩ 投标人需业主提供的条件。

3. 监理单位投标书的核心内容

1) 监理大纲

如前所述,监理单位向业主提供的是技术服务,所以监理单位投标书的核心内容是反映提供的技术服务水平高低的监理大纲,尤其是主要的监理对策。这是业主评定投标书优劣的重要内容。由于监理招标的特殊性,监理费的高低不是选择监理单位的主要评定标准。作为监理单位,也不应以降低监理费作为竞争的主要手段。

2) 监理报价

虽然监理报价并不作为业主评定投标书的首要因素,但是由于监理的收费是关系到监理单位能否顺利地完成监理任务,获得应有报酬的关键,所以对监理单位来说,监理报价的确定就显得十分重要。

(1) 监理费的构成 监理费由监理单位在工程项目建设监理活动中所需要的全部成本,再加上应交纳的税金和合理的利润构成。

① 直接成本 直接成本是指监理单位在完成某项具体监理业务中所发生的成本,主要包括:监理人员和监理辅助人员的工资,以及津贴、附加工资、奖金等;用于监理人员和监理辅助人员的其他专项开支,包括差旅费、补助费、书报费、医疗费等;用于监理工作的计算机等办公设施的购置使用费和其他仪器、机械的租赁费等;所需的其他外部服务支出。

② 间接成本 有时称为日常管理费,包括全部业务经营开支和非工程项目监理的特定开支。一般包括:管理人员、行政人员、后勤服务人员的工资,以及津贴、附加工资、奖金等;经营业务费,包括为招揽监理业务而发生的广告费、宣传费、有关契约或合同的公证费和签证费等活动

经费;办公费,包括办公用具、用品购置费,通信费、邮寄费、交通费,办公室及相关设施的使用(或租用)费、维修费及会议费、差旅费等;其他固定资产及常用工具和设备的使用费;垫支资金贷款利息;业务培训费,图书、资料购置费等教育经费;新技术开发、研制、试用费;咨询费、专有技术使用费;职工福利费、劳动保护费;工会等职工组织活动经费;其他行政活动经费,如职工文化活动经费等;企业领导基金和其他营业外支出。

③ 税金　税金是指按照国家规定,监理单位应交纳的各种税金总额,例如交纳营业税、所得税等。监理单位属科技服务类的,应享受一定的优惠政策。

④ 利润　利润是指监理单位的监理活动收入扣除直接成本、间接成本和各种税金之后的余额。监理单位是一种高智能群体,监理是一种高智能的技术服务,监理单位的利润应当高于社会平均利润。

(2) 监理费用的计算方法　按照招标文件中关于投标报价的要求,应选择相应的方法计算监理费,监理费的计算方法有比较定型的模式,常用的有以下五种。

① 按时计算法　这种方法是根据合同项目使用的时间(计算时间的单位可以是小时、工作日,或按月计算)补偿费再加上一定数额的补贴计算监理费的总额。单位时间的补偿费用一般以监理单位职员的基本工资为基础,加上一定的管理费和利润(税前利润)计算。采用这种方法时,监理人员的差旅费、工作函电费、资料费及试验和检验费、交通和住宿费等均由业主另行支付。这种计算方法主要适用于临时性的、短期的监理业务活动,或者不宜按工程概(预)算的百分率等其他方法计算监理费时使用。由于这种方法在一定程度上限制了监理单位潜在效益的增加,因此单位时间内监理费的标准比监理单位内部实际的标准要高得多。

② 工资加一定比例的其他费用计算法　这种方法实际上是按时计算监理费形式的变换,即按参加监理工作人员实际工资的基数乘上一个系数。这个系数包括了应有的间接成本和税金、利润等。除了监理人员的工资之外,其他各项直接费用等均由项目业主另行支付。一般情况下,较少采用这种方法,尤其是在核定监理人员数量和监理人员的实际工资方面,业主与监理单位之间难以取得完全一致的意见。

③ 按工程建设成本的百分率计算法　这种方法是按照工程规模大小和所委托的监理工作的繁简,以建设投资的一定百分率来计算。一般情况下,工程规模越大,建设投资越多,计算监理费的百分率越小。这种方法比较简便、科学,在监理招标中最常使用,采用这种方法的关键一环是确定计算监理费的基数。

《建设工程监理与相关服务收费管理规定》相关规定:建设工程监理与相关服务收费根据建设项目性质不同情况,分别实行政府指导价或市场调节价。依法必须实行监理的建设工程施工阶段的监理收费实行政府指导价;其他建设工程施工阶段的监理收费和其他阶段的监理与相关服务收费实行市场调节价。

实行政府指导价的建设工程施工阶段监理收费,其基准价根据《建设工程监理与相关服务收费标准》计算,浮动幅度为上下20%。发包人和监理人应当根据建设工程的实际情况在规定的浮动幅度内协商确定收费额。实行市场调节价的建设工程监理与相关服务收费,由发包人和监理人协商确定收费额,如表7-1所示。

④ 监理成本加固定费用计算法　监理成本是指监理单位在工程监理项目上花费的直接成本,固定费用是指直接费用之外的其他费用。各监理单位的直接费与其他费用的比例是不同的。

表 7-1　施工监理服务收费基价表　　　　　　　单位:万元

序号	计费额	收费基价	序号	计费额	收费基价
1	500	16.5	9	60 000	991.4
2	1 000	30.1	10	80 000	1 255.8
3	3 000	78.1	11	100 000	1 507.0
4	5 000	120.8	12	200 000	2 712.5
5	8 000	181.0	13	400 000	4 882.6
6	10 000	218.6	14	600 000	6 835.6
7	20 000	393.4	15	800 000	8 658.4
8	40 000	708.2	16	1 000 000	10 390.1

但是,一个监理单位的监理直接费与其他费用之间大体上可以确定一个比例。这样,只要估算出某工程项目的监理成本,整个监理费也就可以确定了。问题是监理招标时,往往难以较准确地确定监理成本,这就为监理报价带来较大的阻力。所以这种计算方法用得很少。

⑤ 固定价格计算法　这种方法适用于小型或中等规模工程项目监理费的计算,尤其是监理内容比较明确的小型或中等规模的工程项目监理费的计算。在明确监理工作内容的基础上,以一笔监理总价包死,工作量有增减变化,一般也不调整监理费。或者不同类别的工程项目监理价格不变,根据各项工程量的大小分别计算出各类监理费,合起来就是监理总价。这种方法一般由监理方测算报价后,在签约前由业主和监理单位共同协商确定。

4．递送投标文件

投标人应当使用专用投标袋并按照招标文件的要求密封,并在招标文件要求的截止时间前,将投标文件送达投标地点。

四、投标注意事项

投标要注意以下几点:

(1) 严格遵守国家的法律、法规及相关规定,遵守监理行业职业道德;

(2) 严格按照批准的经营范围承接监理业务,特殊情况下,承接经营范围以外的监理业务时,需向资质管理部门申请批准;

(3) 承揽监理业务的总量要视本单位的力量而定,不得在与业主签订合同后,把监理业务转包给其他监理单位;

(4) 对于监理风险较大的监理项目,或建设周期比较长的项目,遭受自然灾害或战争影响较大的项目,工程量庞大或技术难度较高的项目,监理单位除向保险公司投保,还可以与几家监理单位组成联合体共同承担监理风险。

五、签订监理合同

收到招标人发来的中标通知书后,中标的监理单位会与业主进行合同签约前的谈判,主要就合同专用条款部分进行谈判。双方达成共识后签订合同,建设工程监理招标与投标即告结束。

1. 试述勘察设计招标的步骤。

2. 试述工程材料、设备招标的步骤。

3. 试述工程监理招标的步骤。

4. 监理单位投标书的核心内容包括哪些?

5. 简述建设工程监理招标评标、定标的方法。

附录 A 中华人民共和国招标投标法

第一章 总 则

第一条 为了规范招标投标活动,保护国家利益、社会公共利益和招标投标活动当事人的合法权益,提高经济效益,保证项目质量,制定本法。

第二条 在中华人民共和国境内进行招标投标活动,适用本法。

第三条 在中华人民共和国境内进行下列工程建设项目包括项目的勘察、设计、施工、监理以及与工程建设有关的重要设备、材料等的采购,必须进行招标:

(一)大型基础设施、公用事业等关系社会公共利益、公众安全的项目;

(二)全部或者部分使用国有资金投资或者国家融资的项目;

(三)使用国际组织或者外国政府贷款、援助资金的项目。

前款所列项目的具体范围和规模标准,由国务院发展计划部门会同国务院有关部门制订,报国务院批准。

法律或者国务院对必须进行招标的其他项目的范围有规定的,依照其规定。

第四条 任何单位和个人不得将依法必须进行招标的项目化整为零或者以其他任何方式规避招标。

第五条 招标投标活动应当遵循公开、公平、公正和诚实信用的原则。

第六条 依法必须进行招标的项目,其招标投标活动不受地区或者部门的限制。任何单位和个人不得违法限制或者排斥本地区、本系统以外的法人或者其他组织参加投标,不得以任何方式非法干涉招标投标活动。

第七条 招标投标活动及其当事人应当接受依法实施的监督。

有关行政监督部门依法对招标投标活动实施监督,依法查处招标投标活动中的违法行为。

对招标投标活动的行政监督及有关部门的具体职权划分,由国务院规定。

第二章 招 标

第八条 招标人是依照本法规定提出招标项目、进行招标的法人或者其他组织。

第九条 招标项目按照国家有关规定需要履行项目审批手续的,应当先履行审批手续,取得批准。

招标人应当有进行招标项目的相应资金或者资金来源已经落实,并应当在招标文件中如实载明。

第十条 招标分为公开招标和邀请招标。

公开招标,是指招标人以招标公告的方式邀请不特定的法人或者其他组织投标。

邀请招标,是指招标人以投标邀请书的方式邀请特定的法人或者其他组织投标。

第十一条　国务院发展计划部门确定的国家重点项目和省、自治区、直辖市人民政府确定的地方重点项目不适宜公开招标的,经国务院发展计划部门或者省、自治区、直辖市人民政府批准,可以进行邀请招标。

第十二条　招标人有权自行选择招标代理机构,委托其办理招标事宜。任何单位和个人不得以任何方式为招标人指定招标代理机构。

招标人具有编制招标文件和组织评标能力的,可以自行办理招标事宜。任何单位和个人不得强制其委托招标代理机构办理招标事宜。

依法必须进行招标的项目,招标人自行办理招标事宜的,应当向有关行政监督部门备案。

第十三条　招标代理机构是依法设立、从事招标代理业务并提供相关服务的社会中介组织。

招标代理机构应当具备下列条件:

(一)有从事招标代理业务的营业场所和相应资金;

(二)有能够编制招标文件和组织评标的相应专业力量;

(三)有符合本法第三十七条第三款规定条件、可以作为评标委员会成员人选的技术、经济等方面的专家库。

第十四条　从事工程建设项目招标代理业务的招标代理机构,其资格由国务院或者省、自治区、直辖市人民政府的建设行政主管部门认定。具体办法由国务院建设行政主管部门会同国务院有关部门制定。从事其他招标代理业务的招标代理机构,其资格认定的主管部门由国务院规定。

招标代理机构与行政机关和其他国家机关不得存在隶属关系或者其他利益关系。

第十五条　招标代理机构应当在招标人委托的范围内办理招标事宜,并遵守本法关于招标人的规定。

第十六条　招标人采用公开招标方式的,应当发布招标公告。依法必须进行招标的项目的招标公告,应当通过国家指定的报刊、信息网络或者其他媒介发布。

招标公告应当载明招标人的名称和地址、招标项目的性质、数量、实施地点和时间以及获取招标文件的办法等事项。

第十七条　招标人采用邀请招标方式的,应当向三个以上具备承担招标项目的能力、资信良好的特定的法人或者其他组织发出投标邀请书。

投标邀请书应当载明本法第十六条第二款规定的事项。

第十八条　招标人可以根据招标项目本身的要求,在招标公告或者投标邀请书中,要求潜在投标人提供有关资质证明文件和业绩情况,并对潜在投标人进行资格审查;国家对投标人的资格条件有规定的,依照其规定。

招标人不得以不合理的条件限制或者排斥潜在投标人,不得对潜在投标人实行歧视待遇。

第十九条　招标人应当根据招标项目的特点和需要编制招标文件。招标文件应当包括招标项目的技术要求、对投标人资格审查的标准、投标报价要求和评标标准等所有实质性要求和条件以及拟签订合同的主要条款。

国家对招标项目的技术、标准有规定的,招标人应当按照其规定在招标文件中提出相应要求。

招标项目需要划分标段、确定工期的,招标人应当合理划分标段、确定工期,并在招标文件中载明。

第二十条 招标文件不得要求或者标明特定的生产供应者以及含有倾向或者排斥潜在投标人的其他内容。

第二十一条 招标人根据招标项目的具体情况,可以组织潜在投标人踏勘项目现场。

第二十二条 招标人不得向他人透露已获取招标文件的潜在投标人的名称、数量以及可能影响公平竞争的有关招标投标的其他情况。

招标人设有标底的,标底必须保密。

第二十三条 招标人对已发出的招标文件进行必要的澄清或者修改的,应当在招标文件要求提交投标文件截止时间至少十五日前,以书面形式通知所有招标文件收受人。该澄清或者修改的内容为招标文件的组成部分。

第二十四条 招标人应当确定投标人编制投标文件所需要的合理时间;但是,依法必须进行招标的项目,自招标文件开始发出之日起至投标人提交投标文件截止之日止,最短不得少于二十日。

第三章 投 标

第二十五条 投标人是响应招标、参加投标竞争的法人或者其他组织。

依法招标的科研项目允许个人参加投标的,投标的个人适用本法有关投标人的规定。

第二十六条 投标人应当具备承担招标项目的能力;国家有关规定对投标人资格条件或者招标文件对投标人资格条件有规定的,投标人应当具备规定的资格条件。

第二十七条 投标人应当按照招标文件的要求编制投标文件。投标文件应当对招标文件提出的实质性要求和条件作出响应。

招标项目属于建设施工的,投标文件的内容应当包括拟派出的项目负责人与主要技术人员的简历、业绩和拟用于完成招标项目的机械设备等。

第二十八条 投标人应当在招标文件要求提交投标文件的截止时间前,将投标文件送达投标地点。招标人收到投标文件后,应当签收保存,不得开启。投标人少于三个的,招标人应当依照本法重新招标。

在招标文件要求提交投标文件的截止时间后送达的投标文件,招标人应当拒收。

第二十九条 投标人在招标文件要求提交投标文件的截止时间前,可以补充、修改或者撤回已提交的投标文件,并书面通知招标人。补充、修改的内容为投标文件的组成部分。

第三十条 投标人根据招标文件载明的项目实际情况,拟在中标后将中标项目的部分非主体、非关键性工作进行分包的,应当在投标文件中载明。

第三十一条 两个以上法人或者其他组织可以组成一个联合体,以一个投标人的身份共同投标。

联合体各方均应当具备承担招标项目的相应能力;国家有关规定或者招标文件对投标人资格条件有规定的,联合体各方均应当具备规定的相应资格条件。由同一专业的单位组成的联合体,按照资质等级较低的单位确定资质等级。

联合体各方应当签订共同投标协议,明确约定各方拟承担的工作和责任,并将共同投标协议连同投标文件一并提交招标人。联合体中标的,联合体各方应当共同与招标人签订合同,就中标项目向招标人承担连带责任。

招标人不得强制投标人组成联合体共同投标,不得限制投标人之间的竞争。

第三十二条 投标人不得相互串通投标报价,不得排挤其他投标人的公平竞争,损害招标人或者其他投标人的合法权益。

投标人不得与招标人串通投标,损害国家利益、社会公共利益或者他人的合法权益。

禁止投标人以向招标人或者评标委员会成员行贿的手段谋取中标。

第三十三条 投标人不得以低于成本的报价竞标,也不得以他人名义投标或者以其他方式弄虚作假,骗取中标。

第四章 开标、评标和中标

第三十四条 开标应当在招标文件确定的提交投标文件截止时间的同一时间公开进行;开标地点应当为招标文件中预先确定的地点。

第三十五条 开标由招标人主持,邀请所有投标人参加。

第三十六条 开标时,由投标人或者其推选的代表检查投标文件的密封情况,也可以由招标人委托的公证机构检查并公证;经确认无误后,由工作人员当众拆封,宣读投标人名称、投标价格和投标文件的其他主要内容。

招标人在招标文件要求提交投标文件的截止时间前收到的所有投标文件,开标时都应当当众予以拆封、宣读。

开标过程应当记录,并存档备查。

第三十七条 评标由招标人依法组建的评标委员会负责。

依法必须进行招标的项目,其评标委员会由招标人的代表和有关技术、经济等方面的专家组成,成员人数为五人以上单数,其中技术、经济等方面的专家不得少于成员总数的三分之二。

前款专家应当从事相关领域工作满八年并具有高级职称或者具有同等专业水平,由招标人从国务院有关部门或者省、自治区、直辖市人民政府有关部门提供的专家名册或者招标代理机构的专家库内的相关专业的专家名单中确定;一般招标项目可以采取随机抽取方式,特殊招标项目可以由招标人直接确定。

与投标人有利害关系的人不得进入相关项目的评标委员会;已经进入的应当更换。

评标委员会成员的名单在中标结果确定前应当保密。

第三十八条 招标人应当采取必要的措施,保证评标在严格保密的情况下进行。

任何单位和个人不得非法干预、影响评标的过程和结果。

第三十九条 评标委员会可以要求投标人对投标文件中含义不明确的内容作必要的澄清或者说明,但是澄清或者说明不得超出投标文件的范围或者改变投标文件的实质性内容。

第四十条 评标委员会应当按照招标文件确定的评标标准和方法,对投标文件进行评审和比较;设有标底的,应当参考标底。评标委员会完成评标后,应当向招标人提出书面评标报告,并推荐合格的中标候选人。

招标人根据评标委员会提出的书面评标报告和推荐的中标候选人确定中标人。招标人也可以授权评标委员会直接确定中标人。

国务院对特定招标项目的评标有特别规定的,从其规定。

第四十一条 中标人的投标应当符合下列条件之一:

(一)能够最大限度地满足招标文件中规定的各项综合评价标准;

（二）能够满足招标文件的实质性要求，并且经评审的投标价格最低；但是投标价格低于成本的除外。

第四十二条　评标委员会经评审，认为所有投标都不符合招标文件要求的，可以否决所有投标。

依法必须进行招标的项目的所有投标被否决的，招标人应当依照本法重新招标。

第四十三条　在确定中标人前，招标人不得与投标人就投标价格、投标方案等实质性内容进行谈判。

第四十四条　评标委员会成员应当客观、公正地履行职务，遵守职业道德，对所提出的评审意见承担个人责任。

评标委员会成员不得私下接触投标人，不得收受投标人的财物或者其他好处。

评标委员会成员和参与评标的有关工作人员不得透露对投标文件的评审和比较、中标候选人的推荐情况以及与评标有关的其他情况。

第四十五条　中标人确定后，招标人应当向中标人发出中标通知书，并同时将中标结果通知所有未中标的投标人。

中标通知书对招标人和中标人具有法律效力。中标通知书发出后，招标人改变中标结果的，或者中标人放弃中标项目的，应当依法承担法律责任。

第四十六条　招标人和中标人应当自中标通知书发出之日起三十日内，按照招标文件和中标人的投标文件订立书面合同。招标人和中标人不得再行订立背离合同实质性内容的其他协议。

招标文件要求中标人提交履约保证金的，中标人应当提交。

第四十七条　依法必须进行招标的项目，招标人应当自确定中标人之日起十五日内，向有关行政监督部门提交招标投标情况的书面报告。

第四十八条　中标人应当按照合同约定履行义务，完成中标项目。中标人不得向他人转让中标项目，也不得将中标项目肢解后分别向他人转让。

中标人按照合同约定或者经招标人同意，可以将中标项目的部分非主体、非关键性工作分包给他人完成。接受分包的人应当具备相应的资格条件，并不得再次分包。

中标人应当就分包项目向招标人负责，接受分包的人就分包项目承担连带责任。

第五章　法　律　责　任

第四十九条　违反本法规定，必须进行招标的项目而不招标的，将必须进行招标的项目化整为零或者以其他任何方式规避招标的，责令限期改正，可以处项目合同金额千分之五以上千分之十以下的罚款；对全部或者部分使用国有资金的项目，可以暂停项目执行或者暂停资金拨付；对单位直接负责的主管人员和其他直接责任人员依法给予处分。

第五十条　招标代理机构违反本法规定，泄露应当保密的与招标投标活动有关的情况和资料的，或者与招标人、投标人串通损害国家利益、社会公共利益或者他人合法权益的，处五万元以上二十五万元以下的罚款，对单位直接负责的主管人员和其他直接责任人员处单位罚款数额百分之五以上百分之十以下的罚款；有违法所得的，并处没收违法所得；情节严重的，暂停直至取消招标代理资格；构成犯罪的，依法追究刑事责任。给他人造成损失的，依法承担赔偿责任。

前款所列行为影响中标结果的，中标无效。

第五十一条　招标人以不合理的条件限制或者排斥潜在投标人的,对潜在投标人实行歧视待遇的,强制要求投标人组成联合体共同投标的,或者限制投标人之间竞争的,责令改正,可以处一万元以上五万元以下的罚款。

第五十二条　依法必须进行招标的项目的招标人向他人透露已获取招标文件的潜在投标人的名称、数量或者可能影响公平竞争的有关招标投标的其他情况的,或者泄露标底的,给予警告,可以并处一万元以上十万元以下的罚款;对单位直接负责的主管人员和其他直接责任人员依法给予处分;构成犯罪的,依法追究刑事责任。

前款所列行为影响中标结果的,中标无效。

第五十三条　投标人相互串通投标或者与招标人串通投标的,投标人以向招标人或者评标委员会成员行贿的手段谋取中标的,中标无效,处中标项目金额千分之五以上千分之十以下的罚款,对单位直接负责的主管人员和其他直接责任人员处单位罚款数额百分之五以上百分之十以下的罚款;有违法所得的,并处没收违法所得;情节严重的,取消其一年至二年内参加依法必须进行招标的项目的投标资格并予以公告,直至由工商行政管理机关吊销营业执照;构成犯罪的,依法追究刑事责任。给他人造成损失的,依法承担赔偿责任。

第五十四条　投标人以他人名义投标或者以其他方式弄虚作假,骗取中标的,中标无效,给招标人造成损失的,依法承担赔偿责任;构成犯罪的,依法追究刑事责任。

依法必须进行招标的项目的投标人有前款所列行为尚未构成犯罪的,处中标项目金额千分之五以上千分之十以下的罚款,对单位直接负责的主管人员和其他直接责任人员处单位罚款数额百分之五以上百分之十以下的罚款;有违法所得的,并处没收违法所得;情节严重的,取消其一年至三年内参加依法必须进行招标的项目的投标资格并予以公告,直至由工商行政管理机关吊销营业执照。

第五十五条　依法必须进行招标的项目,招标人违反本法规定,与投标人就投标价格、投标方案等实质性内容进行谈判的,给予警告,对单位直接负责的主管人员和其他直接责任人员依法给予处分。

前款所列行为影响中标结果的,中标无效。

第五十六条　评标委员会成员收受投标人的财物或者其他好处的,评标委员会成员或者参加评标的有关工作人员向他人透露对投标文件的评审和比较、中标候选人的推荐以及与评标有关的其他情况的,给予警告,没收收受的财物,可以并处三千元以上五万元以下的罚款,对有所列违法行为的评标委员会成员取消担任评标委员会成员的资格,不得再参加任何依法必须进行招标的项目的评标;构成犯罪的,依法追究刑事责任。

第五十七条　招标人在评标委员会依法推荐的中标候选人以外确定中标人的,依法必须进行招标的项目在所有投标被评标委员会否决后自行确定中标人的,中标无效。责令改正,可以处中标项目金额千分之五以上千分之十以下的罚款;对单位直接负责的主管人员和其他直接责任人员依法给予处分。

第五十八条　中标人将中标项目转让给他人的,将中标项目肢解后分别转让给他人的,违反本法规定将中标项目的部分主体、关键性工作分包给他人的,或者分包人再次分包的,转让、分包无效,处转让、分包项目金额千分之五以上千分之十以下的罚款;有违法所得的,并处没收违法所得;可以责令停业整顿;情节严重的,由工商行政管理机关吊销营业执照。

第五十九条　招标人与中标人不按照招标文件和中标人的投标文件订立合同的,或者招标人、中标人订立背离合同实质性内容的协议的,责令改正;可以处中标项目金额千分之五以上千分之十以下的罚款。

第六十条　中标人不履行与招标人订立的合同的,履约保证金不予退还,给招标人造成的损失超过履约保证金数额的,还应当对超过部分予以赔偿;没有提交履约保证金的,应当对招标人的损失承担赔偿责任。

中标人不按照与招标人订立的合同履行义务,情节严重的,取消其二年至五年内参加依法必须进行招标的项目的投标资格并予以公告,直至由工商行政管理机关吊销营业执照。

因不可抗力不能履行合同的,不适用前两款规定。

第六十一条　本章规定的行政处罚,由国务院规定的有关行政监督部门决定。本法已对实施行政处罚的机关作出规定的除外。

第六十二条　任何单位违反本法规定,限制或者排斥本地区、本系统以外的法人或者其他组织参加投标的,为招标人指定招标代理机构的,强制招标人委托招标代理机构办理招标事宜的,或者以其他方式干涉招标投标活动的,责令改正;对单位直接负责的主管人员和其他直接责任人员依法给予警告、记过、记大过的处分,情节较重的,依法给予降级、撤职、开除的处分。

个人利用职权进行前款违法行为的,依照前款规定追究责任。

第六十三条　对招标投标活动依法负有行政监督职责的国家机关工作人员徇私舞弊、滥用职权或者玩忽职守,构成犯罪的,依法追究刑事责任;不构成犯罪的,依法给予行政处分。

第六十四条　依法必须进行招标的项目违反本法规定,中标无效的,应当依照本法规定的中标条件从其余投标人中重新确定中标人或者依照本法重新进行招标。

第六章　附　　则

第六十五条　投标人和其他利害关系人认为招标投标活动不符合本法有关规定的,有权向招标人提出异议或者依法向有关行政监督部门投诉。

第六十六条　涉及国家安全、国家秘密、抢险救灾或者属于利用扶贫资金实行以工代赈、需要使用农民工等特殊情况,不适宜进行招标的项目,按照国家有关规定可以不进行招标。

第六十七条　使用国际组织或者外国政府贷款、援助资金的项目进行招标,贷款方、资金提供方对招标投标的具体条件和程序有不同规定,可以适用其规定,但违背中华人民共和国的社会公共利益的除外。

第六十八条　本法自 2000 年 1 月 1 日起施行。

附录 B 中华人民共和国招标投标法实施条例

第一章 总则

第一条 为了规范招标投标活动,根据《中华人民共和国招标投标法》(以下简称《招标投标法》),制定本条例。

第二条 《招标投标法》第三条所称工程建设项目,是指工程以及与工程建设有关的货物、服务。

前款所称工程,是指建设工程,包括建筑物和构筑物的新建、改建、扩建及其相关的装修、拆除、修缮等;所称与工程建设有关的货物,是指构成工程不可分割的组成部分,且为实现工程基本功能所必需的设备、材料等;所称与工程建设有关的服务,是指为完成工程所需的勘察、设计、监理等服务。

第三条 依法必须进行招标的工程建设项目的具体范围和规模标准,由国务院发展改革部门会同国务院有关部门制订,报国务院批准后公布施行。

第四条 国务院发展改革部门指导和协调全国招标投标工作,对国家重大建设项目的工程招标投标活动实施监督检查。国务院工业和信息化、住房城乡建设、交通运输、铁道、水利、商务等部门,按照规定的职责分工对有关招标投标活动实施监督。

县级以上地方人民政府发展改革部门指导和协调本行政区域的招标投标工作。县级以上地方人民政府有关部门按照规定的职责分工,对招标投标活动实施监督,依法查处招标投标活动中的违法行为。县级以上地方人民政府对其所属部门有关招标投标活动的监督职责分工另有规定的,从其规定。

财政部门依法对实行招标投标的政府采购工程建设项目的预算执行情况和政府采购政策执行情况实施监督。

监察机关依法对与招标投标活动有关的监察对象实施监察。

第五条 设区的市级以上地方人民政府可以根据实际需要,建立统一规范的招标投标交易场所,为招标投标活动提供服务。招标投标交易场所不得与行政监督部门存在隶属关系,不得以营利为目的。

国家鼓励利用信息网络进行电子招标投标。

第六条 禁止国家工作人员以任何方式非法干涉招标投标活动。

第二章 招标

第七条 按照国家有关规定需要履行项目审批、核准手续的依法必须进行招标的项目,其招标范围、招标方式、招标组织形式应当报项目审批、核准部门审批、核准。项目审批、核准部门应当及时将审批、核准确定的招标范围、招标方式、招标组织形式通报有关行政监督部门。

第八条　国有资金占控股或者主导地位的依法必须进行招标的项目,应当公开招标;但有下列情形之一的,可以邀请招标:

(一)技术复杂、有特殊要求或者受自然环境限制,只有少量潜在投标人可供选择;

(二)采用公开招标方式的费用占项目合同金额的比例过大。

有前款第二项所列情形,属于本条例第七条规定的项目,由项目审批、核准部门在审批、核准项目时作出认定;其他项目由招标人申请有关行政监督部门作出认定。

第九条　除《招标投标法》第六十六条规定的可以不进行招标的特殊情况外,有下列情形之一的,可以不进行招标:

(一)需要采用不可替代的专利或者专有技术;

(二)采购人依法能够自行建设、生产或者提供;

(三)已通过招标方式选定的特许经营项目投资人依法能够自行建设、生产或者提供;

(四)需要向原中标人采购工程、货物或者服务,否则将影响施工或者功能配套要求;

(五)国家规定的其他特殊情形。

招标人为适用前款规定弄虚作假的,属于《招标投标法》第四条规定的规避招标。

第十条　《招标投标法》第十二条第二款规定的招标人具有编制招标文件和组织评标能力,是指招标人具有与招标项目规模和复杂程度相适应的技术、经济等方面的专业人员。

第十一条　招标代理机构的资格依照法律和国务院的规定由有关部门认定。

国务院住房城乡建设、商务、发展改革、工业和信息化等部门,按照规定的职责分工对招标代理机构依法实施监督管理。

第十二条　招标代理机构应当拥有一定数量的取得招标职业资格的专业人员。取得招标职业资格的具体办法由国务院人力资源社会保障部门会同国务院发展改革部门制定。

第十三条　招标代理机构在其资格许可和招标人委托的范围内开展招标代理业务,任何单位和个人不得非法干涉。

招标代理机构代理招标业务,应当遵守《招标投标法》和本条例关于招标人的规定。招标代理机构不得在所代理的招标项目中投标或者代理投标,也不得为所代理的招标项目的投标人提供咨询。

招标代理机构不得涂改、出租、出借、转让资格证书。

第十四条　招标人应当与被委托的招标代理机构签订书面委托合同,合同约定的收费标准应当符合国家有关规定。

第十五条　公开招标的项目,应当依照《招标投标法》和本条例的规定发布招标公告、编制招标文件。

招标人采用资格预审办法对潜在投标人进行资格审查的,应当发布资格预审公告、编制资格预审文件。

依法必须进行招标的项目的资格预审公告和招标公告,应当在国务院发展改革部门依法指定的媒介发布。在不同媒介发布的同一招标项目的资格预审公告或者招标公告的内容应当一致。指定媒介发布依法必须进行招标的项目的境内资格预审公告、招标公告,不得收取费用。

编制依法必须进行招标的项目的资格预审文件和招标文件,应当使用国务院发展改革部门会同有关行政监督部门制定的标准文本。

第十六条　招标人应当按照资格预审公告、招标公告或者投标邀请书规定的时间、地点发售资格预审文件或者招标文件。资格预审文件或者招标文件的发售期不得少于 5 日。

招标人发售资格预审文件、招标文件收取的费用应当限于补偿印刷、邮寄的成本支出,不得以营利为目的。

第十七条 招标人应当合理确定提交资格预审申请文件的时间。依法必须进行招标的项目提交资格预审申请文件的时间,自资格预审文件停止发售之日起不得少于 5 日。

第十八条 资格预审应当按照资格预审文件载明的标准和方法进行。

国有资金占控股或者主导地位的依法必须进行招标的项目,招标人应当组建资格审查委员会审查资格预审申请文件。资格审查委员会及其成员应当遵守《招标投标法》和本条例有关评标委员会及其成员的规定。

第十九条 资格预审结束后,招标人应当及时向资格预审申请人发出资格预审结果通知书。未通过资格预审的申请人不具有投标资格。

通过资格预审的申请人少于 3 个的,应当重新招标。

第二十条 招标人采用资格后审办法对投标人进行资格审查的,应当在开标后由评标委员会按照招标文件规定的标准和方法对投标人的资格进行审查。

第二十一条 招标人可以对已发出的资格预审文件或者招标文件进行必要的澄清或者修改。澄清或者修改的内容可能影响资格预审申请文件或者投标文件编制的,招标人应当在提交资格预审申请文件截止时间至少 3 日前,或者投标截止时间至少 15 日前,以书面形式通知所有获取资格预审文件或者招标文件的潜在投标人;不足 3 日或者 15 日的,招标人应当顺延提交资格预审申请文件或者投标文件的截止时间。

第二十二条 潜在投标人或者其他利害关系人对资格预审文件有异议的,应当在提交资格预审申请文件截止时间 2 日前提出;对招标文件有异议的,应当在投标截止时间 10 日前提出。招标人应当自收到异议之日起 3 日内作出答复;作出答复前,应当暂停招标投标活动。

第二十三条 招标人编制的资格预审文件、招标文件的内容违反法律、行政法规的强制性规定,违反公开、公平、公正和诚实信用原则,影响资格预审结果或者潜在投标人投标的,依法必须进行招标的项目的招标人应当在修改资格预审文件或者招标文件后重新招标。

第二十四条 招标人对招标项目划分标段的,应当遵守《招标投标法》的有关规定,不得利用划分标段限制或者排斥潜在投标人。依法必须进行招标的项目的招标人不得利用划分标段规避招标。

第二十五条 招标人应当在招标文件中载明投标有效期。投标有效期从提交投标文件的截止之日起算。

第二十六条 招标人在招标文件中要求投标人提交投标保证金的,投标保证金不得超过招标项目估算价的 2%。投标保证金有效期应当与投标有效期一致。

依法必须进行招标的项目的境内投标单位,以现金或者支票形式提交的投标保证金应当从其基本账户转出。

招标人不得挪用投标保证金。

第二十七条 招标人可以自行决定是否编制标底。一个招标项目只能有一个标底。标底必须保密。

接受委托编制标底的中介机构不得参加受托编制标底项目的投标,也不得为该项目的投标人编制投标文件或者提供咨询。

招标人设有最高投标限价的,应当在招标文件中明确最高投标限价或者最高投标限价的计算方法。招标人不得规定最低投标限价。

第二十八条　招标人不得组织单个或者部分潜在投标人踏勘项目现场。

第二十九条　招标人可以依法对工程以及与工程建设有关的货物、服务全部或者部分实行总承包招标。以暂估价形式包括在总承包范围内的工程、货物、服务属于依法必须进行招标的项目范围且达到国家规定规模标准的,应当依法进行招标。

前款所称暂估价,是指总承包招标时不能确定价格而由招标人在招标文件中暂时估定的工程、货物、服务的金额。

第三十条　对技术复杂或者无法精确拟定技术规格的项目,招标人可以分两阶段进行招标。

第一阶段,投标人按照招标公告或者投标邀请书的要求提交不带报价的技术建议,招标人根据投标人提交的技术建议确定技术标准和要求,编制招标文件。

第二阶段,招标人向在第一阶段提交技术建议的投标人提供招标文件,投标人按照招标文件的要求提交包括最终技术方案和投标报价的投标文件。

招标人要求投标人提交投标保证金的,应当在第二阶段提出。

第三十一条　招标人终止招标的,应当及时发布公告,或者以书面形式通知被邀请的或者已经获取资格预审文件、招标文件的潜在投标人。已经发售资格预审文件、招标文件或者已经收取投标保证金的,招标人应当及时退还所收取的资格预审文件、招标文件的费用,以及所收取的投标保证金及银行同期存款利息。

第三十二条　招标人不得以不合理的条件限制、排斥潜在投标人或者投标人。

招标人有下列行为之一的,属于以不合理条件限制、排斥潜在投标人或者投标人:

(一)就同一招标项目向潜在投标人或者投标人提供有差别的项目信息;

(二)设定的资格、技术、商务条件与招标项目的具体特点和实际需要不相适应或者与合同履行无关;

(三)依法必须进行招标的项目以特定行政区域或者特定行业的业绩、奖项作为加分条件或者中标条件;

(四)对潜在投标人或者投标人采取不同的资格审查或者评标标准;

(五)限定或者指定特定的专利、商标、品牌、原产地或者供应商;

(六)依法必须进行招标的项目非法限定潜在投标人或者投标人的所有制形式或者组织形式;

(七)以其他不合理条件限制、排斥潜在投标人或者投标人。

第三章　投　　标

第三十三条　投标人参加依法必须进行招标的项目的投标,不受地区或者部门的限制,任何单位和个人不得非法干涉。

第三十四条　与招标人存在利害关系可能影响招标公正性的法人、其他组织或者个人,不得参加投标。

单位负责人为同一人或者存在控股、管理关系的不同单位,不得参加同一标段投标或者未划分标段的同一招标项目投标。

违反前两款规定的,相关投标均无效。

第三十五条 投标人撤回已提交的投标文件,应当在投标截止时间前书面通知招标人。招标人已收取投标保证金的,应当自收到投标人书面撤回通知之日起 5 日内退还。

投标截止后投标人撤销投标文件的,招标人可以不退还投标保证金。

第三十六条 未通过资格预审的申请人提交的投标文件,以及逾期送达或者不按照招标文件要求密封的投标文件,招标人应当拒收。

招标人应当如实记载投标文件的送达时间和密封情况,并存档备查。

第三十七条 招标人应当在资格预审公告、招标公告或者投标邀请书中载明是否接受联合体投标。

招标人接受联合体投标并进行资格预审的,联合体应当在提交资格预审申请文件前组成。资格预审后联合体增减、更换成员的,其投标无效。

联合体各方在同一招标项目中以自己名义单独投标或者参加其他联合体投标的,相关投标均无效。

第三十八条 投标人发生合并、分立、破产等重大变化的,应当及时书面告知招标人。投标人不再具备资格预审文件、招标文件规定的资格条件或者其投标影响招标公正性的,其投标无效。

第三十九条 禁止投标人相互串通投标。

有下列情形之一的,属于投标人相互串通投标:

(一)投标人之间协商投标报价等投标文件的实质性内容;

(二)投标人之间约定中标人;

(三)投标人之间约定部分投标人放弃投标或者中标;

(四)属于同一集团、协会、商会等组织成员的投标人按照该组织要求协同投标;

(五)投标人之间为谋取中标或者排斥特定投标人而采取的其他联合行动。

第四十条 有下列情形之一的,视为投标人相互串通投标:

(一)不同投标人的投标文件由同一单位或者个人编制;

(二)不同投标人委托同一单位或者个人办理投标事宜;

(三)不同投标人的投标文件载明的项目管理成员为同一人;

(四)不同投标人的投标文件异常一致或者投标报价呈规律性差异;

(五)不同投标人的投标文件相互混装;

(六)不同投标人的投标保证金从同一单位或者个人的账户转出。

第四十一条 禁止招标人与投标人串通投标。

有下列情形之一的,属于招标人与投标人串通投标:

(一)招标人在开标前开启投标文件并将有关信息泄露给其他投标人;

(二)招标人直接或者间接向投标人泄露标底、评标委员会成员等信息;

(三)招标人明示或者暗示投标人压低或者抬高投标报价;

(四)招标人授意投标人撤换、修改投标文件;

(五)招标人明示或者暗示投标人为特定投标人中标提供方便;

(六)招标人与投标人为谋求特定投标人中标而采取的其他串通行为。

第四十二条 使用通过受让或者租借等方式获取的资格、资质证书投标的,属于《招标投标

《法》第三十三条规定的以他人名义投标。

投标人有下列情形之一的,属于《招标投标法》第三十三条规定的以其他方式弄虚作假的行为:

（一）使用伪造、变造的许可证件;

（二）提供虚假的财务状况或者业绩;

（三）提供虚假的项目负责人或者主要技术人员简历、劳动关系证明;

（四）提供虚假的信用状况;

（五）其他弄虚作假的行为。

第四十三条 提交资格预审申请文件的申请人应当遵守《招标投标法》和本条例有关投标人的规定。

第四章 开标、评标和中标

第四十四条 招标人应当按照招标文件规定的时间、地点开标。

投标人少于 3 个的,不得开标;招标人应当重新招标。

投标人对开标有异议的,应当在开标现场提出,招标人应当当场作出答复,并制作记录。

第四十五条 国家实行统一的评标专家专业分类标准和管理办法。具体标准和办法由国务院发展改革部门会同国务院有关部门制定。

省级人民政府和国务院有关部门应当组建综合评标专家库。

第四十六条 除《招标投标法》第三十七条第三款规定的特殊招标项目外,依法必须进行招标的项目,其评标委员会的专家成员应当从评标专家库内相关专业的专家名单中以随机抽取方式确定。任何单位和个人不得以明示、暗示等任何方式指定或者变相指定参加评标委员会的专家成员。

依法必须进行招标的项目的招标人非因《招标投标法》和本条例规定的事由,不得更换依法确定的评标委员会成员。更换评标委员会的专家成员应当依照前款规定进行。

评标委员会成员与投标人有利害关系的,应当主动回避。

有关行政监督部门应当按照规定的职责分工,对评标委员会成员的确定方式、评标专家的抽取和评标活动进行监督。行政监督部门的工作人员不得担任本部门负责监督项目的评标委员会成员。

第四十七条 《招标投标法》第三十七条第三款所称特殊招标项目,是指技术复杂、专业性强或者国家有特殊要求,采取随机抽取方式确定的专家难以保证胜任评标工作的项目。

第四十八条 招标人应当向评标委员会提供评标所必需的信息,但不得明示或者暗示其倾向或者排斥特定投标人。

招标人应当根据项目规模和技术复杂程度等因素合理确定评标时间。超过三分之一的评标委员会成员认为评标时间不够的,招标人应当适当延长。

评标过程中,评标委员会成员有回避事由、擅离职守或者因健康等原因不能继续评标的,应当及时更换。被更换的评标委员会成员作出的评审结论无效,由更换后的评标委员会成员重新进行评审。

第四十九条 评标委员会成员应当依照《招标投标法》和本条例的规定,按照招标文件规定的评标标准和方法,客观、公正地对投标文件提出评审意见。招标文件没有规定的评标标准和方法不得作为评标的依据。

评标委员会成员不得私下接触投标人，不得收受投标人给予的财物或者其他好处，不得向招标人征询确定中标人的意向，不得接受任何单位或者个人明示或者暗示提出的倾向或者排斥特定投标人的要求，不得有其他不客观、不公正履行职务的行为。

第五十条 招标项目设有标底的，招标人应当在开标时公布。标底只能作为评标的参考，不得以投标报价是否接近标底作为中标条件，也不得以投标报价超过标底上下浮动范围作为否决投标的条件。

第五十一条 有下列情形之一的，评标委员会应当否决其投标：

（一）投标文件未经投标单位盖章和单位负责人签字；

（二）投标联合体没有提交共同投标协议；

（三）投标人不符合国家或者招标文件规定的资格条件；

（四）同一投标人提交两个以上不同的投标文件或者投标报价，但招标文件要求提交备选投标的除外；

（五）投标报价低于成本或者高于招标文件设定的最高投标限价；

（六）投标文件没有对招标文件的实质性要求和条件作出响应；

（七）投标人有串通投标、弄虚作假、行贿等违法行为。

第五十二条 投标文件中有含义不明确的内容、明显文字或者计算错误，评标委员会认为需要投标人作出必要澄清、说明的，应当书面通知该投标人。投标人的澄清、说明应当采用书面形式，并不得超出投标文件的范围或者改变投标文件的实质性内容。

评标委员会不得暗示或者诱导投标人作出澄清、说明，不得接受投标人主动提出的澄清、说明。

第五十三条 评标完成后，评标委员会应当向招标人提交书面评标报告和中标候选人名单。中标候选人应当不超过 3 个，并标明排序。

评标报告应当由评标委员会全体成员签字。对评标结果有不同意见的评标委员会成员应当以书面形式说明其不同意见和理由，评标报告应当注明该不同意见。评标委员会成员拒绝在评标报告上签字又不书面说明其不同意见和理由的，视为同意评标结果。

第五十四条 依法必须进行招标的项目，招标人应当自收到评标报告之日起 3 日内公示中标候选人，公示期不得少于 3 日。

投标人或者其他利害关系人对依法必须进行招标的项目的评标结果有异议的，应当在中标候选人公示期间提出。招标人应当自收到异议之日起 3 日内作出答复；作出答复前，应当暂停招标投标活动。

第五十五条 国有资金占控股或者主导地位的依法必须进行招标的项目，招标人应当确定排名第一的中标候选人为中标人。排名第一的中标候选人放弃中标、因不可抗力不能履行合同、不按照招标文件要求提交履约保证金，或者被查实存在影响中标结果的违法行为等情形，不符合中标条件的，招标人可以按照评标委员会提出的中标候选人名单排序依次确定其他中标候选人为中标人，也可以重新招标。

第五十六条 中标候选人的经营、财务状况发生较大变化或者存在违法行为，招标人认为可能影响其履约能力的，应当在发出中标通知书前由原评标委员会按照招标文件规定的标准和方法审查确认。

第五十七条　招标人和中标人应当依照《招标投标法》和本条例的规定签订书面合同,合同的标的、价款、质量、履行期限等主要条款应当与招标文件和中标人的投标文件的内容一致。招标人和中标人不得再行订立背离合同实质性内容的其他协议。

招标人最迟应当在书面合同签订后 5 日内向中标人和未中标的投标人退还投标保证金及银行同期存款利息。

第五十八条　招标文件要求中标人提交履约保证金的,中标人应当按照招标文件的要求提交。履约保证金不得超过中标合同金额的 10%。

第五十九条　中标人应当按照合同约定履行义务,完成中标项目。中标人不得向他人转让中标项目,也不得将中标项目肢解后分别向他人转让。

中标人按照合同约定或者经招标人同意,可以将中标项目的部分非主体、非关键性工作分包给他人完成。接受分包的人应当具备相应的资格条件,并不得再次分包。

中标人应当就分包项目向招标人负责,接受分包的人就分包项目承担连带责任。

第五章　投诉与处理

第六十条　投标人或者其他利害关系人认为招标投标活动不符合法律、行政法规规定的,可以自知道或者应当知道之日起 10 日内向有关行政监督部门投诉。投诉应当有明确的请求和必要的证明材料。

就本条例第二十二条、第四十四条、第五十四条规定事项投诉的,应当先向招标人提出异议,异议答复期间不计算在前款规定的期限内。

第六十一条　投诉人就同一事项向两个以上有权受理的行政监督部门投诉的,由最先收到投诉的行政监督部门负责处理。

行政监督部门应当自收到投诉之日起 3 个工作日内决定是否受理投诉,并自受理投诉之日起 30 个工作日内作出书面处理决定;需要检验、检测、鉴定、专家评审的,所需时间不计算在内。

投诉人捏造事实、伪造材料或者以非法手段取得证明材料进行投诉的,行政监督部门应当予以驳回。

第六十二条　行政监督部门处理投诉,有权查阅、复制有关文件、资料,调查有关情况,相关单位和人员应当予以配合。必要时,行政监督部门可以责令暂停招标投标活动。

行政监督部门的工作人员对监督检查过程中知悉的国家秘密、商业秘密,应当依法予以保密。

第六章　法 律 责 任

第六十三条　招标人有下列限制或者排斥潜在投标人行为之一的,由有关行政监督部门依照《招标投标法》第五十一条的规定处罚:

（一）依法应当公开招标的项目不按照规定在指定媒介发布资格预审公告或者招标公告;

（二）在不同媒介发布的同一招标项目的资格预审公告或者招标公告的内容不一致,影响潜在投标人申请资格预审或者投标。

依法必须进行招标的项目的招标人不按照规定发布资格预审公告或者招标公告,构成规避招标的,依照《招标投标法》第四十九条的规定处罚。

第六十四条　招标人有下列情形之一的,由有关行政监督部门责令改正,可以处 10 万元以下的罚款：

（一）依法应当公开招标而采用邀请招标；

（二）招标文件、资格预审文件的发售、澄清、修改的时限，或者确定的提交资格预审申请文件、投标文件的时限不符合《招标投标法》和本条例规定；

（三）接受未通过资格预审的单位或者个人参加投标；

（四）接受应当拒收的投标文件。

招标人有前款第一项、第三项、第四项所列行为之一的，对单位直接负责的主管人员和其他直接责任人员依法给予处分。

第六十五条 招标代理机构在所代理的招标项目中投标、代理投标或者向该项目投标人提供咨询的，接受委托编制标底的中介机构参加受托编制标底项目的投标或者为该项目的投标人编制投标文件、提供咨询的，依照《招标投标法》第五十条的规定追究法律责任。

第六十六条 招标人超过本条例规定的比例收取投标保证金、履约保证金或者不按照规定退还投标保证金及银行同期存款利息的，由有关行政监督部门责令改正，可以处 5 万元以下的罚款；给他人造成损失的，依法承担赔偿责任。

第六十七条 投标人相互串通投标或者与招标人串通投标的，投标人向招标人或者评标委员会成员行贿谋取中标的，中标无效；构成犯罪的，依法追究刑事责任；尚不构成犯罪的，依照《招标投标法》第五十三条的规定处罚。投标人未中标的，对单位的罚款金额按照招标项目合同金额依照《招标投标法》规定的比例计算。

投标人有下列行为之一的，属于《招标投标法》第五十三条规定的情节严重行为，由有关行政监督部门取消其 1 年至 2 年内参加依法必须进行招标的项目的投标资格：

（一）以行贿谋取中标；

（二）3 年内 2 次以上串通投标；

（三）串通投标行为损害招标人、其他投标人或者国家、集体、公民的合法利益，造成直接经济损失 30 万元以上；

（四）其他串通投标情节严重的行为。

投标人自本条第二款规定的处罚执行期限届满之日起 3 年内又有该款所列违法行为之一的，或者串通投标、以行贿谋取中标情节特别严重的，由工商行政管理机关吊销营业执照。

法律、行政法规对串通投标报价行为的处罚另有规定的，从其规定。

第六十八条 投标人以他人名义投标或者以其他方式弄虚作假骗取中标的，中标无效；构成犯罪的，依法追究刑事责任；尚不构成犯罪的，依照《招标投标法》第五十四条的规定处罚。依法必须进行招标的项目的投标人未中标的，对单位的罚款金额按照招标项目合同金额依照《招标投标法》规定的比例计算。

投标人有下列行为之一的，属于《招标投标法》第五十四条规定的情节严重行为，由有关行政监督部门取消其 1 年至 3 年内参加依法必须进行招标的项目的投标资格：

（一）伪造、变造资格、资质证书或者其他许可证件骗取中标；

（二）3 年内 2 次以上使用他人名义投标；

（三）弄虚作假骗取中标给招标人造成直接经济损失 30 万元以上；

（四）其他弄虚作假骗取中标情节严重的行为。

投标人自本条第二款规定的处罚执行期限届满之日起 3 年内又有该款所列违法行为之一

的,或者弄虚作假骗取中标情节特别严重的,由工商行政管理机关吊销营业执照。

第六十九条 出让或者出租资格、资质证书供他人投标的,依照法律、行政法规的规定给予行政处罚;构成犯罪的,依法追究刑事责任。

第七十条 依法必须进行招标的项目的招标人不按照规定组建评标委员会,或者确定、更换评标委员会成员违反《招标投标法》和本条例规定的,由有关行政监督部门责令改正,可以处10万元以下的罚款,对单位直接负责的主管人员和其他直接责任人员依法给予处分;违法确定或者更换的评标委员会成员作出的评审结论无效,依法重新进行评审。

国家工作人员以任何方式非法干涉选取评标委员会成员的,依照本条例第八十一条的规定追究法律责任。

第七十一条 评标委员会成员有下列行为之一的,由有关行政监督部门责令改正;情节严重的,禁止其在一定期限内参加依法必须进行招标的项目的评标;情节特别严重的,取消其担任评标委员会成员的资格:

(一)应当回避而不回避;

(二)擅离职守;

(三)不按照招标文件规定的评标标准和方法评标;

(四)私下接触投标人;

(五)向招标人征询确定中标人的意向或者接受任何单位或者个人明示或者暗示提出的倾向或者排斥特定投标人的要求;

(六)对依法应当否决的投标不提出否决意见;

(七)暗示或者诱导投标人作出澄清、说明或者接受投标人主动提出的澄清、说明;

(八)其他不客观、不公正履行职务的行为。

第七十二条 评标委员会成员收受投标人的财物或者其他好处的,没收收受的财物,处3 000元以上5万元以下的罚款,取消担任评标委员会成员的资格,不得再参加依法必须进行招标的项目的评标;构成犯罪的,依法追究刑事责任。

第七十三条 依法必须进行招标的项目的招标人有下列情形之一的,由有关行政监督部门责令改正,可以处中标项目金额10‰以下的罚款;给他人造成损失的,依法承担赔偿责任;对单位直接负责的主管人员和其他直接责任人员依法给予处分:

(一)无正当理由不发出中标通知书;

(二)不按照规定确定中标人;

(三)中标通知书发出后无正当理由改变中标结果;

(四)无正当理由不与中标人订立合同;

(五)在订立合同时向中标人提出附加条件。

第七十四条 中标人无正当理由不与招标人订立合同,在签订合同时向招标人提出附加条件,或者不按照招标文件要求提交履约保证金的,取消其中标资格,投标保证金不予退还。对依法必须进行招标的项目的中标人,由有关行政监督部门责令改正,可以处中标项目金额10‰以下的罚款。

第七十五条 招标人和中标人不按照招标文件和中标人的投标文件订立合同,合同的主要条款与招标文件、中标人的投标文件的内容不一致,或者招标人、中标人订立背离合同实质性内容的协议的,由有关行政监督部门责令改正,可以处中标项目金额5‰以上10‰以下的罚款。

第七十六条 中标人将中标项目转让给他人的,将中标项目肢解后分别转让给他人的,违反《招标投标法》和本条例规定将中标项目的部分主体、关键性工作分包给他人的,或者分包人再次分包的,转让、分包无效,处转让、分包项目金额5‰以上10‰以下的罚款;有违法所得的,并处没收违法所得;可以责令停业整顿;情节严重的,由工商行政管理机关吊销营业执照。

第七十七条 投标人或者其他利害关系人捏造事实、伪造材料或者以非法手段取得证明材料进行投诉,给他人造成损失的,依法承担赔偿责任。

招标人不按照规定对异议作出答复,继续进行招标投标活动的,由有关行政监督部门责令改正,拒不改正或者不能改正并影响中标结果的,依照本条例第八十二条的规定处理。

第七十八条 取得招标职业资格的专业人员违反国家有关规定办理招标业务的,责令改正,给予警告;情节严重的,暂停一定期限内从事招标业务;情节特别严重的,取消招标职业资格。

第七十九条 国家建立招标投标信用制度。有关行政监督部门应当依法公告对招标人、招标代理机构、投标人、评标委员会成员等当事人违法行为的行政处理决定。

第八十条 项目审批、核准部门不依法审批、核准项目招标范围、招标方式、招标组织形式的,对单位直接负责的主管人员和其他直接责任人员依法给予处分。

有关行政监督部门不依法履行职责,对违反《招标投标法》和本条例规定的行为不依法查处,或者不按照规定处理投诉、不依法公告对招标投标当事人违法行为的行政处理决定的,对直接负责的主管人员和其他直接责任人员依法给予处分。

项目审批、核准部门和有关行政监督部门的工作人员徇私舞弊、滥用职权、玩忽职守,构成犯罪的,依法追究刑事责任。

第八十一条 国家工作人员利用职务便利,以直接或者间接、明示或者暗示等任何方式非法干涉招标投标活动,有下列情形之一的,依法给予记过或者记大过处分;情节严重的,依法给予降级或者撤职处分;情节特别严重的,依法给予开除处分;构成犯罪的,依法追究刑事责任:

(一)要求对依法必须进行招标的项目不招标,或者要求对依法应当公开招标的项目不公开招标;

(二)要求评标委员会成员或者招标人以其指定的投标人作为中标候选人或者中标人,或者以其他方式非法干涉评标活动,影响中标结果;

(三)以其他方式非法干涉招标投标活动。

第八十二条 依法必须进行招标的项目的招标投标活动违反《招标投标法》和本条例的规定,对中标结果造成实质性影响,且不能采取补救措施予以纠正的,招标、投标、中标无效,应当依法重新招标或者评标。

第七章 附　则

第八十三条 招标投标协会按照依法制定的章程开展活动,加强行业自律和服务。

第八十四条 政府采购的法律、行政法规对政府采购货物、服务的招标投标另有规定的,从其规定。

第八十五条 本条例自2012年2月1日起施行。

附录 C 工程建设项目施工招标投标办法

第一章 总 则

第一条 为规范工程建设项目施工(以下简称工程施工)招标投标活动,根据《中华人民共和国招标投标法》和国务院有关部门的职责分工,制定本办法。

第二条 在中华人民共和国境内进行工程施工招标投标活动,适用本办法。

第三条 工程建设项目符合《工程建设项目招标范围和规模标准规定》(国家计委令第3号)规定的范围和标准的,必须通过招标选择施工单位。

任何单位和个人不得将依法必须进行招标的项目化整为零或者以其他任何方式规避招标。

第四条 工程施工招标投标活动应当遵循公开、公平、公正和诚实信用的原则。

第五条 工程施工招标投标活动,依法由招标人负责。任何单位和个人不得以任何方式非法干涉工程施工招标投标活动。

施工招标投标活动不受地区或者部门的限制。

第六条 各级发展计划、经贸、建设、铁道、交通、信息产业、水利、外经贸、民航等部门依照《国务院办公厅印发国务院有关部门实施招标投标活动行政监督的职责分工意见的通知》(国办发〔2000〕34号)和各地规定的职责分工,对工程施工招标投标活动实施监督,依法查处工程施工招标投标活动中的违法行为。

第二章 招 标

第七条 工程施工招标人是依法提出施工招标项目、进行招标的法人或者其他组织。

第八条 依法必须招标的工程建设项目,应当具备下列条件才能进行施工招标:

(一)招标人已经依法成立;

(二)初步设计及概算应当履行审批手续的,已经批准;

(三)招标范围、招标方式和招标组织形式等应当履行核准手续的,已经核准;

(四)有相应资金或资金来源已经落实;

(五)有招标所需的设计图纸及技术资料。

第九条 工程施工招标分为公开招标和邀请招标。

第十条 依法必须进行施工招标的工程建设项目,按工程建设项目审批管理规定,凡应报送项目审批部门审批的,招标人必须在报送的可行性研究报告中将招标范围、招标方式、招标组织形式等有关招标内容报项目审批部门核准。

第十一条 国务院发展计划部门确定的国家重点建设项目和各省、自治区、直辖市人民政府确定的地方重点建设项目,以及全部使用国有资金投资或者国有资金投资占控股或者主导地位的工程建设项目,应当公开招标;有下列情形之一的,经批准可以进行邀请招标:

（一）项目技术复杂或有特殊要求，只有少量几家潜在投标人可供选择的；

（二）受自然地域环境限制的；

（三）涉及国家安全、国家秘密或者抢险救灾，适宜招标但不宜公开招标的；

（四）拟公开招标的费用与项目的价值相比，不值得的；

（五）法律、法规规定不宜公开招标的。

国家重点建设项目的邀请招标，应当经国务院发展计划部门批准；地方重点建设项目的邀请招标，应当经各省、自治区、直辖市人民政府批准。

全部使用国有资金投资或者国有资金投资占控股或者主导地位的并需要审批的工程建设项目的邀请招标，应当经项目审批部门批准，但项目审批部门只审批立项的，由有关行政监督部门审批。

第十二条　需要审批的工程建设项目，有下列情形之一的，由本办法第十一条规定的审批部门批准，可以不进行施工招标：

（一）涉及国家安全、国家秘密或者抢险救灾而不适宜招标的；

（二）属于利用扶贫资金实行以工代赈需要使用农民工的；

（三）施工主要技术采用特定的专利或者专有技术的；

（四）施工企业自建自用的工程，且该施工企业资质等级符合工程要求的；

（五）在建工程追加的附属小型工程或者主体加层工程，原中标人仍具备承包能力的；

（六）法律、行政法规规定的其他情形。

不需要审批但依法必须招标的工程建设项目，有前款规定情形之一的，可以不进行施工招标。

第十三条　采用公开招标方式的，招标人应当发布招标公告，邀请不特定的法人或者其他组织投标。依法必须进行施工招标项目的招标公告，应当在国家指定的报刊和信息网络上发布。

采用邀请招标方式的，招标人应当向三家以上具备承担施工招标项目的能力、资信良好的特定的法人或者其他组织发出投标邀请书。

第十四条　招标公告或者投标邀请书应当至少载明下列内容：

（一）招标人的名称和地址；

（二）招标项目的内容、规模、资金来源；

（三）招标项目的实施地点和工期；

（四）获取招标文件或者资格预审文件的地点和时间；

（五）对招标文件或者资格预审文件收取的费用；

（六）对投标人的资质等级的要求。

第十五条　招标人应当按招标公告或者投标邀请书规定的时间、地点出售招标文件或资格预审文件。自招标文件或者资格预审文件出售之日起至停止出售之日止，最短不得少于五个工作日。

招标人可以通过信息网络或者其他媒介发布招标文件，通过信息网络或者其他媒介发布的招标文件与书面招标文件具有同等法律效力，但出现不一致时以书面招标文件为准。招标人应当保持书面招标文件原始正本的完好。

对招标文件或者资格预审文件的收费应当合理，不得以营利为目的。对于所附的设计文件,招标人可以向投标人酌收押金;对于开标后投标人退还设计文件的,招标人应当向投标人退还押金。

招标文件或者资格预审文件售出后,不予退还。招标人在发布招标公告、发出投标邀请书后或者售出招标文件或资格预审文件后不得擅自终止招标。

第十六条 招标人可以根据招标项目本身的特点和需要,要求潜在投标人或者投标人提供满足其资格要求的文件,对潜在投标人或者投标人进行资格审查;法律、行政法规对潜在投标人或者投标人的资格条件有规定的,依照其规定。

第十七条 资格审查分为资格预审和资格后审。

资格预审,是指在投标前对潜在投标人进行的资格审查。

资格后审,是指在开标后对投标人进行的资格审查。

进行资格预审的,一般不再进行资格后审,但招标文件另有规定的除外。

第十八条 采取资格预审的,招标人可以发布资格预审公告。资格预审公告适用本办法第十三条、第十四条有关招标公告的规定。采取资格预审的,招标人应当在资格预审文件中载明资格预审的条件、标准和方法;采取资格后审的,招标人应当在招标文件中载明对投标人资格要求的条件、标准和方法。

招标人不得改变载明的资格条件或者以没有载明的资格条件对潜在投标人或者投标人进行资格审查。

第十九条 经资格预审后,招标人应当向资格预审合格的潜在投标人发出资格预审合格通知书,告知获取招标文件的时间、地点和方法,并同时向资格预审不合格的潜在投标人告知资格预审结果。资格预审不合格的潜在投标人不得参加投标。

经资格后审不合格的投标人的投标应作废标处理。

第二十条 资格审查应主要审查潜在投标人或者投标人是否符合下列条件:

(一)具有独立订立合同的权利;

(二)具有履行合同的能力,包括专业、技术资格和能力,资金、设备和其他物质设施状况,管理能力,经验、信誉和相应的从业人员;

(三)没有处于被责令停业,投标资格被取消,财产被接管、冻结,破产状态;

(四)在最近三年内没有骗取中标和严重违约及重大工程质量问题;

(五)法律、行政法规规定的其他资格条件。

资格审查时,招标人不得以不合理的条件限制、排斥潜在投标人或者投标人,不得对潜在投标人或者投标人实行歧视待遇。任何单位和个人不得以行政手段或者其他不合理方式限制投标人的数量。

第二十一条 招标人符合法律规定的自行招标条件的,可以自行办理招标事宜。任何单位和个人不得强制其委托招标代理机构办理招标事宜。

第二十二条 招标代理机构应当在招标人委托的范围内承担招标事宜。招标代理机构可以在其资格等级范围内承担下列招标事宜:

(一)拟订招标方案,编制和出售招标文件、资格预审文件;

(二)审查投标人资格;

(三)编制标底;

(四)组织投标人踏勘现场;

（五）组织开标、评标，协助招标人定标；

（六）草拟合同；

（七）招标人委托的其他事项。

招标代理机构不得无权代理、越权代理，不得明知委托事项违法而进行代理。

招标代理机构不得接受同一招标项目的投标代理和投标咨询业务；未经招标人同意，不得转让招标代理业务。

第二十三条 工程招标代理机构与招标人应当签订书面委托合同，并按双方约定的标准收取代理费；国家对收费标准有规定的，依照其规定。

第二十四条 招标人根据施工招标项目的特点和需要编制招标文件。招标文件一般包括下列内容：

（一）投标邀请书；

（二）投标人须知；

（三）合同主要条款；

（四）投标文件格式；

（五）采用工程量清单招标的，应当提供工程量清单；

（六）技术条款；

（七）设计图纸；

（八）评标标准和方法；

（九）投标辅助材料。

招标人应当在招标文件中规定实质性要求和条件，并用醒目的方式标明。

第二十五条 招标人可以要求投标人在提交符合招标文件规定要求的投标文件外，提交备选投标方案，但应当在招标文件中作出说明，并提出相应的评审和比较办法。

第二十六条 招标文件规定的各项技术标准应符合国家强制性标准。

招标文件中规定的各项技术标准均不得要求或标明某一特定的专利、商标、名称、设计、原产地或生产供应者，不得含有倾向或者排斥潜在投标人的其他内容。如果必须引用某一生产供应者的技术标准才能准确或清楚地说明拟招标项目的技术标准时，则应当在参照后面加上"或相当于"的字样。

第二十七条 施工招标项目需要划分标段、确定工期的，招标人应当合理划分标段、确定工期，并在招标文件中载明。对工程技术上紧密相联、不可分割的单位工程不得分割标段。

招标人不得以不合理的标段或工期限制或者排斥潜在投标人或者投标人。

第二十八条 招标文件应当明确规定评标时除价格以外的所有评标因素，以及如何将这些因素量化或者据以进行评估。

在评标过程中，不得改变招标文件中规定的评标标准、方法和中标条件。

第二十九条 招标文件应当规定一个适当的投标有效期，以保证招标人有足够的时间完成评标和与中标人签订合同。投标有效期从投标人提交投标文件截止之日起计算。

在原投标有效期结束前，出现特殊情况的，招标人可以书面形式要求所有投标人延长投标有效期。投标人同意延长的，不得要求或被允许修改其投标文件的实质性内容，但应当相应延长其投标保证金的有效期；投标人拒绝延长的，其投标失效，但投标人有权收回其投标保证金。因延长投标有效期造成投标人损失的，招标人应当给予补偿，但因不可抗力需要延长投标有效期的除外。

第三十条　施工招标项目工期超过十二个月的,招标文件中可以规定工程造价指数体系、价格调整因素和调整方法。

第三十一条　招标人应当确定投标人编制投标文件所需要的合理时间;但是,依法必须进行招标的项目,自招标文件开始发出之日起至投标人提交投标文件截止之日止,最短不得少于二十日。

第三十二条　招标人根据招标项目的具体情况,可以组织潜在投标人踏勘项目现场,向其介绍工程场地和相关环境的有关情况。潜在投标人依据招标人介绍情况作出的判断和决策,由投标人自行负责。

招标人不得单独或者分别组织任何一个投标人进行现场踏勘。

第三十三条　对于潜在投标人在阅读招标文件和现场踏勘中提出的疑问,招标人可以书面形式或召开投标预备会的方式解答,但需同时将解答以书面方式通知所有购买招标文件的潜在投标人。该解答的内容为招标文件的组成部分。

第三十四条　招标人可根据项目特点决定是否编制标底。编制标底的,标底编制过程和标底必须保密。

招标项目编制标底的,应根据批准的初步设计、投资概算,依据有关计价办法,参照有关工程定额,结合市场供求状况,综合考虑投资、工期和质量等方面的因素合理确定。

标底由招标人自行编制或委托中介机构编制。一个工程只能编制一个标底。

任何单位和个人不得强制招标人编制或报审标底,或干预其确定标底。

招标项目可以不设标底,进行无标底招标。

第三章　投　　标

第三十五条　投标人是响应招标、参加投标竞争的法人或者其他组织。招标人的任何不具独立法人资格的附属机构(单位),或者为招标项目的前期准备或者监理工作提供设计、咨询服务的任何法人及其任何附属机构(单位),都无资格参加该招标项目的投标。

第三十六条　投标人应当按照招标文件的要求编制投标文件。投标文件应当对招标文件提出的实质性要求和条件作出响应。

投标文件一般包括下列内容:

(一)投标函;

(二)投标报价;

(三)施工组织设计;

(四)商务和技术偏差表。

投标人根据招标文件载明的项目实际情况,拟在中标后将中标项目的部分非主体、非关键性工作进行分包的,应当在投标文件中载明。

第三十七条　招标人可以在招标文件中要求投标人提交投标保证金。投标保证金除现金外,可以是银行出具的银行保函、保兑支票、银行汇票或现金支票。

投标保证金一般不得超过投标总价的百分之二,但最高不得超过八十万元人民币。投标保证金有效期应当超出投标有效期三十天。投标人应当按照招标文件要求的方式和金额,将投标保证金随投标文件提交给招标人。

投标人不按招标文件要求提交投标保证金的,该投标文件将被拒绝,作废标处理。

第三十八条　投标人应当在招标文件要求提交投标文件的截止时间前,将投标文件密封送达投标地点。招标人收到投标文件后,应当向投标人出具标明签收人和签收时间的凭证,在开标前任何单位和个人不得开启投标文件。

在招标文件要求提交投标文件的截止时间后送达的投标文件,为无效的投标文件,招标人应当拒收。

提交投标文件的投标人少于三个的,招标人应当依法重新招标。重新招标后投标人仍少于三个的,属于必须审批的工程建设项目,报经原审批部门批准后可以不再进行招标;其他工程建设项目,招标人可自行决定不再进行招标。

第三十九条　投标人在招标文件要求提交投标文件的截止时间前,可以补充、修改、替代或者撤回已提交的投标文件,并书面通知招标人。补充、修改的内容为投标文件的组成部分。

第四十条　在提交投标文件截止时间后到招标文件规定的投标有效期终止之前,投标人不得补充、修改、替代或者撤回其投标文件。投标人补充、修改、替代投标文件的,招标人不予接受;投标人撤回投标文件的,其投标保证金将被没收。

第四十一条　在开标前,招标人应妥善保管好已接收的投标文件、修改或撤回通知、备选投标方案等投标资料。

第四十二条　两个以上法人或者其他组织可以组成一个联合体,以一个投标人的身份共同投标。

联合体各方签订共同投标协议后,不得再以自己名义单独投标,也不得组成新的联合体或参加其他联合体在同一项目中投标。

第四十三条　联合体参加资格预审并获通过的,其组成的任何变化都必须在提交投标文件截止之日前征得招标人的同意。如果变化后的联合体削弱了竞争,含有事先未经过资格预审或者资格预审不合格的法人或者其他组织,或者使联合体的资质降到资格预审文件中规定的最低标准以下,招标人有权拒绝。

第四十四条　联合体各方必须指定牵头人,授权其代表所有联合体成员负责投标和合同实施阶段的主办、协调工作,并应当向招标人提交由所有联合体成员法定代表人签署的授权书。

第四十五条　联合体投标的,应当以联合体各方或者联合体中牵头人的名义提交投标保证金。以联合体中牵头人名义提交的投标保证金,对联合体各成员具有约束力。

第四十六条　下列行为均属投标人串通投标报价:

(一)投标人之间相互约定抬高或压低投标报价;

(二)投标人之间相互约定,在招标项目中分别以高、中、低价位报价;

(三)投标人之间先进行内部竞价,内定中标人,然后再参加投标;

(四)投标人之间其他串通投标报价的行为。

第四十七条　下列行为均属招标人与投标人串通投标:

(一)招标人在开标前开启投标文件,并将投标情况告知其他投标人,或者协助投标人撤换投标文件,更改报价;

(二)招标人向投标人泄露标底;

(三)招标人与投标人商定,投标时压低或抬高标价,中标后再给投标人或招标人额外补偿;

(四)招标人预先内定中标人;

（五）其他串通投标行为。

第四十八条 投标人不得以他人名义投标。

前款所称以他人名义投标，指投标人挂靠其他施工单位，或从其他单位通过转让或租借的方式获取资格或资质证书，或者由其他单位及其法定代表人在自己编制的投标文件上加盖印章和签字等行为。

第四章 开标、评标和定标

第四十九条 开标应当在招标文件确定的提交投标文件截止时间的同一时间公开进行；开标地点应当为招标文件中确定的地点。

第五十条 投标文件有下列情形之一的，招标人不予受理：

（一）逾期送达的或者未送达指定地点的；

（二）未按招标文件要求密封的。

投标文件有下列情形之一的，由评标委员会初审后按废标处理：

（一）无单位盖章并无法定代表人或法定代表人授权的代理人签字或盖章的；

（二）未按规定的格式填写，内容不全或关键字迹模糊、无法辨认的；

（三）投标人递交两份或多份内容不同的投标文件，或在一份投标文件中对同一招标项目报有两个或多个报价，且未声明哪一个有效，按招标文件规定提交备选投标方案的除外；

（四）投标人名称或组织结构与资格预审时不一致的；

（五）未按招标文件要求提交投标保证金的；

（六）联合体投标未附联合体各方共同投标协议的。

第五十一条 评标委员会可以书面方式要求投标人对投标文件中含义不明确、对同类问题表述不一致或者有明显文字和计算错误的内容作必要的澄清、说明或补正。评标委员会不得向投标人提出带有暗示性或诱导性的问题，或向其明确投标文件中的遗漏和错误。

第五十二条 投标文件不响应招标文件的实质性要求和条件的，招标人应当拒绝，并不允许投标人通过修正或撤销其不符合要求的差异或保留，使之成为具有响应性的投标。

第五十三条 评标委员会在对实质上响应招标文件要求的投标进行报价评估时，除招标文件另有约定外，应当按下述原则进行修正：

（一）用数字表示的数额与用文字表示的数额不一致时，以文字数额为准；

（二）单价与工程量的乘积与总价之间不一致时，以单价为准。若单价有明显的小数点错位，应以总价为准，并修改单价。

按前款规定调整后的报价经投标人确认后产生约束力。

投标文件中没有列入的价格和优惠条件在评标时不予考虑。

第五十四条 对于投标人提交的优越于招标文件中技术标准的备选投标方案所产生的附加收益，不得考虑进评标价中。符合招标文件的基本技术要求且评标价最低或综合评分最高的投标人，其所提交的备选方案方可予以考虑。

第五十五条 招标人设有标底的，标底在评标中应当作为参考，但不得作为评标的唯一依据。

第五十六条 评标委员会完成评标后，应向招标人提出书面评标报告。评标报告由评标委员会全体成员签字。

评标委员会提出书面评标报告后,招标人一般应当在十五日内确定中标人,但最迟应当在投标有效期结束日三十个工作日前确定。

中标通知书由招标人发出。

第五十七条 评标委员会推荐的中标候选人应当限定在一至三人,并标明排列顺序。招标人应当接受评标委员会推荐的中标候选人,不得在评标委员会推荐的中标候选人之外确定中标人。

第五十八条 依法必须进行招标的项目,招标人应当确定排名第一的中标候选人为中标人。排名第一的中标候选人放弃中标、因不可抗力提出不能履行合同,或者招标文件规定应当提交履约保证金而在规定的期限内未能提交的,招标人可以确定排名第二的中标候选人为中标人。

排名第二的中标候选人因前款规定的同样原因不能签订合同的,招标人可以确定排名第三的中标候选人为中标人。

招标人可以授权评标委员会直接确定中标人。

国务院对中标人的确定另有规定的,从其规定。

第五十九条 招标人不得向中标人提出压低报价、增加工作量、缩短工期或其他违背中标人意愿的要求,以此作为发出中标通知书和签订合同的条件。

第六十条 中标通知书对招标人和中标人具有法律效力。中标通知书发出后,招标人改变中标结果的,或者中标人放弃中标项目的,应当依法承担法律责任。

第六十一条 招标人全部或者部分使用非中标单位投标文件中的技术成果或技术方案时,需征得其书面同意,并给予一定的经济补偿。

第六十二条 招标人和中标人应当自中标通知书发出之日起三十日内,按照招标文件和中标人的投标文件订立书面合同。招标人和中标人不得再行订立背离合同实质性内容的其他协议。

招标文件要求中标人提交履约保证金或者其他形式履约担保的,中标人应当提交;拒绝提交的,视为放弃中标项目。招标人要求中标人提供履约保证金或其他形式履约担保的,招标人应当同时向中标人提供工程款支付担保。

招标人不得擅自提高履约保证金,不得强制要求中标人垫付中标项目建设资金。

第六十三条 招标人与中标人签订合同后五个工作日内,应当向未中标的投标人退还投标保证金。

第六十四条 合同中确定的建设规模、建设标准、建设内容、合同价格应当控制在批准的初步设计及概算文件范围内;确需超出规定范围的,应当在中标合同签订前,报原项目审批部门审查同意。凡应报经审查而未报的,在初步设计及概算调整时,原项目审批部门一律不予承认。

第六十五条 依法必须进行施工招标的项目,招标人应当自发出中标通知书之日起十五日内,向有关行政监督部门提交招标投标情况的书面报告。

前款所称书面报告至少应包括下列内容:

(一)招标范围;

(二)招标方式和发布招标公告的媒介;

(三)招标文件中投标人须知、技术条款、评标标准和方法、合同主要条款等内容;

(四)评标委员会的组成和评标报告;

（五）中标结果。

第六十六条　招标人不得直接指定分包人。

第六十七条　对于不具备分包条件或者不符合分包规定的,招标人有权在签订合同或者中标人提出分包要求时予以拒绝。发现中标人转包或违法分包时,可要求其改正;拒不改正的,可终止合同,并报请有关行政监督部门查处。

监理人员和有关行政部门发现中标人违反合同约定进行转包或违法分包的,应当要求中标人改正,或者告知招标人要求其改正;对于拒不改正的,应当报请有关行政监督部门查处。

第五章　法律责任

第六十八条　依法必须进行招标的项目而不招标的,将必须进行招标的项目化整为零或者以其他任何方式规避招标的,有关行政监督部门责令限期改正,可以处项目合同金额千分之五以上千分之十以下的罚款;对全部或者部分使用国有资金的项目,项目审批部门可以暂停项目执行或者暂停资金拨付;对单位直接负责的主管人员和其他直接责任人员依法给予处分。

第六十九条　招标代理机构违法泄露应当保密的与招标投标活动有关的情况和资料的,或者与招标人、投标人串通损害国家利益、社会公共利益或者他人合法权益的,由有关行政监督部门处五万元以上二十五万元以下罚款,对单位直接负责的主管人员和其他直接责任人员处单位罚款数额百分之五以上百分之十以下罚款;有违法所得的,并处没收违法所得;情节严重的,有关行政监督部门可停止其一定时期内参与相关领域的招标代理业务,资格认定部门可暂停直至取消招标代理资格;构成犯罪的,由司法部门依法追究刑事责任。给他人造成损失的,依法承担赔偿责任。

前款所列行为影响中标结果,并且中标人为前款所列行为的受益人的,中标无效。

第七十条　招标人以不合理的条件限制或者排斥潜在投标人的,对潜在投标人实行歧视待遇的,强制要求投标人组成联合体共同投标的,或者限制投标人之间竞争的,有关行政监督部门责令改正,可处一万元以上五万元以下罚款。

第七十一条　依法必须进行招标项目的招标人向他人透露已获取招标文件的潜在投标人的名称、数量或者可能影响公平竞争的有关招标投标的其他情况的,或者泄露标底的,有关行政监督部门给予警告,可以并处一万元以上十万元以下的罚款;对单位直接负责的主管人员和其他直接责任人员依法给予处分;构成犯罪的,依法追究刑事责任。

前款所列行为影响中标结果,并且中标人为前款所列行为的受益人的,中标无效。

第七十二条　招标人在发布招标公告、发出投标邀请书或者售出招标文件或资格预审文件后终止招标的,除有正当理由外,有关行政监督部门给予警告,根据情节可处三万元以下的罚款;给潜在投标人或者投标人造成损失的,并应当赔偿损失。

第七十三条　招标人或者招标代理机构有下列情形之一的,有关行政监督部门责令其限期改正,根据情节可处三万元以下的罚款;情节严重的,招标无效:

（一）未在指定的媒介发布招标公告的;

（二）邀请招标不依法发出投标邀请书的;

（三）自招标文件或资格预审文件出售之日起至停止出售之日止,少于五个工作日的;

（四）依法必须招标的项目,自招标文件开始发出之日起至提交投标文件截止之日止,少于二十日的;

（五）应当公开招标而不公开招标的；

（六）不具备招标条件而进行招标的；

（七）应当履行核准手续而未履行的；

（八）不按项目审批部门核准内容进行招标的；

（九）在提交投标文件截止时间后接收投标文件的；

（十）投标人数量不符合法定要求不重新招标的。

被认定为招标无效的，应当重新招标。

第七十四条 投标人相互串通投标或者与招标人串通投标的，投标人以向招标人或者评标委员会成员行贿的手段谋取中标的，中标无效，由有关行政监督部门处中标项目金额千分之五以上千分之十以下的罚款，对单位直接负责的主管人员和其他直接责任人员处单位罚款数额百分之五以上百分之十以下的罚款；有违法所得的，并处没收违法所得；情节严重的，取消其一至二年的投标资格，并予以公告，直至由工商行政管理机关吊销营业执照；构成犯罪的，依法追究刑事责任。给他人造成损失的，依法承担赔偿责任。

第七十五条 投标人以他人名义投标或者以其他方式弄虚作假，骗取中标的，中标无效，给招标人造成损失的，依法承担赔偿责任；构成犯罪的，依法追究刑事责任。

依法必须进行招标项目的投标人有前款所列行为尚未构成犯罪的，有关行政监督部门处中标项目金额千分之五以上千分之十以下的罚款，对单位直接负责的主管人员和其他直接责任人员处单位罚款数额百分之五以上百分之十以下的罚款；有违法所得的，并处没收违法所得；情节严重的，取消其一至三年投标资格，并予以公告，直至由工商行政管理机关吊销营业执照。

第七十六条 依法必须进行招标的项目，招标人违法与投标人就投标价格、投标方案等实质性内容进行谈判的，有关行政监督部门给予警告，对单位直接负责的主管人员和其他直接责任人员依法给予处分。

前款所列行为影响中标结果的，中标无效。

第七十七条 评标委员会成员收受投标人的财物或者其他好处的，评标委员会成员或者参加评标的有关工作人员向他人透露对投标文件的评审和比较、中标候选人的推荐以及与评标有关的其他情况的，有关行政监督部门给予警告，没收收受的财物，可以并处三千元以上五万元以下的罚款，对有所列违法行为的评标委员会成员取消担任评标委员会成员的资格并予以公告，不得再参加任何招标项目的评标；构成犯罪的，依法追究刑事责任。

第七十八条 评标委员会成员在评标过程中擅离职守，影响评标程序正常进行，或者在评标过程中不能客观公正地履行职责的，有关行政监督部门给予警告；情节严重的，取消担任评标委员会成员的资格，不得再参加任何招标项目的评标，并处一万元以下的罚款。

第七十九条 评标过程有下列情况之一的，评标无效，应当依法重新进行评标或者重新进行招标，有关行政监督部门可处三万元以下的罚款：

（一）使用招标文件没有确定的评标标准和方法的；

（二）评标标准和方法含有倾向或者排斥投标人的内容，妨碍或者限制投标人之间竞争，且影响评标结果的；

（三）应当回避担任评标委员会成员的人参与评标的；

（四）评标委员会的组建及人员组成不符合法定要求的；

（五）评标委员会及其成员在评标过程中有违法行为，且影响评标结果的。

第八十条　招标人在评标委员会依法推荐的中标候选人以外确定中标人的,依法必须进行招标的项目在所有投标被评标委员会否决后自行确定中标人的,中标无效。有关行政监督部门责令改正,可以处中标项目金额千分之五以上千分之十以下的罚款;对单位直接负责的主管人员和其他直接责任人员依法给予处分。

第八十一条　招标人不按规定期限确定中标人的,或者中标通知书发出后,改变中标结果的,无正当理由不与中标人签订合同的,或者在签订合同时向中标人提出附加条件或者更改合同实质性内容的,有关行政监督部门给予警告,责令改正,根据情节可处三万元以下的罚款;造成中标人损失的,并应当赔偿损失。

中标通知书发出后,中标人放弃中标项目的,无正当理由不与招标人签订合同的,在签订合同时向招标人提出附加条件或者更改合同实质性内容的,或者拒不提交所要求的履约保证金的,招标人可取消其中标资格,并没收其投标保证金;给招标人的损失超过投标保证金数额的,中标人应当对超过部分予以赔偿;没有提交投标保证金的,应当对招标人的损失承担赔偿责任。

第八十二条　中标人将中标项目转让给他人的,将中标项目肢解后分别转让给他人的,违法将中标项目的部分主体、关键性工作分包给他人的,或者分包人再次分包的,转让、分包无效,有关行政监督部门处转让、分包项目金额千分之五以上千分之十以下的罚款;有违法所得的,并处没收违法所得;可以责令停业整顿;情节严重的,由工商行政管理机关吊销营业执照。

第八十三条　招标人与中标人不按照招标文件和中标人的投标文件订立合同的,招标人、中标人订立背离合同实质性内容的协议的,或者招标人擅自提高履约保证金或强制要求中标人垫付中标项目建设资金的,有关行政监督部门责令改正;可以处中标项目金额千分之五以上千分之十以下的罚款。

第八十四条　中标人不履行与招标人订立的合同的,履约保证金不予退还,给招标人造成的损失超过履约保证金数额的,还应当对超过部分予以赔偿;没有提交履约保证金的,应当对招标人的损失承担赔偿责任。

中标人不按照与招标人订立的合同履行义务,情节严重的,有关行政监督部门取消其二至五年参加招标项目的投标资格并予以公告,直至由工商行政管理机关吊销营业执照。

因不可抗力不能履行合同的,不适用前两款规定。

第八十五条　招标人不履行与中标人订立的合同的,应当双倍返还中标人的履约保证金;给中标人造成的损失超过返还的履约保证金的,还应当对超过部分予以赔偿;没有提交履约保证金的,应当对中标人的损失承担赔偿责任。

因不可抗力不能履行合同的,不适用前款规定。

第八十六条　依法必须进行施工招标的项目违反法律规定,中标无效的,应当依照法律规定的中标条件从其余投标人中重新确定中标人或者依法重新进行招标。

中标无效的,发出的中标通知书和签订的合同自始没有法律约束力,但不影响合同中独立存在的有关解决争议方法的条款的效力。

第八十七条　任何单位违法限制或者排斥本地区、本系统以外的法人或者其他组织参加投标的,为招标人指定招标代理机构的,强制招标人委托招标代理机构办理招标事宜的,或者以其他方式干涉招标投标活动的,有关行政监督部门责令改正;对单位直接负责的主管人员和其他直接责任人员依法给予警告、记过、记大过的处分,情节较重的,依法给予降级、撤职、开除的处分。

个人利用职权进行前款违法行为的,依照前款规定追究责任。

第八十八条 对招标投标活动依法负有行政监督职责的国家机关工作人员徇私舞弊、滥用职权或者玩忽职守,构成犯罪的,依法追究刑事责任;不构成犯罪的,依法给予行政处分。

第八十九条 任何单位和个人对工程建设项目施工招标投标过程中发生的违法行为,有权向项目审批部门或者有关行政监督部门投诉或举报。

第六章 附 则

第九十条 使用国际组织或者外国政府贷款、援助资金的项目进行招标,贷款方、资金提供方对工程施工招标投标活动的条件和程序有不同规定的,可以适用其规定,但违背中华人民共和国社会公共利益的除外。

第九十一条 本办法由国家发展计划委员会会同有关部门负责解释。

第九十二条 本办法自 2003 年 5 月 1 日起施行。

附录 D 工程建设项目招标范围和规模标准规定

第一条 为了确定必须进行招标的工程建设项目的具体范围和规模标准,规范招标投标活动,根据《中华人民共和国招标投标法》第三条的规定,制定本规定。

第二条 关系社会公共利益、公众安全的基础设施项目的范围包括:

(一)煤炭、石油、天然气、电力、新能源等能源项目;

(二)铁路、公路、管道、水运、航空以及其他交通运输业等交通运输项目;

(三)邮政、电信枢纽、通信、信息网络等邮电通讯项目;

(四)防洪、灌溉、排涝、引(供)水、滩涂治理、水土保持、水利枢纽等水利项目;

(五)道路、桥梁、地铁和轻轨交通、污水排放及处理、垃圾处理、地下管道、公共停车场等城市设施项目;

(六)生态环境保护项目;

(七)其他基础设施项目。

第三条 关系社会公共利益、公众安全的公用事业项目的范围包括:

(一)供水、供电、供气、供热等市政工程项目;

(二)科技、教育、文化等项目;

(三)体育、旅游等项目;

(四)卫生、社会福利等项目;

(五)商品住宅,包括经济适用住房;

(六)其他公用事业项目。

第四条 使用国有资金投资项目的范围包括:

(一)使用各级财政预算资金的项目;

(二)使用纳入财政管理的各种政府性专项建设基金的项目;

(三)使用国有企业事业单位自有资金,并且国有资产投资者实际拥有控制权的项目。

第五条 国家融资项目的范围包括:

(一)使用国家发行债券所筹资金的项目;

(二)使用国家对外借款或者担保所筹资金的项目;

(三)使用国家政策性贷款的项目;

(四)国家授权投资主体融资的项目;

(五)国家特许的融资项目。

第六条 使用国际组织或者外国政府资金的项目的范围包括:

(一)使用世界银行、亚洲开发银行等国际组织贷款资金的项目;

(二)使用外国政府及其机构贷款资金的项目;

(三)使用国际组织或者外国政府援助资金的项目。

第七条 本规定第二条至第六条规定范围内的各类工程建设项目,包括项目的勘察、设计、施工、监理以及与工程建设有关的重要设备、材料等的采购,达到下列标准之一的,必须进行招标:

(一)施工单项合同估算价在 200 万元人民币以上的;

(二)重要设备、材料等货物的采购,单项合同估算价在 100 万元人民币以上的;

(三)勘察、设计、监理等服务的采购,单项合同估算价在 50 万元人民币以上的;

(四)单项合同估算价低于第(一)、(二)、(三)项规定的标准,但项目总投资额在 3 000 万元人民币以上的。

第八条 建设项目的勘察、设计,采用特定专利或者专有技术的,或者其建筑艺术造型有特殊要求的,经项目主管部门批准,可以不进行招标。

第九条 依法必须进行招标的项目,全部使用国有资金投资或者国有资金投资占控股或者主导地位的,应当公开招标。

招标投标活动不受地区、部门的限制,不得对潜在投标人实行歧视待遇。

第十条 省、自治区、直辖市人民政府根据实际情况,可以规定本地区必须进行招标的具体范围和规范标准,但不得缩小本规定确定的必须进行招标的范围。

第十一条 国家发展计划委员会可以根据实际需要,会同国务院有关部门对本规定确定的必须进行招标的具体范围和规模标准进行部分调整。

第十二条 本规定自发布之日起施行。

附录 E 评标委员会和评标方法暂行规定

第一章 总 则

第一条 为了规范评标活动,保证评标的公平、公正,维护招标投标活动当事人的合法权益,依照《中华人民共和国招标投标法》,制定本规定。

第二条 本规定适用于依法必须招标项目的评标活动。

第三条 评标活动遵循公平、公正、科学、择优的原则。

第四条 评标活动依法进行,任何单位和个人不得非法干预或者影响评标过程和结果。

第五条 招标人应当采取必要措施,保证评标活动在严格保密的情况下进行。

第六条 评标活动及其当事人应当接受依法实施的监督。

有关行政监督部门依照国务院或者地方政府的职责分工,对评标活动实施监督,依法查处评标活动中的违法行为。

第二章 评标委员会

第七条 评标委员会依法组建,负责评标活动,向评标人推荐中标候选人或者根据招标人的授权直接确定中标人。

第八条 评标委员会由招标人负责组建。

评标委员会成员名单一般应于开标前确定。评标委员会成员名单在中标结果确定前应当保密。

第九条 评标委员会由招标人或其委托的招标代理机构熟悉相关业务的代表,以及有关技术、经济等方面的专家组成,成员人数为五人以上单数,其中技术、经济等方面的专家不得少于成员总数的三分之二。

评标委员会设负责人的,评标委员会负责人由评标委员会成员推举产生或者由招标人确定。评标委员会负责人与评标委员会的其他成员有同等的表决权。

第十条 评标委员会的专家成员应当从省级以上人民政府有关部门提供的专家名册或者招标代理机构的专家库内的相关专家名单中确定。

按前款规定确定评标专家,可以采取随机抽取或者直接确定的方式。一般项目,可以采取随机抽取的方式;技术特别复杂、专业性要求特别高或者国家有特殊要求的招标项目,采取随机抽取方式确定的专家难以胜任的,可以由招标人直接确定。

第十一条 评标专家应符合下列条件:

(一)从事相关专业领域工作满八年并具有高级职称或者同等专业水平;

(二)熟悉有关招标投标的法律法规,并具有与招标项目相关的实践经验;

(三)能够认真、公正、诚实、廉洁地履行职责。

第十二条 有下列情形之一的,不得担任评标委员会成员:

(一) 投标人或者投标人主要负责人的近亲属;

(二) 项目主管部门或者行政监督部门的人员;

(三) 与投标人有经济利益关系,可能影响对投标公正评审的;

(四) 曾因在招标、评标以及其他与招标投标有关活动中从事违法行为而受过行政处罚或刑事处罚的。

评标委员会成员有前款规定情形之一的,应当主动提出回避。

第十三条 评标委员会成员应当客观、公正地履行职责,遵守职业道德,对所提出的评审意见承担个人责任。

评标委员会成员不得与任何投标人或者与招标结果有利害关系的人进行私下接触,不得收受投标人、中介人、其他利害关系人的财物或者其他好处。

第十四条 评标委员会成员和与评标活动有关的工作人员不得透露对投标文件的评审和比较、中标候选人的推荐情况以及与评标有关的其他情况。

前款所称与评标活动有关的工作人员,是指评标委员会成员以外的因参与评标监督工作或者事务性工作而知悉有关评标情况的所有人员。

第三章 评标的准备与初步评审

第十五条 评标委员会成员应当编制供评标使用的相应表格,认真研究招标文件,至少应了解和熟悉以下内容:

(一) 招标的目标;

(二) 招标项目的范围和性质;

(三) 招标文件中规定的主要技术要求、标准和商务条款;

(四) 招标文件规定的评标标准、评标方法和在评标过程中考虑的相关因素。

第十六条 招标人或者其委托的招标代理机构应当向评标委员会提供评标所需的重要信息和数据。

招标人设有标底的,标底应当保密,并在评标时作为参考。

第十七条 评标委员会应当根据招标文件规定的评标标准和方法,对投标文件进行系统地评审和比较。招标文件中没有规定的标准和方法不得作为评标的依据。

招标文件中规定的评标标准和评标方法应当合理,不得含有倾向或者排斥潜在投标人的内容,不得妨碍或者限制投标人之间的竞争。

第十八条 评标委员会应当按照投标报价的高低或者招标文件规定的其他方法对投标文件排序。以多种货币报价的,应当按照中国银行在开标日公布的汇率中间价换算成人民币。

招标文件应当对汇率标准和汇率风险作出规定。未作规定的,汇率风险由投标人承担。

第十九条 评标委员会可以书面方式要求投标人对投标文件中含义不明确、对同类问题表述不一致或者有明显文字和计算错误的内容作必要的澄清、说明或者补正。澄清、说明或者补正应以书面方式进行并不得超出投标文件的范围或者改变投标文件的实质性内容。

投标文件中的大写金额和小写金额不一致的,以大写金额为准,总价金额与单价金额不一致的,以单价金额为准,但单价金额小数点有明显错误的除外;对不同文字文本投标文件的解释发生异议的,以中文文本为准。

第二十条　在评标过程中,评标委员会发现投标人以他人的名义投标、串通投标、以行贿手段谋取中标或者以其他弄虚作假方式投标的,该投标人的投标应作废标处理。

第二十一条　在评标过程中,评标委员会发现投标人的报价明显低于其他投标报价或者在设有标底时明显低于标底,使得其投标报价可能低于其个别成本的,应当要求该投标人作出书面说明并提供相关证明材料。投标人不能合理说明或者不能提供相关证明材料的,由评标委员会认定该投标人以低于成本报价竞标,其投标应作废标处理。

第二十二条　投标人资格条件不符合国家有关规定和招标文件要求的,或者拒不按照要求对投标文件进行澄清、说明或者补正的,评标委员会可以否决其投标。

第二十三条　评标委员会应当审查每一投标文件是否对招标文件提出的所有实质性要求和条件作出响应。未能在实质上响应的投标、应作废标处理。

第二十四条　评标委员会应当根据招标文件,审查并逐项列出投标文件的全部投标偏差。

投标偏差分为重大偏差和细微偏差。

第二十五条　下列情况属于重大偏差:

(一)没有按照招标文件要求提供投标担保或者所提供的投标担保有瑕疵;

(二)投标文件没有投标人授权代表签字和加盖公章;

(三)投标文件载明的招标项目完成期限超过招标文件规定的期限;

(四)明显不符合技术规格、技术标准的要求;

(五)投标文件载明的货物包装方式、检验标准和方法等不符合招标文件的要求;

(六)投标文件附有招标人不能接受的条件;

(七)不符合招标文件中规定的其他实质性要求。

投标文件有上述情形之一的,为未能对招标文件作出实质性响应,并按本规定第二十三条规定作废标处理。招标文件对重大偏差另有规定的,从其规定。

第二十六条　细微偏差是指投标文件在实质上响应招标文件要求,但在个别地方存在漏项或者提供了不完整的技术信息和数据等情况,并且补正这些遗漏或者不完整不会对其他投标人造成不公平的结果。细微偏差不影响投标文件的有效性。

评标委员会应当书面要求存在细微偏差的投标人在评标结束前予以补正。拒不补正的,在详细评审时可以对细微偏差作不利于该投标人的量化,量化标准应当在招标文件中规定。

第二十七条　评标委员会根据本规定第二十条、第二十一条、第二十二条、第二十三条、第二十五条的规定否决不合格投标或者界定为废标后,因有效投标不足三个使得投标明显缺乏竞争的,评标委员会可以否决全部投标。

投标人少于三个或者所有投标被否决的,招标人应当依法重新招标。

第四章　详 细 评 审

第二十八条　经初步评审合格的投标文件,评标委员会应当根据招标文件确定的评标标准和方法,对其技术部分和商务部分作进一步评审、比较。

第二十九条　评标方法包括经评审的最低投标价法、综合评估法或者法律、行政法规允许的其他评标方法。

第三十条　经评审的最低投标价法一般适用于具有通用技术、性能标准或者招标人对其技术、性能没有特殊要求的招标项目。

第三十一条 根据经评审的最低投标价法,能够满足招标文件的实质性要求,并且经评审的最低投标价的投标,应当推荐为中标候选人。

第三十二条 采用经评审的最低投标价法的,评标委员会应当根据招标文件中规定的评标价格调整方法,对所有投标人的投标报价以及投标文件的商务部分作必要的价格调整。

采用经评审的最低投标价法的,中标人的投标应当符合招标文件规定的技术要求和标准,但评标委员会无须对投标文件的技术部分进行价格折算。

第三十三条 根据经评审的最低投标价法完成详细评审后,评标委员会应当拟定一份"标价比较表",连同书面评标报告提交招标人。

"标价比较表"应当载明投标人的投标报价、对商务偏差的价格调整和说明以及经评审的最终投标价。

第三十四条 不宜采用经评审的最低投标价法的招标项目,一般应当采取综合评估法进行评审。

第三十五条 根据综合评估法,最大限度地满足招标文件中规定的各项综合评价标准的投标,应当推荐为中标候选人。

衡量投标文件是否最大限度地满足招标文件中规定的各项评价标准,可以采取折算为货币的方法、打分的方法或者其他方法。需量化的因素及其权重应当在招标文件中明确规定。

第三十六条 评标委员会对各个评审因素进行量化时,应当将量化指标建立在同一基础或者同一标准上,使各投标文件具有可比性。对技术部分和商务部分进行量化后,评标委员会应当对这两部分的量化结果进行加权,计算出每一投标的综合评估价或者综合评估分。

第三十七条 根据综合评估法完成评标后,评标委员会应当拟定一份"综合评估比较表",连同书面评标报告提交招标人。"综合评估比较表"应当载明投标人的投标报价、所作的任何修正、对商务偏差的调整、对技术偏差的调整、对各评审因素的评估以及对每一投标的最终评审结果。

第三十八条 根据招标文件的规定,允许投标人投备选标的,评标委员会可以对中标人所投的备选标进行评审,以决定是否采纳备选标。不符合中标条件的投标人的备选标不予考虑。

第三十九条 对于划分有多个单项合同的招标项目,招标文件允许投标人为获得整个项目合同而提出优惠的,评标委员会可以对投标人提出的优惠进行审查,以决定是否将招标项目作为一个整体合同授予中标人。将招标项目作为一个整体合同授予的,整体合同中标人的投标应当最有利于招标人。

第四十条 评标和定标应当在投标有效期结束日30个工作日前完成。不能在投标有效期结束日30个工作日前完成评标和定标的,招标人应当通知所有投标人延长投标有效期。拒绝延长投标有效期的投标人有权收回投标保证金。同意延长投标有效期的投标人应当相应延长其投标担保的有效期,但不得修改投标文件的实质性内容。因延长投标有效期造成投标人损失的,招标人应当给予补偿,但因不可抗力需延长投标有效期的除外。

招标文件应当载明投标有效期。投标有效期从提交投标文件截止日起计算。

第五章 推荐中标候选人与定标

第四十一条 评标委员会在评标过程中发现的问题,应当及时作出处理或者向招标人提出处理建议,并作书面记录。

第四十二条　评标委员会完成评标后,应当向招标人提出书面评标报告,并抄送有关行政监督部门。评标报告应当如实记载以下内容:

(一)基本情况和数据表;

(二)评标委员会成员名单;

(三)开标记录;

(四)符合要求的投标一览表;

(五)废标情况说明;

(六)评标标准、评标方法或者评标因素一览表;

(七)经评审的价格或者评分比较一览表;

(八)经评审的投标人排序;

(九)推荐的中标候选人名单与签订合同前要处理的事宜;

(十)澄清、说明、补正事项纪要。

第四十三条　评标报告由评标委员会全体成员签字。对评标结论持有异议的评标委员会成员可以书面方式阐述其不同意见和理由。评标委员会成员拒绝在评标报告上签字且不陈述其不同意见和理由的,视为同意评标结论。评标委员会应当对此作出书面说明并记录在案。

第四十四条　向招标人提交书面评标报告后,评标委员会即告解散。评标过程中使用的文件、表格以及其他资料应当及时归还招标人。

第四十五条　评标委员会推荐的中标候选人应当限定在一至三人,并标明排列顺序。

第四十六条　中标人的投标应当符合下列条件之一:

(一)能够最大限度满足招标文件中规定的各项综合评价标准;

(二)能够满足招标文件的实质性要求,并且经评审的投标价格最低;但是投标价格低于成本的除外。

第四十七条　在确定中标人之前,招标人不得与投标人就投标价格、投标方案等实质性内容进行谈判。

第四十八条　使用国有资金投资或者国家融资的项目,招标人应当确定排名第一的中标候选人为中标人。排名第一的中标候选人放弃中标、因不可抗力提出不能履行合同,或者招标文件规定应当提交履约保证金而在规定的期限内未能提交的,招标人可以确定排名第二的中标候选人为中标人。

排名第二的中标候选人因前款规定的同样原因不能签订合同的,招标人可以确定排名第三的中标候选人为中标人。

招标人可以授权评标委员会直接确定中标人。

国务院对中标人的确定另有规定的,从其规定。

第四十九条　中标人确定后,招标人应当向中标人发出中标通知书,同时通知未中标人,并与中标人在 30 个工作日之内签订合同。

第五十条　中标通知书对招标人和中标人具有法律约束力。中标通知书发出后,招标人改变中标结果或者中标人放弃中标的,应当承担法律责任。

第五十一条　招标人应当与中标人按照招标文件和中标人的投标文件订立书面合同。招标人与中标人不得再行订立背离合同实质性内容的其他协议。

第五十二条　招标人与中标人签订合同后 5 个工作日内,应当向中标人和未中标的投标人退还投标保证金。

<h2 align="center">第六章 罚 则</h2>

第五十三条 评标委员会成员在评标过程中擅离职守，影响评标程序正常进行，或者在评标过程中不能客观公正地履行职责的，给予警告；情节严重的，取消担任评标委员会成员的资格，不得再参加任何依法必须进行招标项目的评标，并处一万元以下的罚款。

第五十四条 评标委员会成员收受投标人、其他利害关系人的财物或者其他好处的，评标委员会成员或者与评标活动有关的工作人员向他人透露对投标文件的评审和比较、中标候选人的推荐以及与评标有关的其他情况的，给予警告，没收收受的财物，可以并处三千元以上五万元以下的罚款；对有所列违法行为的评标委员会成员取消担任评标委员会成员的资格，不得再参加任何依法必须进行招标项目的评标；构成犯罪的，依法追究刑事责任。

第五十五条 招标人在评标委员会依法推荐的中标候选人以外确定中标人的，依法必须进行招标项目在所有投标被评标委员会否决后自行确定中标人的，中标无效，责令改正，可以处中标项目金额千分之五以上千分之十以下的罚款；对单位直接负责的主管人员和其他直接责任人员依法给予处分。

第五十六条 招标人与中标人不按照招标文件和中标人的投标文件订立合同的，或者招标人、中标人订立背离合同实质性内容的协议的，责令改正，可以处中标项目金额千分之五以上千分之十以下的罚款。

第五十七条 中标人不与招标人订立合同的，投标保证金不予退还并取消其中标资格，给招标人造成的损失超过投标保证金数额的，应当对超过部分予以赔偿；没有提交投标保证金的，应当对招标人的损失承担赔偿责任。

招标人迟迟不确定中标人或者无正当理由不与中标人签订合同的，给予警告，根据情节可处一万元以下的罚款；造成中标人损失的，并应当赔偿损失。

<h2 align="center">第七章 附 则</h2>

第五十八条 依法必须招标项目以外的评标活动，参照本规定执行。

第五十九条 使用国际组织或者外国政府贷款、援助资金的招标项目的评标活动，贷款方、资金提供方对评标委员会与评标方法另有规定的，适用其规定，但违背中华人民共和国的社会公共利益的除外。

第六十条 本规定颁布前有关评标机构和评标方法的规定与本规定不一致的，以本规定为准。法律或者行政法规另有规定的，从其规定。

第六十一条 本规定由国家发展计划委员会会同有关部门负责解释。

第六十二条 本规定自发布之日起施行。

参 考 文 献

[1] 李洪军,源军. 工程项目招投标与合同管理[M]. 北京:北京大学出版社,2009.

[2] 宋春岩. 建设工程招投标与合同管理[M]. 北京:北京大学出版社,2011.

[3] 武育秦. 建设工程招标投标实务[M]. 3 版. 重庆:重庆大学出版社,2011.

[4] 董伟,欧阳钦,黄泽钧. 建筑法规[M]. 北京:北京大学出版社,2011.